普通高等教育电子信息类规划教材

现代通信技术概论

第 3 版

崔健双　主编

王丽娜　郑红云　张中山　编著

机 械 工 业 出 版 社

本书比较全面地讲述了现代通信领域的基本技术知识和发展概况。全书按照当代通信领域现实业务的应用状况展开，主要内容包括：经典通信基础知识、数字通信系统、程控数字电话交换系统、光纤通信系统、数字微波通信系统、卫星通信系统、移动通信系统、数字图像通信系统和计算机网络通信系统。

本书适合作为普通高校通信专业低年级学生或非通信专业（如计算机工程类、管理工程类、机械类、化工类、经济类等）本科生、研究生的专业选修课或公共选修课教材，也可作为高职高专院校相关专业教材，或对通信技术感兴趣的有关人员的参考书。

为了教师和工程技术人员电子教学和培训的需要，本书免费提供电子课件和习题答案。欢迎使用该教材的教师登录 www.cmpedu.com 免费注册、审核后下载，或联系编辑索取（QQ：6142415，电话010-88379753）。

图书在版编目（CIP）数据

现代通信技术概论/崔健双主编 . —3 版 . —北京：机械工业出版社，2018.7（2022.1 重印）
普通高等教育电子信息类规划教材
ISBN 978-7-111-60625-3

Ⅰ . ①现… Ⅱ . ①崔… Ⅲ . ①通信技术 – 高等学校 – 教材
Ⅳ . ①TN91

中国版本图书馆 CIP 数据核字（2018）第 179758 号

机械工业出版社（北京市百万庄大街22号 邮政编码100037）
策划编辑：李馨馨 责任编辑：李馨馨
责任校对：王明欣 封面设计：鞠 杨
责任印制：单爱军
北京虎彩文化传播有限公司印刷
2022 年 1 月第 3 版第 6 次印刷
184mm×260mm・16 印张・392 千字
标准书号：ISBN 978-7-111-60625-3
定价：45.00 元

前　言

在当今知识经济社会中，伴随着飞速发展的信息化进程，现代通信技术和手段正在渗透到社会的各个领域。人们每天都在通过电视、电话、手机、互联网等日益普及的现代通信工具进行交流。掌握一定的通信知识，了解当代通信技术的基本工作原理，对于无论从事何种专业学习和工作的读者都具有较迫切的愿望和需求。本教材的编写目的正是期望能够让各行各业的读者在有限的时间内，初步掌握现代通信技术的基本内容，了解当代通信技术的总体发展趋势，建立起一个关于通信的概念框架，而这无疑也会为其所从事的工作提供有益的帮助。

本书以介绍当代通信基本技术知识为主，兼顾最新技术知识的介绍。以概论的形式重点突出各类通信系统的基本概念和原理，而不拘泥于琐碎的技术细节。在章节安排上，按照当代通信领域现实业务的应用状况来展开。全书共分为9章，第1章在简要回顾国内外通信发展史的基础上对一些经典的通信知识进行介绍。第2章介绍了数字通信系统的基本知识，包括模拟信号数字化方法、数字信号的基带和频带传输、数字复接与同步技术、差错控制技术等。第3章结合PCM30/32路电话通信系统对程控数字交换网的交换原理进行分析。第4章着重阐述了光纤通信系统，包括光纤的结构、分类以及光波在光纤中的传输机理。第5、6两章分别介绍了数字微波通信系统和卫星通信系统，其中讲到了卫星导航定位系统的基本工作原理。第7章介绍了蜂窝移动通信系统的组成、演进趋势及典型的数字业务，涉及4G与5G关键技术。第8章讲述了数字图像通信系统。第9章对计算机网络通信系统进行了介绍，包括网络体系结构、分组交换技术、局域网、广域网和因特网等内容。

本书第1、2、3、4、9章由北京科技大学崔健双教授编写并负责全书的统稿工作，第5、6章由北京科技大学王丽娜副教授编写，第7章由北京科技大学张中山教授编写，第8章由北京交通大学郑红云副教授编写。本教材计划最低为36课时，授课教师可根据需要对内容和课时进行调整。

本书是作者结合多年的教学实践经验和心得体会编写而成的。在编写内容上参考了相关已出版书籍教材。书末附有参考文献，在此向文献原作者表示衷心的感谢。鉴于编者水平有限，书中难免存在不足之处，恳请读者批评指正。

编　者

目　　录

第1章 绪 论

摘要:

通信是人类文明发展史中一个永恒的话题,通信发展史也是一部人类科技进步史。19世纪中叶以后,人类开创了电气通信新时代,通信手段发生了根本性的变革。

通信系统传送的是消息,而消息通常表现为语音、图像、文字等多种形式。这些形式的消息通过具有某种物理形态的电或光信号作为载体得以传送。因此,了解信号的性质与特征将有助于理解消息的传送过程,周期正弦信号和周期脉冲信号就是两种典型的通信信号。

通信系统的一般模型抽象出了通信系统最基本的功能特征,即把消息从信源传送到信宿,在此过程中难免受到各类噪声的干扰并产生信号的衰减。其中可靠性和传输效率是衡量系统优劣的两个重要指标。按照业务功能划分,通信系统可分为电话通信、电报通信、传真通信、数据通信、图像通信、卫星通信、微波通信、移动通信等。这些系统可以是专用的,但大多数情况下是兼容并存的。

信道是通信信号的传输通路。信道的传输特性即信道的频率响应特性,描述了不同频率的信号通过信道传输后能量幅度和相位变化的情况。信道带宽越大,传输能力越强。信道容量则是用来衡量信道所能达到的最大传输能力的一个重要指标。

在通信系统中,调制的种类很多,分类方法也不一致,但调制的目的只有两个:一是要使得信号匹配信道;二是要实现多路复用,提高线路利用率。

学习经典的通信理论和通信知识对于理解当代各类通信系统的工作原理,掌握更先进的通信技术是十分必要的。本章在简要回顾国内外通信发展史的基础上,对与通信系统技术相关的一些经典的基础知识进行了介绍。主要内容包括通信信号、通信系统模型与指标、通信系统的分类、通信系统的传输方式、通信信道的特性和调制解调等基本概念。通过本章的学习,将使读者在整体上初步建立起关于通信的一些基本概念体系,为后续章节的进一步学习打下牢固的基础。

1.1 通信发展简史

通信是人类文明发展历史中一个永恒的话题。早在远古时期,人类就通过简单的语言、图符、钟鼓、烟火、竹简等手段传递信息,烽火狼烟、飞鸽传信、驿站邮递等都是通信的某种表现形式。在当代知识经济社会里,通信行业作为社会经济发展的基础性产业发挥着极其重要的先导性作用。了解通信的发展历史将有助于我们更深入地认识过去、把握现状并展望未来。

1.1.1 国际通信发展简史

19世纪中叶以后,由于电报、电话的发明以及电磁波的发现,人类的通信手段发生了根本性的变革，开创了电气通信新时代。随着科技水平的不断提高，相继出现了无线电、固定电话、移动电话、互联网等各种通信手段，真正让神话传说中的"千里眼"、"顺风耳"变成了现实。先进的通信技术拉近了人与人之间的距离，深刻地改变了社会面貌和人类的生活方式。

回顾通信发展历程，每一次相关重大技术的进步都孕育着通信技术水平的进一步提高。通信发展史也是一部人类科技进步史。

1837 年，美国人莫尔斯展示了世界上第一台电磁式电报机。

1864 年，英国人麦克斯韦预言了电磁波的存在。

1875 年，苏格兰人亚历山大·贝尔发明了世界上第一部电话机。

1901 年，意大利人马可尼成功实现了跨大西洋两岸的无线电通信。

1906 年，美国人费森登研究出无线电广播发送机。

1925 年，美国无线电公司研制出第一部实用的传真机。

1937 年，英国人里夫斯首次提出用脉冲编码调制来进行数字语音通信的思想。

1940 年，美国的古马尔研制出机电式彩色电视系统。

1945 年，英国人克拉克提出静止人造卫星通信的设想。

1946 年，美国人埃克特和莫奇利发明了世界上第一台电子计算机。

1947 年，美国贝尔实验室提出了蜂窝网移动通信的概念。

1957 年，前苏联成功地发射了人类第一颗人造卫星。

1959 年，美国人基尔比和诺伊斯发明了集成电路。

1965 年，第一部由计算机控制的程控电话交换机在美国问世。

1966 年，英籍华人高锟提出以玻璃纤维进行远距离激光通信的设想。

1969 年，在美国投入运行的 ARPA 网形成了互联网的雏形。

1974 年，首次提出传输控制协议/互联网协议（TCP/IP），成为当代互联网的基础。

1977 年，美日科学家研制出超大规模集成电路。

1982 年，欧洲成立了移动通信特别组，制定了泛欧移动通信漫游标准。

1983 年，采用模拟蜂窝技术的先进移动电话系统（AMPS）在美国芝加哥开通。

1991 年，泛欧网数字移动通信系统投入商用。

1993 年，美国政府提出了建设国家"信息高速公路"的建设计划。

1998 年，美国商业部同 Internet 地址分配公司（ICANN）达成协议，将 DNS 管理从美国政府管理逐步转向工业界。

1999 年，黑客入侵、网络攻击、网络病毒、IPv6 等网络信息安全问题提上议事日程。

2001 年，Windows 2000/XP 操作系统风靡全球，后 PC 时代和网络大规模普及时代到来。

2004 年，IBM 公司将个人电脑业务出售给联想公司。

2005 年，YouTube 创立，后被谷歌公司收购，Twitter 和 Facebook 于次年诞生。

2008 年，第一部运行 Android 操作系统的手机诞生，手机通信实现智能化。

20 世纪 80 年代以后，个人计算机的普及以及网络技术的发展标志着互联网时代的到来。数字图像通信、多媒体通信技术的兴起，让通信系统具备了综合处理文字、声音、图像、影视等各种形式信息的能力。卫星通信、移动通信的发展，使得任何一个用户能够随时随地与其他用户实现通信，通信产业焕发出巨大的生机。

1.1.2 国内通信发展简史

我国通信事业经历了从早期非常落后到后来跨越式发展的变化历程，目前已经处于世界先进国家行列。

早在建国初期，我国即开通了首都北京至全国各主要城市的长途通信。1952 年开始在全国主要干线上开通 12 路载波电话，20 世纪 60 年代开始建设 60 路对称电缆载波通信系统。1975 年建成 600 路及 960 路微波接力通信，线路总长达 1.4×10^4 km，通达全国 19 个省会和自治区首府，承担了电话/电报通信、报纸传真和电视/广播节目的传送任务。1976 年年初开通了由北京到上海、杭州之间的中同轴 1800 路载波系统。20 世纪 70 年代后期，开始研制光纤通信系统。

20 世纪 80 年代初，随着我国改革开放政策的实施，人们对通信业务的需求日益膨胀，为国内通信事业的快速成长提供了巨大的发展机会。通信业务以超常规、成倍数、跳跃式的发展速度和发展规模取得了令世人瞩目的成就。

1982 年，福州引进开通了第一套万门程控电话交换机。

1983 年，上海率先开通了第一个模拟寻呼系统。

1984 年，东方红二号同步通信卫星发射成功。

1984 年，中外合资上海贝尔电话设备有限公司成立。

1986 年，国家对通信技术设备进口实行 10 年关税减免政策。

1987 年，第一个 TACS 制式模拟蜂窝移动电话系统在广东建成并投入使用。

1988 年，第一个实用单模光纤通信系统（34kbit/s）在扬州、高邮之间开通。

1990 年，第一条长途光缆——宁汉光缆干线工程建成投产。

1991 年，自主研发的 HJD – 04 型程控交换机研制成功。此后，以大唐、中兴、华为公司，以及武汉邮电科学研究院等为代表的民族通信制造业实现了群体突破。

1993 年，第一个公用数据通信网——公用分组交换网（CHINAPAC）正式开通。此后陆续开通了公用数字数据网（CHINADDN）和中国公用计算机互联网（CHINANET）。

1993 年，第一条国际光缆——中日海底光缆投入使用。

1994 年，广东开通了 GSM 数字蜂窝移动电话网。

1995 年 7 月，联通 GSM 130 数字移动电话网在北京、天津、上海、广州建成开通。

1996 年，移动电话实现全国漫游，并开始提供国际漫游服务。

1998 年，正式向国际电联（International Telecommunication Union，ITU）提交第三代移动通信标准（简称 3G）——TD-SCDMA，该标准成为第一个具有自主知识产权并被国际上广泛接受和认可的无线通信国际标准。

1999 年，第一条传输速率为 8×2.5 Gbit/s 的密集波分复用（DWDM）系统开通。

2000 年，中国提出的第三代移动通信制式 TD-SCDMA 被批准为 ITU 的正式标准。

2002 年，中国移动通信 GPRS 业务正式投入商用，中国移动迈入 2.5G 时代。

2006 年，TD-SCDMA 被宣布为我国的国家通信行业标准。

2007 年，信息产业部发布 WCDMA、cdma2000 两项通信行业标准。

2009 年，3G 牌照正式发放，中国电信、中国移动、中国联通分别获得 WCDMA、cdma2000 和 TD-SCDMA 牌照。

2010 年，全国首个具有 4G 特征的 TD-LTE 演示网在上海世博园建成开通。

2011 年，国内六城市启动 TD-LTE 规模性试验，7 家系统、3 家芯片厂商基本完成测试。

2012 年 12 月，中国移动在香港正式启动 4G 网络商用，并与深圳实现 TD－LTE 网络间数据漫游业务，正式拉开我国 4G 序幕。

2013 年 12 月，中国 4G 牌照正式发放，三大运营商均获 TD－LTE 牌照。

2015 年，IMT－2020（5G）推进组发布 5G 概念白皮书，为国际 5G 标准制定贡献了力量。标志着中国从 3G/4G 的跟随世界标准向引领世界标准迈进。

2018 年，国际标准化组织批准了第五代移动通信技术新空口（5GNR）的独立组网标准。中国移动也将在当年建设 5G 应用试验示范网，逐渐推进 5G 商用。与此同时，6G 移动通信太赫兹通信技术方向性研究工作陆续展开。

目前来看，我国通信行业已经形成了中国移动、中国联通、中国电信三大电信运营商互相竞争、互相合作的格局，促进了我国通信行业的健康发展和良性循环。

自 1987 年中国电信开办移动电话业务以来，每年用户增长速度均在 200% 以上。中国移动通信用户总数已经跃居为世界第一位。固定电话和手机普及率已超过 8 成，用户总数合计接近 12 亿。互联网用户总数超过 7 亿，已经成为世界上名副其实的通信大国。

回顾国内外通信发展史，不难看出未来通信产业发展的一些显著特征：伴随着一系列新技术的不断涌现，通信技术和手段会进一步得到提升。以光电信号作为信息的载体，以微电子学和光电技术为基础，结合计算机技术、网络信息处理技术，预示着高速、宽带、无缝连接的数字化信息时代即将到来。

1.2　信号与通信

通信系统传送的是消息，而消息只有附着在某种物理形式的载体上才能够得以传送。这类物理形式的载体通常表现为具有一定电压或电流值的电信号或者一定光强的光信号，它们作为携带消息的媒介统称为通信信号，简称信号。

从数学的角度来看，信号可以描述为瞬时幅度（电压、电流等）随时间变化的函数，称为幅度时间特性，也可以描述为能量幅度随频率变化的函数，称为幅度频率特性。从物理的角度来看，通信的过程可以理解为携带消息的信号通过变化的消息对信号施加"影响"，并让接收端能够"感知到"这个影响，从而检测并获得消息，达到"携带"的目的。因此，只有深入了解信号的性质与特征，才能进一步理解消息的传送过程。

1.2.1　模拟信号与数字信号

模拟信号与数字信号是通信系统中最常见的两类信号。信号幅度在某一范围内可以连续取值的信号，称为模拟信号；而信号幅度仅能够取有限个离散值的信号称为数字信号。例如，电话机送话器根据声音高低的变化，通过膜片压迫碳粒来产生强弱变化的电"模拟"信号，该信号的幅度在一定范围内是连续变化的，因而属于模拟信号。图 1-1a 是一种既在幅值上连续又在时间上连续的模拟信号。图 1-1b 是把图 1-1a 按照周期 T 抽样得到的抽样信号，这种信号又称为脉冲幅度调制信号（Pulse Amplitude Modulation，PAM），常用于模拟信号数字化过程。PAM 信号虽然在时间上是离散的，但在幅值上仍然是连续的，因此仍然是模拟信号。

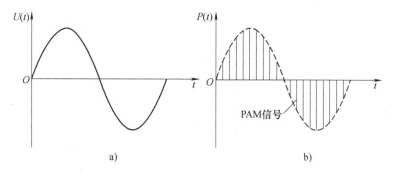

a)

b)

图 1-1　模拟信号

a）时间和幅值都连续　b）时间离散但幅值连续

　　模拟信号所代表的消息通常表现在信号外在波形参量的变化上，因此传送过程中不能出现严重的波形畸变，否则很难完整地恢复为原始信息的内容。

　　图 1-2a 表现的是由三个脉冲码元形成的二进制数字信号，每一个码元的幅度只可能取两个值：-1V 或 +1V。如果以 +1V 代表逻辑"1"，以 -1V 代表逻辑"0"，则二进制数字信号就是由非"0"即"1"组成的信号，这是一种最常用的数字信号。图 1-2b 是一种多进制数字信号，该信号取 4 个电压值：+1V，-1V，+2V，-2V。若每个电压值代表一种两位的二进制组合，则可以表示出 4 种组合状态："00"（+1V），"01"（+2V），"10"（-1V），"11"（-2V），称为四进制数字信号。

a)

b)

图 1-2　二进制和四进制数字信号

a）二进制数字信号　b）四进制数字信号

1.2.2　信号的时域和频域特性

1. 周期正弦信号和周期脉冲信号

　　周期正弦信号 $u(t) = A\sin(2\pi ft + \psi)$ 是一种频率单一、幅值固定的模拟信号，这样的信号常被用作"携带"（载波）消息的信号，如图 1-3a 所示。其中幅度 A、频率 $f = 1/T$ 和相位 ψ 是三个重要的表征参数。若把消息"作用"到这三个参数中的任意一个之上，使其随着消息的变化而变化，就会使信号"携带"上所需要传送的消息。

　　周期脉冲信号是一种幅度为 A、周期为 T、宽度为 τ 的重复出现的矩形波信号，如图 1-3b所示。简单地说，脉冲是一种电压（或电流）幅度在上升和下降过程中瞬间变化

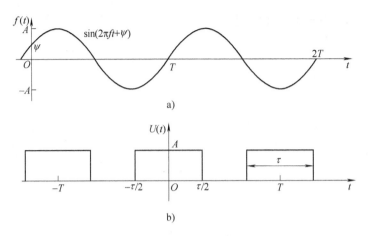

图 1-3 周期正弦信号和周期脉冲信号

a）周期正弦信号 b）周期脉冲信号

比较剧烈的信号。图 1-3b 中展示的是一种理想状态的脉冲，每一位码元的上升或下降都呈90°变化。实际中不存在这样的脉冲，因为信号电压的高低跳变总是需要一定时间的。但若电压跳变时间相对于其维持在高或低位的持续时间很短，可以近似认为是理想脉冲而不会影响对问题性质的判断。

信号的振幅是指信号在各个瞬间时刻强弱变化的轨迹，单位可以取电压的单位（V）或电流的单位（mA）。在图 1-3a 中，信号振幅范围从 $+A \sim -A$ 连续变化，而图 1-3b 中周期脉冲信号的振幅是离散变化的，只能取 A 或 0。

信号的频率可以理解为单位时间内相同波形重复出现的次数。正弦信号的频率 f 是其周期 T 的倒数，单位是 Hz。但是对于周期脉冲信号来说，不能简单地把脉冲波形重复出现的次数认为就是构成该信号的全部频率。事实上，周期脉冲信号的频率分析是以傅里叶级数理论为基础的。根据傅里叶级数分析，周期脉冲信号是由许多类似于正弦信号的不同幅度的频率分量叠加组成的。图 1-4 表现了由信号 sin（$2\pi ft$）及其 3 次和 5 次谐波叠加获得的近似周期矩形波的图形，谐波次数越多，叠加后的波形就越能够逼近矩形波。

信号的相位指的是信号在一个周期内起始点的位置，用弧度表示。以正弦波形为例，若把时间轴 t 做一个横向剖面来观察不同时刻该信号的振荡变化，可以发现其幅度随时间起伏变化的规律。把该剖面按照角度坐标系分割成 360°，则信号振幅的大小和方向无时不在发生变化，在起始点 0°时，振幅为 0，45°时振幅为 $A/2$，90°时振幅达到 A，而 270°时振幅为 $-A$。相位的改变意味着在振荡周期起始点那一瞬间让信号的振幅值发生改变。

2. 信号的时域特性

信号的时域特性表达的是信号幅度随时间变化的规律。例如，图 1-3 是正弦波和周期脉冲信号的时域波形，简称为幅时特性。

信号的幅时特性也可以用数学表达式来描述。例如，图 1-3a、b 可以分别表达为

$$f(t) = \sin(2\pi ft + \psi) \quad -\infty \leqslant t \leqslant +\infty \tag{1-1}$$

$$u(t) = \begin{cases} A, & \left(-\dfrac{\tau}{2} + nT \leqslant t < nT + \dfrac{\tau}{2}, n \in N \right) \\ 0, & \text{其他时间} \end{cases} \tag{1-2}$$

图 1-4　正弦信号谐波叠加逼近矩形波信号

3. 信号的频域特性

信号的频域特性表达的是信号幅度和相位随频率变化的规律，根据傅里叶级数理论，周期为 T 的任意周期函数 $u(t)$，均可以表示为直流分量和无限多个正弦及余弦函数之和，即

$$u(t) = \frac{1}{2}a_0 + \sum_{n=1}^{\infty}\left[a_n\cos(n2\pi ft) + b_n\sin(n2\pi ft)\right] \tag{1-3}$$

图 1-3b 所示的周期脉冲信号由傅里叶级数分解展开后，其傅里叶级数中只包含直流分量和余弦项，不存在正弦项，即

$$u(t) = \frac{A\tau}{T} + \sum_{n=1}^{\infty}\frac{2A\tau}{T}\frac{\sin(n\pi\tau/T)}{n\pi\tau/T}\cos(n2\pi ft) \tag{1-4}$$

式中，$T=1/f$ 是脉冲周期；$A\tau/T$ 是直流项；n 是谐波次数。

令 $x=n\pi\tau/T=n\pi\tau f$，则上式可表达为

$$u(t) = \frac{A\tau}{T} + \sum_{n=1}^{\infty}\frac{2A\tau}{T}\frac{\sin(x)}{x}\cos\left(\frac{2t}{\tau}x\right) \tag{1-5}$$

该式包含了周期脉冲信号频域分解后的各项频率分量。除直流项外，还包括一个基本频率（以下简称基频）和与基频频率成整数倍关系的谐波频率（以下简称谐频）。以 x 作为横轴，以归一化幅度 a_n/a_0 为纵轴，可以画出以 $\sin(x)/x$ 为包络的不同频率分量振幅随频率分布的状况，称为信号频谱图。频谱图常用于描述信号的频域特性。图 1-5a、b 分别示出了周期正弦信号和周期脉冲信号的频谱图。

1. 2. 3　信号的带宽

由信号频谱图可以观察到一个信号所包含的频率成分。把一个信号所包含谐波的最高频

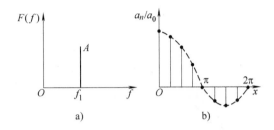

图 1-5　周期正弦信号和周期脉冲信号频谱图

a）周期正弦信号　b）周期脉冲信号

率 f_h 与最低频率 f_1 之差，即该信号所拥有的频率范围，定义为该信号的带宽。因此可以说，信号的频率变化范围越大，信号的带宽就越宽。在信号的典型应用中，周期矩形脉冲信号具有重要的代表意义，下面重点分析此类信号的频谱特点。

从图 1-5b 所示周期矩形脉冲信号的频谱可得出如下结论：

1）周期矩形脉冲信号的频谱是离散的，频谱中有直流分量 $A\tau/T$、基频 $\Omega = 2\pi/T$ 和 n 次谐波分量 $n\Omega$，谱线间隔为 Ω。

2）直流分量、基频及各次谐波分量的大小正比于 A 和 τ，反比于周期 T，其变化受包络线 $\sin(x)/x$ 的限制，有较长的拖尾（参见式（1-5））。

3）当 $x \to \infty$，即 $f \to \infty$ 时，谱线摆动于正负值之间并趋向于零。

4）随着谐波次数的增加，幅度越来越小，理论上谐波次数可到无穷大，即该信号的带宽是无限的，但可以近似认为信号的绝大部分能量都集中在第一个过零点 $f = 1/\tau$（$x = \pi$）左侧的频率范围内。这个频率范围外的信号频谱所占有的信号能量可以忽略不计。通常把第一个过零点左侧这段频率范围称为有效频谱宽度或信号的有效带宽，即

$$B = 1/\tau \tag{1-6}$$

该式表明，信号带宽与脉冲宽度成反比。即脉冲越窄，所占用的带宽越宽。带宽的概念对于理解通信系统的传输是非常重要的。

需要指出的是，信号带宽常与信道带宽相联系。信道带宽用于描述通信信道的特性，是表示通信传输容量的一个指标，信道带宽越大，其通过信号的能力越强，越能传输高质量的信号。

1.2.4　信号的衰耗与增益

信号在传输过程中会受到各种外界因素的影响，导致接收端信号与发送端信号相比发生变化。若输出端功率小于输入端功率，则称信号受到了衰耗。产生衰耗的主要原因是传输过程中存在阻抗，吸收了部分传输能量。若输出端功率大于输入端功率，则称信号受到了增益。信号经过信号放大器放大后就会产生增益。

衡量衰耗和增益大小的单位是分贝（dB），定义为

$$d = 10\lg\left(\frac{P_{in}}{P_{out}}\right) \tag{1-7}$$

式中，P_{in} 和 P_{out} 分别是信号在输入、输出端两点的功率。

例如，把 10mW 功率的信号加到输入端并在输出端测得功率为 5mW，衰减 d 约为 3dB。式（1-7）也可用电压或电流量表示。由功率 $P = V^2/R$ 或 $P = I^2R$，得

$$d = 10\lg\left(\frac{P_{\text{in}}}{P_{\text{out}}}\right) = 20\lg\left(\frac{V_{\text{in}}}{V_{\text{out}}}\right) = 20\lg\left(\frac{I_{\text{in}}}{I_{\text{out}}}\right) \tag{1-8}$$

在通信系统中，若讲到某点信号的强弱，经常使用电平的概念。正如我们把海平面作为衡量山高的参考点一样，电平是一个相对的概念。系统中某点的功率电平定义为该点信号的功率与一个称为基准参考点（阻抗是 600Ω，基准功率值 1mW，基准电压值 0.775V，基准电流值 1.29mA）的功率之比。具体来说，设 P_x 是点 x 处的信号功率，该点的电平定义为（用 dB 作单位）

$$D_x = 10\lg\left(\frac{P_x}{1\text{mW}}\right) = 20\lg\left(\frac{V_x}{0.775\text{V}}\right) = 20\lg\left(\frac{I_x}{1.29\text{mA}}\right) \tag{1-9}$$

使用电平最大的好处是计算上的方便，可以简化通信测量中对信号和噪声大小的计算。另外需要指出的是，当以上式表示系统中某点的电平时，习惯上使用 dBm 这个单位，1mW 的功率电平为 0dBm，称为绝对功率电平。

1.2.5 噪声与失真

叠加在有用信号之上并对信号的正常处理和传输产生有害影响的成分称为噪声。噪声的来源可能有两个：一个是外部干扰，如雷暴、天电、高压火花产生的电磁辐射等；另一个可能是系统内部固有的，如热噪声或自激噪声等。

信噪比常用于衡量一个通信系统的优劣，系统中某点的信噪比定义为该点的信号功率 P_S 与噪声功率 P_N 之比并取对数。一般来说，信噪比（dB）越大，通信质量越高。具体定义为

$$\text{SNR} = 10\lg\left(\frac{P_S}{P_N}\right) \tag{1-10}$$

在模拟通信系统中，噪声对有用信号的影响会随着传输距离的增加而产生累积效应，难以把有用信号从中提取出来，因而要求系统有较高的信噪比。但在数字通信系统中，以适当距离中继再生后就可以完全恢复出原始信号，这也是数字通信能够完全取代模拟通信的最根本的原因。图 1-6 显示了噪声叠加干扰导致信号幅度发生改变的情况。

图 1-6 噪声叠加干扰导致信号幅度的变化

经过传输后的信号，由于受到通信系统本身条件限制可能会发生畸变，称为信号失真。所谓无失真传输，必须满足两个条件：一是系统对信号不同频率的幅度值产生等值的衰减或

放大；二是系统对信号不同频率具有常数群时延特性，即相位延迟与频率成正比。不满足第一个条件而导致的失真称为幅频失真。如果一个系统对不同频率分量产生不同的衰耗或放大，那么当信号通过该系统之后，各频率分量的幅度比例就会发生改变，叠加后将不能真实反应原信号。不满足第二个条件而导致的失真称为相频失真。如果一个系统对不同频率分量产生不同的相移（表现在时域就是产生不同的延迟），则系统输出的各频率分量叠加之后也不能真实反应原信号，这样产生的失真即为相频失真。这两种失真，仅仅是各次谐波的幅度、相位产生了变化，系统并未产生新的谐波频率，所以称为线性失真。可以通过改善系统的传输特性，降低线性失真，使其在工作频率内近似满足无失真传输条件。

某些情况下，由于传输系统的非线性特性，会导致接收到的信号产生新的频率分量，称之为非线性失真。非线性失真的种类繁多，如总谐波失真、交叉调制失真、互调制失真等，但其本质都是由通信系统的非线性影响所致。

1.3 通信系统的模型与指标

通信的目的是传送消息。消息可以表现为语音、图像、文字等多种形式，例如：电视台通过卫星可以把电视画面传送到千家万户；电话用户通过交换机可以实现拨号通话；网络用户通过互联网可以进行即时聊天等。一个通信系统应该具备一些最基本的功能特征来实现消息的传送，我们把这些最基本的功能特征总结抽象出来，就可以得到通信系统的一般模型。

1.3.1 通信系统的一般模型

在任何通信系统中，发送消息的一端称为信源，接收消息的一端称为信宿。信源和信宿之间的传输路径称为信道。信源发出的消息先要经发送设备变换成适合于信道传输的信号形式，再经信道传输后由接收设备做出反变换恢复出信源消息，最后被信宿接收。而消息在传送过程中的任何一点都有可能受到噪声的干扰。据此，我们可以得到图 1-7 所示的通信系统一般模型。由于多数通信系统都具有双向通信的功能，即通信一方既是信源又是信宿，所以图中展示的是一个双向通信系统模型。

图 1-7　通信系统的一般模型

信源和信宿通常是能够对应把消息解读出来的设备或人。例如，电视机、接听电话的人或计算机终端等都可以作为信源或信宿。消息的形式可以是图像、语音，也可以是文字、符号等。

发送设备主要用于对信源消息进行物理格式变换。这样的物理格式变换可以是码型调整变换或者是频率调整变换，以适应信道对所传输信号格式的要求。接收端则利用接收设备做出反变换。

狭义的信道是指具有不同物理性质的各种传输媒介，如电缆、光缆、无线大气空间等。

广义的信道则包括信源和信宿之间的任何传输设备。信号在信道传输过程中会随着距离的增加而产生衰减。为了保证长距离传输，在适当的距离上必须对信号进行能量放大，称为中继再生。叠加了噪声的模拟信号衰减后再放大，其中的噪声分量也会随之放大，引起信号畸变。而数字信号经过中继再生后可以彻底去除噪声干扰，得到完全恢复，具有可靠性高、不失真的优点，因而获得了广泛应用。

噪声干扰是任何通信系统都难以避免的。噪声干扰等因素会导致信号失真，引起传输错误，因此，通信系统一般都要考虑差错控制问题。

1.3.2 通信系统的指标

一个通信系统质量如何，通常由两个指标来衡量，即系统的有效性和可靠性。有效性指的是单位时间内系统能够传输消息量的多少，以系统的信道带宽（Hz）或传输速率（bit/s）为衡量单位。在相同条件下，带宽或传输速率越高越好。可靠性指的是消息传输的准确程度，以不出差错或差错越少越好。例如，在模拟通信系统中，系统的频带越宽，其有效性越高，而其可靠性常用信噪比来衡量，信噪比越大，其可靠性越高。有效性和可靠性经常是相互抵触的，即可靠性的提高有赖于有效性的降低，反之亦然。

鉴于目前通信系统普遍采用的是数据通信技术，下面主要讨论数据通信系统中的这两个指标。数据通信系统的有效性用传输速率来衡量，可靠性用差错率来衡量。在相同条件下，传输速率越高越好，差错率越低越好。

1. 传输速率

传输速率又分为码元速率（也称调制速率或符号速率）、比特速率（又称数据传输速率或信息传输速率）和消息速率三个指标。码元是携带数据信息的最小单位，单位时间内通过信道传输的码元个数称为码元速率，其单位为波特（Baud），如2400Baud指一秒钟传送了2400个码元。单位时间内传输二进制数据位数的个数称为比特速率，简称比特率，其单位为bit/s。消息速率是指单位时间内传输的消息量，其单位随着消息单位的不同而不同，消息单位为比特时，其单位为bit/s；消息单位为字符时，其单位为B/s；消息单位为码组时，其单位为码组/s。

对于采用二进制传输体制的通信系统，码元速率等于比特速率。但在采用 N 进制调制的通信系统中，若码元速率为 B，比特速率为 R，则二者之间存在着下列关系：

$$R = B\log_2 N \tag{1-11}$$

例如，在四进制通信系统中，2400Baud 等效于 4800bit/s。

2. 差错率

差错率用于衡量数据传输的可靠性，根据计量单位的不同可以有多种定义，其总的定义是

$$差错率 = \frac{传输过程中出现错误的单位数量}{总的传输单位数量} \tag{1-12}$$

在数据传输系统中，常用的差错率计量单位有误码（比特）率、误字符率和误码组率等。例如，误码率是指在发送的码元总数中发生差错的码元数与总的发送码元数之比，它是一个统计平均值，计算公式为

$$误码率 = \frac{接收端出错码元数}{总的发送码元数} \tag{1-13}$$

3. 频带利用率

若一个通信系统的传输频带很宽，传输信息的能力很强大，但在该系统上传输的数据量很少或者说数据传输速率很低，则该通信系统的频带利用率就不高。因此，在比较不同通信系统的有效性时，不仅要考虑数据的传输速率，也要考虑其带宽的占用情况。频带利用率是用单位频带内允许的最大比特传输速率来衡量系统性能的一个指标，单位是 $bit/(s \cdot Hz)$，其计算公式为

$$\text{频带利用率} = \frac{\text{系统最大比特传输速率}}{\text{系统拥有的频带宽度}} \tag{1-14}$$

在频带宽度相同的条件下，比特传输速率越高频带利用率就越高。

1.4 通信系统的分类

1.4.1 按传输媒介分类

按传输媒介的不同，可把通信系统分为有线通信系统和无线通信系统。

固定电话、有线电视、因特网等利用有形传输线进行信号传输的系统都是有线通信系统。而无线广播、微波通信、移动通信、卫星通信等利用大气空间作为传输媒介的通信系统都属于无线通信。

有线通信系统又分为以电信号经金属线传输和以光信号经光纤传输两种情况。特别是在干线通信中，低损耗、高容量、低色散的单模光纤占绝对主导地位。其特点是：中继距离长（几十到上百千米）、标准化的数字信号传输（同步数字系列标准 SDH）、采用密集波分（DWDM）技术使光纤的容量有成百倍的增加。目前来看，以长途光缆、高等级 SDH、高速 ATM 交换机、线速交换路由器为主构成的超级有线骨干网，已经成为承担综合通信业务的主要基础设施。

无线通信正在成为越来越热门的通信手段，在各种接入网中获得广泛应用。无线通信按照波段划分可分为短波、微波、卫星和红外线 4 种情况。按照接入技术划分最常见的是基于蜂窝概念的公用移动通信网。目前第一代模拟蜂窝 AMPS 已经退出，第二代数字蜂窝 GSM 以及二代半 GPRS 正在使用，第三代移动通信技术已经成熟并逐渐替代第二代系统；另一类逐渐获得推广使用的是基于局域网的接入技术，如根据 IEEE 802.11 协议的无线局域网（WLAN）、蓝牙（Bluetooth）技术以及家庭网络中使用的 Home-RF 技术。

二者比较来看，有线通信系统的特点是：利用传导体对信号进行导向性传输，具有较强的封闭性和安全性，信号传输质量会更好一些，同时容量可以无限制地增大。但是有线通信系统的敷设、维护成本较高，特别是在地形复杂、环境恶劣的情况下较为困难。而无线通信系统的特点是：利用非导向性传输媒体在自由空间传播信号，具有优良的可移动性和低廉的扩张成本。但无线通信系统容易受到外界的干扰，频率资源有限，传输速率也受限。随着传输速率、容量和带宽等问题的解决，无线通信正在成为解决短距离接入的主要手段。

如今，由于通信技术的不断融合，已经很难严格区分一个通信系统是有线还是无线系统。例如，有线长途电话传输过程中经常使用微波接力作为中继，而公用蜂窝移动电话系统虽然在基站和终端用户（手机）之间通过无线信号实现连接，但网络内部的基站之间以及

基站到固定电话之间大多是利用有线实现连接。

1.4.2 按传输信号的特性分类

按照信道上传送的是模拟信号还是数字信号，可把通信系统分为模拟通信系统和数字通信系统。

早期的通信系统以模拟通信为主，其最大的优点是简单直观，特别是发送和接收设备简单、易实现。直到现在广播电台的广播仍然使用模拟调幅或调频技术。但是，模拟通信系统致命的缺陷是抗干扰能力弱，当受到系统内、外部噪声干扰后很难把噪声和信号分开，导致通信质量下降。传输线路越长，噪声的积累也就越多，因而逐渐被数字通信系统所取代。

与模拟通信系统相比，数字通信系统有如下一些特点。

1. 抗干扰能力强

数字通信系统中传输的是二电平数字信号，表现为电信号的高或低，光信号的强或弱。利用门限阈值去判决接收信号，只有达到或超过门限阈值时才会输出数字信号"1"，否则输出数字信号"0"。这样对于能量较小的噪声干扰由于它低于阈值而多数被过滤掉，不会造成任何影响。此外，如果确实由于噪声干扰较大导致数字信号的"1"变成"0"或者"0"变成"1"而产生误码，则在系统中还可增设检错和纠错功能加以补救。这样，接收到的数字信号能够做到与原始数字信号完全相同，继续传送也不会产生噪声累积现象。

2. 数字信息的保密性好

数字信号数据易于通过各种加密措施进行加密处理，确保通信的保密性。

3. 便于集成化、智能化

数字信号数据的处理具有"软性逻辑"的特点，即用硬件可以实现的功能采用数字信号仿真也可以实现，这就为降低设备体积和功耗提供了必要条件。数字通信设备大多可以采用大规模集成电路设计，实现小型化、集成化、低功耗的需要。此外，数字通信系统采用二进制数字传输，便于计算机存储、处理和数字交换。可以说当代通信系统与计算机已经合二为一，成为名副其实的智能化综合业务通信系统。

4. 数字通信占用的频带较宽

在同样信息量的情况下，数字通信占用较宽的信道频带。以电话通信为例，一路模拟语音信号带宽为4kHz，在数字通信系统中就需要占用带宽64kHz，后者是前者的16倍。

5. 数字通信系统技术较复杂

在数字通信系统中，接收方要能够正确地把每个数字码元区分开来，并且找到每个信息码组的开始和结束位置，这就需要收、发双方严格同步。因此，实现起来技术上较为复杂。但是，随着同步数字体系（SDH）的推广应用，数字通信系统的同步问题已经获得根本解决。

1.4.3 按业务功能分类

按业务功能划分，通信系统可分为电话通信、电报通信、传真通信、数据通信、图像通信、多媒体通信、卫星通信、微波通信、移动通信等。这些系统可以是专用的，但大多数情况下是兼容并存的。

公用电话通信业务发展最早，因而其他业务常依托电话通信系统来实现。例如，非语音业务主要包括数据传输、因特网、传真、可视图文及会议电视等。借助于电话通信系统可以实现拨号上网、数字传真、数字电报、电话会议等。

1.5 通信系统的传输方式

通信系统的传输方式是指通信双方所共同遵守的一种传输规则。从不同的角度观察，可以有不同的传输方式。

1.5.1 单工与双工传输方式

按消息传输方向与时间划分，可分为单工、半双工及全双工三种传输方式。

若通信双方的一方只能接收消息而不能发送消息，同时另一方只能发送消息而不能接收消息，则称为单工传输方式。例如，广播电台、电视台与广大听众和观众之间就是典型的单工传输方式。

若通信双方都能够既发送又接收消息，但在同一时间只能一方发送另一方接收，则称为半双工传输方式。这种方式多半是由于双方共用同一个信道，而一个信道同时只能被一方占有所致。例如，短距离无线对讲机在使用时双方不能同时讲话，当一方讲话时需要按下按键，松开按键后才能听到对方讲话。

若通信双方可以同时发送和接收消息，则称为双工传输方式。为了实现双工，双方需要具有各自的传输信道。例如，在固定电话通信系统中双方可以同时讲话而不必在意谁先谁后。

1.5.2 串行与并行传输方式

按消息传输时排列方式的不同，可分为串行（序列）和并行（序列）传输方式。

若消息沿线路方向按照消息单位（比特流）的先后顺序进行传输，即每次仅传输一个消息单位的1位（1bit），则称为串行传输方式，如图1-8a所示。串行传输方式在一条线路上完成全部的传输工作。其优点是节省线路费用，缺点是传输效率低。串行通信方式多用于长距离通信，是最常用的一种传输方式。

图1-8 串行和并行传输方式

a）串行传输方式 b）并行传输方式

如果消息沿线路方向按照每次一个消息单位的量进行传输，即每次传输一个消息单位的多位，则称为并行传输方式，如图 1-8b 所示。并行传输方式在多条线路上同时进行，每条线路传输 1 位。其优点是效率多倍提高，缺点是线路成本较高，通常适用于短距离通信。例如，打印机与计算机之间的连接、计算机之间通过并行电缆连接等都是并行传输的例子。

一般通信系统都采用串行传输方式，而并行传输方式仅用在距离较短（几厘米到几十米）并且需要高速数据传输的场合。

1.5.3 同步与异步传输方式

在通信系统中，特别是在数字通信系统中，要求收、发双方保持步调一致才能实现消息的正确传输。按照收、发双方保持步调一致的方法，可以分为异步和同步两种传输方式。

异步传输方式中，收、发双方的时钟各自独立并允许有一定的误差。典型的异步传输（例如，计算机串行口通信）以一个字符（8bit）为单位。为了达到双方同步的目的，需要在每个字符的头、尾各附加 1bit 的起始位和终止位，用来指示一个字符的开始和结束。起始位的到来给了接收方响应时间，停止位的出现让接收方知道一次传输的终止。异步传输由于需使用许多起始和停止位进行同步，所以传输开销大，效率较低。主要适用于低速数据传输，例如，计算机键盘与主机、RS-232C 串口实现的异步数据传输等。

同步传输方式中要求双方时钟严格一致。通常每次发送和接收都以数据帧为单位，每帧由若干个字符组成。帧头包含一组类似于异步传输方式中起始位功能的，由特殊比特组合而成的帧同步码，用于通知接收方一个帧的到达，确保双方进入同步状态，帧同步码之后紧接着就是信息数据。由于帧同步码已经确保了双方进入同步状态，所以直到接收方检测到帧结束码之前所接收的内容都属于信息数据部分。一帧的最后一部分是一个帧结束码，它也是一个特殊的比特组合，类似于异步传输方式中的停止位，用于表示一帧的结束。例如，数字电话通信中每帧包含 32 个话路，每个话路 8 位，一帧的大小就是 32 个字符共 256 位。同步传输方式具有较高的传输效率，但实现较为复杂，常用于高速数据通信系统中。

为了实现收、发双方时钟严格同步，发送方的编码中通常隐含着供接收方提取的同步频率，由接收方从中提取出来后用于双方时钟同步。因此，同步通信方式的线路编码格式很重要。例如，曼彻斯特编码或 CMI 码就隐含有同步时钟信号的频率。

1.6 通信信道

信源发出的信号经过信道传输后被信宿接收，所以信道是信号传输的通路。信道的传输特性即信道的频率响应特性，描述了不同频率的信号通过信道传输后能量幅度和相位变化的情况。由此可以确定信道能够通过什么频率的信号而不会产生畸变。

信道带宽是描述通信系统的一个重要指标，也是理解通信系统的一个最基本的概念。信道带宽用于衡量一个信道的传输能力，带宽越大表明传输能力越强。信道带宽主要受传输媒介带宽的影响，不同的传输媒介其带宽不同，所以信道带宽又称为线路带宽或媒介带宽。例如，光纤媒介的带宽就远远大于电缆的带宽。

信道容量则是用来衡量信道所能达到的最大传输能力的一个重要指标。

1.6.1 传输特性与带宽

信道的传输特性又称为信道的频率响应特性，它描述了包含不同频率分量的信号经过信道传输后其幅度和相位的变化情况。一个理想信道具有无限的带宽，即当信号通过理想信道传输时，发送端和接收端的波形完全一样，只是在幅度上有所衰减，时间上有所滞后。如图1-9a、b所示，理想信道对任何频率的信号都具有同样的频率响应，其幅频特性具有从 $-\infty \sim +\infty$ 的理想频宽，其相频特性具有从 $-\infty \sim +\infty$ 的线性相移。

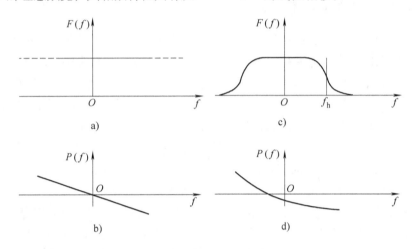

图1-9 理想信道与实际信道频率特性的比较

a) 理想信道幅频特性 b) 理想信道相频特性 c) 实际信道幅频特性 d) 实际信道相频特性

但是，受物理传输媒介和传输设备性质的限制，实际信道都是非理想的，其频率响应特性限定了通过其传输的上、下限频率，也就是有一个限定通频带。图1-9c、d示出了实际信道的频率响应特性，其中，小于 f_h 频率的信号基本上能够正常通过信道，即使有部分失真也可以容许，而大于 f_h 频率的信号被部分抑制掉。非理想信道的相频特性也呈现出非线性特点，表现在实际问题中就是不同频率分量信号在信道中传输速率不一样，导致不同频率分量产生不同时间的延迟。

信号带宽与信道带宽的匹配是通信系统正常工作的重要保证之一，两者匹配最主要考虑的是频带匹配。如果被传输信号的频率范围与信道频带相适应，对信号的传输不会有什么影响；如果信号的有效带宽大于信道带宽，就会导致信号的部分频率成分被过滤掉而产生信号失真。

例如前面讲到的周期矩形脉冲信号，其实际带宽是无限的，而信道带宽总是有限的。所以如果信号基频和第一个过零点左侧部分的谐波（即有效带宽部分）能通过信道，一般来说，接收到的数字信号是可以被识别出来的。但如果信道与信号带宽不匹配，导致基频甚至部分谐波被滤除，由于基频包含了信号的大部分能量（在频谱图上反映出的是幅值最大的波形），因此接收到的信号就会产生严重失真而难以识别。传输周期脉冲信号的信道要求至少其下限频率要低于信号的基频。

实际当中可能出现下列几种情况：

1）如果信号与信道带宽相同且频率范围一致，信号能无损失地通过信道。

2）如果信号与信道带宽相同但频率范围不一致，该信号的部分频率分量肯定不能通过信道。此时，需要进行频率调制，使信号的频带通过频率变换适应信道的频带。

3）如果信号带宽小于信道带宽，但信号的所有频率分量包含在信道的通带范围内，信号可以无损失地通过信道。

4）如果信号带宽大于信道带宽，但包含信号大部分能量的主要频率分量包含在信道的通带范围内，通过信道的信号会损失部分频率成分，但仍可能完成传输。

5）如果信号带宽大于信道带宽，且包含信号相当多能量的频率分量不在信道的通带范围内，这些信号频率成分将被滤除，信号严重畸变失真。

信道与信号的匹配可以形象地比喻为马路与车的关系，把车看成是信号，马路看成是信道，则宽马路允许多辆车并行跑，窄马路跑多辆车就会导致拥挤甚至撞车事故发生。

信道带宽又称为线路带宽，常常以数据传输速率（bit/s）或者可传输的频率范围（MHz 或 GHz）来衡量。信号的有效带宽单位是 Hz，而信道带宽的单位是 bit/s，如何理解 Hz 和 bit/s 之间的关系呢？根据 1.2 节的分析，信号的有效带宽是其主要能量频谱的宽度，通常是一个近似值。以宽度为 τ 的周期脉冲信号为例，其有效带宽近似为 $1/\tau$（Hz）。当信号速率为 1200bit/s 时，$\tau = 1/1200$s，相当于有效带宽近似为 1200Hz。可见信号的比特率与有效带宽成正比。若要提高比特率，就需要具有带宽更宽的传输媒介。实际中为了在有限的信道带宽中提高比特率，经常采用多进制调制技术，使得单位码元内尽量传输更多的信息。

通过上述分析我们得出一个重要结论：为了不失真地完成信号传输，信号的有效带宽必须和信道的带宽相匹配。

1.6.2 传输媒介

狭义来看，通信系统的传输媒介可以是诸如同轴电缆、双绞线和光缆等有线传输媒介，也可以是不同波段的无线电波。了解通信系统传输媒介的物理特性和传输特性有助于理解与通信信道相关的概念。

1. 同轴电缆

同轴电缆早期曾用于数字通信系统中作为宽带传输媒介，但由于其单位距离传输衰减过大（10～20dB/km），后来逐渐被具有更高传输能力的光纤所替代。而在计算机局域网络中以往常用阻抗为 50Ω 的 RG-58 型同轴电缆作基带传输，也逐渐被双绞线所取代，主要原因是其制作工艺比双绞线复杂且成本较高。目前阻抗为 75Ω 的同轴电缆基本上只用于有线电视网。

一般同轴电缆由一根实心的铜质线作为内导体、一个铜质丝网作为外导体，内外导体之间由塑料绝缘材料支撑并隔离，外导体以内导体为同心轴，所以称为同轴电缆。外导体之外再覆一层聚氯乙烯或其他绝缘材料，用于防潮、防腐、防氧化损坏，如图 1-10a 所示。同轴电缆的外导体具有屏蔽作用，所以抗干扰性能很强。

同轴电缆的有效频带范围大约在 100kHz～500MHz 之间。各种同轴电缆是根据它们的无线电波管制级别（RG）来归类的，每种级别有一组特定的物理特性，适用于一定的功能用途。不同类型的同轴电缆的应用参数如表 1-1 所示。

a)   b)   c)

图 1-10　有线传输介质

a）同轴电缆　b）双绞线　c）光缆

表 1-1　各种同轴电缆的分类应用

同轴电缆型号	适宜的网络	阻抗值/Ω
RG-8	粗同轴以太网 10Base5 （ϕ0.5in）	50
RG-11	粗同轴以太网 10Base5	50
RG-58A/U	细同轴以太网 10Base2 （ϕ0.25in）	50
RG-59/U	有线电视 CATV 或 ARCnet 网	75
RG-62A/U	ARCnet 网	93

2. 双绞线

双绞线是最常用的一种传输媒介，常用于局域网或用户短距离接入。双绞线是把两根外包绝缘材料的直径约 0.5～1mm，铜芯线扭绞成具有一定规则的螺旋形状，扭绞的目的是为了减少或抵消线对之间的电磁干扰。与同轴电缆相比，双绞线抗干扰性差一些，易受到外部电磁信号的干扰，所以可靠性也就差一些。但是双绞线的制造成本比同轴电缆要低很多，是一种廉价的传输媒介。把若干对双绞线集成一束，并用较结实的外绝缘皮包住，就组成了对称电缆。图 1-10b 示出了 4 对双绞线合成的对称电缆。

双绞线既可以传输模拟信号也可以传输数字信号，在距离不超过 100m 时，传输数字信号的速率可以达到 10～100Mbit/s。用于局域网络的双绞线是由 4 对线组成的双绞线电缆，而用于电话语音传输的用户线则通常由多达上百对双绞线电缆组成，以便于集中入户敷设。

用于局域网的双绞线大致分为屏蔽（Shield Twisted-Pair，STP）和非屏蔽（Unshield Twisted-Pair，UTP）双绞线两类。屏蔽双绞线电缆增加了一层具有屏蔽作用的金属层，可以有效地防止电磁干扰，但成本较高。

电子工业学会（Electronics Industrial Association，EIA）组织为非屏蔽双绞线电缆制定了 6 类标准。表 1-2 列出了它们的适用范围。

表 1-2　UTP 标准及适用范围

UTP 线种类	适 用 范 围	传输速率/（Mbit/s）
1 类	主要用于模拟语音信号或低速数据信号	≤2
2 类	可传输语音和数据信号	≤4
3 类	主要用于数据传输，大多数电话系统的标准电缆	≤10
4 类	用于数据传输，令牌环网或大型 10BaseT 以太网	≤20
5 类	用于快速以太网，4 对铜芯双绞线	≤100
超 5 类	高速数据传输	≤1000
6 类	超高速数据传输	≤2500

3. 光缆

光通信是利用光导纤维作为媒介，用光波来载送信息的一种通信方式。光纤是由纯净的石英玻璃拉制成的纤细的玻璃纤维丝，可远距离传输光信号。光缆是由若干根光纤集成在一起制成的宽带通信传输媒介，是目前长途干线通信和部分城域网的主要通信线路。

图 1-11 示出了近红外波长范围的光波通信的三个可用传输窗口：$0.85\mu m$ 短波长区（$0.8 \sim 0.9\mu m$）、$1.3\mu m$ 长波长区（$1.25 \sim 1.35\mu m$）和 $1.55\mu m$ 长波长区（$1.53 \sim 1.58\mu m$）。不同的波长范围光纤单位距离传输损耗不同，其中 $0.85\mu m$ 波长区用于多模光纤通信，$1.3\mu m$ 波长区用于多模和单模光纤通信，$1.55\mu m$ 波长区用于单模光纤通信。多模光纤适用于短距离传输，单模光纤光波波长接近于远红外波段，传输损耗很小，因而中继距离可达上百千米，带宽至少可达 1GHz 以上。关于光纤通信的详细内容将在第 4 章中做详细介绍。

图 1-11 光波通信的三个可用传输窗口

4. 无线电波

大气空间作为通信的传输媒介已经获得广泛的应用。目前常用无线电频率范围为 $3kHz \sim 300GHz$，各频段具有不同的传播特性、途径和规律，因而有不同用途。表 1-3 是无线电波不同频段的划分及其用途。

表 1-3 无线电波不同频段的划分及用途

频　　段	频率范围	波长范围	主　要　用　途	主要传播方式
极低频（ELF）极长波	$30 \sim 3000Hz$	$0.1 \sim 1000km$	远程通信、海上潜艇远程导航	地波
甚低频（TLF）超长波	$3 \sim 30kHz$	$1000 \sim 10km$		
低频（LF）长波	$30 \sim 300kHz$	$10 \sim 1km$	中远程、地下通信、无线导航	地波或天波
中频（MF）中波	$300kHz \sim 3MHz$	$100 \sim 1000m$	中波广播、业余无线电	地波或天波
高频（HF）短波	$3 \sim 30MHz$	$10 \sim 100m$	短波通信、短波电台、航海通信	天波
甚高频（VHF）超短波	$30 \sim 300MHz$	$1 \sim 10m$	电视、调频广播、电离层下散射	视距波、散射波
特高频（UHF）分米波	$0.3 \sim 3GHz$	$1 \sim 10dm$	移动通信、遥测、雷达导航、蓝牙	视距波、散射波
超高频（SHF）厘米波	$3 \sim 30GHz$	$1 \sim 10cm$	微波、卫星通信、雷达探测	视距波
极高频（EHF）毫米波	$30 \sim 300GHz$	$1 \sim 10mm$	雷达、微波、射电天文通信	视距波
光波（近红外线）	$10^5 \sim 10^7 GHz$	$3 \times 10^{-6} \sim 0.3cm$	光纤通信	光导纤维

无线电波是由于在发射天线上流动的高频电流所辐射出的磁场和电场交替感应向周围扩散而产生的。为了高效率地把无线电波发射到空中去，通常天线的长度应为波长的 1/4。例

如，波长为100m的无线电波，其发射天线不能低于25m。无线电波在传送过程中由于能量的扩散和媒介的吸收，其强度会逐渐衰减。同时，由于地理环境和可能遇到障碍物等因素，会产生不同程度的反射、折射、绕射和散射现象，对电波的传输产生影响。

无线电波主要分为地波、天波、视距和散射4种传播途径。

地波传播是指沿地球表面的传播，受季节和气候的影响小，传播较稳定。但地波传播的衰减受土质导电性影响较大，导电性越好，衰减越小，波长越短，衰减越大。长波和中波无线通信均采用地波传播。

天波传播利用电离层反射实现，天波进入大气电离层后被反射回到地面又可能被反射回到电离层，如此反复几次可使得传输距离很远，甚至达到几千千米。天波的频率大约在3～30MHz，频率越低衰减越大，所以过低频率不能使用，但若频率再高的话会穿过电离层不能被反射回来。

视距传播又称为空间波传播。这是一种直线传播方式，主要用于微波通信和超短波通信，传播距离约为20～60km。如公用蜂窝无线网手机与基站之间，以及微波通信接力站之间都属于视距波传播。

散射传播是依靠位于电离层下方距地面13～14km左右的对流层对电磁波的无序散射而实现的传播，它是微波和超短波传播的途径之一。一般用于海岛、湖泊、沙漠等不便于建立微波中继站或有线通信难以敷设到的地点。

无线电波在大气中传播时除了有传输损耗之外还存在着多径效应和衰落现象。传输损耗是由于大气对无线电波吸收、散射或绕射而导致的，不同的传播方式和不同材料的障碍物所造成的损耗不一样。电波经过多条路径传播到达同一个接收天线，各条路径来的信号之间有时延差，叠加之后得到的合成信号强弱会伴随着传输路径或气象条件的变化而起伏不定，这种现象称为多径效应。而接收端信号振幅起伏不定的情况称为衰落现象。特别是在移动通信中，信号的强弱会随着移动位置的变化而变化，从而使电波不稳定、系统不可靠。为此，需要增加抗衰落等一系列措施。

1.6.3 信道容量

信道容量是指信息在信道中无差错传输的最大速率。在信道模型中，有两种广义上的信道：调制信道和编码信道。调制信道是一种连续信道，可以用连续信道的信道容量来表征，通常信道容量指的就是连续信道的容量；编码信道是一种离散信道，可以用离散信道的信道容量来表征。图1-12表明了两种信道之间的关系。

图1-12　调制信道与编码信道的关系

在信号平均功率受限的高斯白噪声信道中，用于计算信道容量的是著名的香农公式，即

$$C = B\log_2\left(1 + \frac{S}{N}\right) \tag{1-15}$$

式中，B 为信道带宽；S 为信号平均功率；N 为噪声平均功率；C 是该信道的理论最大传输速率，单位为 bit/s。

香农公式表明的是当信号与信道加性高斯白噪声的平均功率给定时，在具有一定频带宽度的信道上，理论上单位时间内可能传输的信息量的极限值。即只要传输速率小于或等于信道容量，则总可以找到一种信道编码方式，实现无差错传输。

由香农公式可得以下结论：

1) 增大信号功率 S 或减小噪声功率 N 可以增加信道容量 C，若 S 趋于无穷大或者 N 趋于零，则 C 也趋于无穷大。但一方面实际信道总是存在噪声，另一方面 S 也不可能无穷大。所以，B 一定时，只能通过提高信噪比 S/N 来提高信道容量。

2) 增大信道带宽 B 可以增加信道容量 C，但不能使 C 无限增大。B 趋于无穷大时，C 的极限值为一个固定值 $1.44S/n_0$，n_0 是白噪声谱密度（单位带宽内噪声功率）。

3) 在允许存在一定的差错率前提下，实际传输速率可以大于信道容量，但此时不能保证无差错传输。

4) 信道容量 C、信道带宽 B 和信噪比 S/N 可以通过相互提升或降低取得平衡。这种信噪比和带宽的互换性在通信工程中有很大的用处。在扩频通信中通过增大信道带宽来降低对信噪比的要求。在宇宙飞船与地面的通信中，飞船上的发射功率不可能做得很大，因此也可用增大带宽的方法来换取对信噪比要求的降低。

例如：设当前信道带宽是 3kHz，最大信息速率为 10000bit/s。为了保证这些信息能够无误地通过信道，至少要求信噪比 $S/N \approx 9$。如果最大信息速率仍为 10000bit/s，同时把信道带宽拓宽为 10kHz，信噪比 S/N 就可降低为 1 左右。

1.6.4 信道的复用

多路复用是利用同一传输媒介同时传送多路信号且相互之间不会产生干扰和混淆的一种最常用的通信技术。在发送端将若干个独立无关的分支信号合并为一个复合信号，然后送入同一个信道内传输，接收端再将复合信号分解开来，恢复原来的各分支信号。多路复用可以大大提高线路利用率，节省线路建设开支。多路复用能够得以实现的先决条件是信道的带宽能够容纳多路信号合并后的复合信号带宽。

图 1-13 是多路复用的基本原理图。图中，n 路分支信号通过多路复用器合并起来，接收端则利用多路分路器把合并的信号分离开来。

图 1-13　多路复用原理示意图

常用的多路复用技术有频分多路（Frequency Division Multiplexing，FDM）、时分多路（Time Division Multiplexing，TDM）和码分多路（Code Division Multiplexing，CDM）三种。此外，在光纤通信中出现了波分多路复用（WDM），概念实际上与频分多路复用没有本质上的区别。

图 1-14 示出了频分多路复用（FDM）技术原理。FDM 技术是将信道的整个频带划分成

较窄的互相不重叠的子频带，每路信号占用其中的一个。因此，需要将频带相同的各信号频率分别搬移到其指定的频率位置，这个过程称为载波调制。为了避免不同子频带之间可能产生的交调干扰，需要在各个子频带之间留有适当的频率间隙，即保护带。图中三个同频宽的信号经过载频 f_1、f_2、f_3 的调制（频率搬移），分别被搬移到相邻的三个频带位置并组合成为一组频带较宽的信号，送入同一个信道传送。接收端经带通滤波器过滤后，解调（频率反搬移）还原出原信号。

图 1-14　FDM 技术原理示意图

FDM 技术常见于载波模拟电话通信系统中。ITU 对于模拟 FDM 信道群体系有一套详细的标准。规定一个基群包含 12 个带宽为 4kHz 的话路，5 个基群组成一个超群，5 个超群组成一个主群，共 300 个宽带话路。随着数字通信技术的出现，模拟传输的载波电话基本上已经被淘汰。但是，FDM 技术仍然在当代各种通信系统中作为多路复用手段占有不可替代的重要的位置。例如，在第二代数字蜂窝移动通信系统中用户手机的寻址方式就是采用 FDM 结合 TDM 技术实现的。

FDM 技术的优点在于频带利用率较高，实现起来也比较容易，其最大的缺点是对于信道的非线性失真导致的串扰、交叉调制干扰以及噪声累积难以克服。

TDM 技术是把信道的传输时间分割成一系列称为时隙的时间片，整个信道带宽在一个时间片内仅由一路信号占用，多路复用信号依次轮流占用这个信道。只要信道带宽能够达到一路信号传输速率的要求，就可以采用 TDM 方式实现信号的完整传输。因此，TDM 适合于数字信号的传输。

图 1-15 所示的 TDM 原理示意图中，有三路信号连接到时分多路复用器，复用器按照次序轮流给每个信号分配一段时隙（时间片）。当轮到某个信号使用信道时，该信号就与信道连通，其他信号暂时被切断。各路信号依次轮流一遍之后，再回到第

图 1-15　TDM 原理示意图

一路信号重新开始。在接收端，时分多路分用器与输入端复用器保持同步，依照与发送端同样的顺序轮流接通各路输出。这样，在同一个线路上可以分时传送多路信号，达到了复用的目的。在一个时间片上，每路信号的发送单位可以是一个码元、一个字符或一帧。

如果分配给每路信号的时间片是固定的，即不管该信源信号是否有数据要传送，属于该信源的时间片不能被其他信源的信号占用，则这种复用方式称为同步时分复用，这种方式系统利用率较低。如果允许动态地分配时间片，即在某个信源没有信息要发送时，允许其他信源占用该时间片发送信息，则称为动态或异步时分多路复用。动态时分多路复用又称为统计时分复用（STDM）或智能时分复用（ITDM），与同步时分复用比较起来技术上较复杂。

1.7 调制与解调

在信号的时域和频域特性分析中，我们已经看到正弦周期信号有幅值、频率和相位三个重要的特征参数。若把消息信号"作用"（例如，让信号的幅度随着消息信号的强弱而变化）到这三个参数中的任意一个之上都会使其随着消息的变化而变化，即信号"携带"上需要传送的消息。这里所讲到的"作用"就是本节所要讨论的调制的概念，而接收端"感知到"调制的"作用"，从而检测并恢复该消息，称为解调。用来"携带"消息的信号称为载波信号，而被"携带"的消息信号称为调制信号，调制后的信号称为已调信号。需要指出的是，除了正弦周期信号外，脉冲周期信号也可以作为载波信号。例如，脉冲编码调制（Pulse Code Modulation，PCM）就是利用周期性的脉冲信号取样模拟信号来实现数字传输的。

1.7.1 调制的目的

在通信系统中，调制的目的有两个。

1. 把基带信号调制成适合在信道中传输的信号

如果消息频率范围恰巧与信道相匹配，则可以把消息直接送入信道传输。但是多数情况下并非如此，而是需要采用调制技术把消息频率调制到与信道频率相适应的范围。例如，语音信号的频率范围大约是 300～3400Hz，而信道可通过频率范围在 10～100kHz 之间，利用频率为 11kHz 的正弦载波信号把语音信号调制到 11.3～14.4kHz 之间，就可以通过信道进行传输。

2. 实现信道的多路复用

信道的频带宽度往往比一个消息的频带宽度大很多，在一个物理信道上仅传输一路消息则极大地浪费了该信道剩余的频带资源。通过对消息信号进行调制来实现频分或时分多路复用就可以解决这个问题。例如，信道频率范围在 10～100kHz 之间，带宽是 90kHz，按每路语音信号 4kHz 计算至少可以同时传输 90/4≈22 路模拟语音信号。

1.7.2 调制的分类

调制的种类很多，分类方法也不一致。按调制信号的形式可分为模拟调制和数字调制；按载波信号的种类又可分为正弦波调制和脉冲调制。正弦波调制又分为幅度调制、频率调制和相位调制三种基本方式，此外还有复合调制和多重调制等。不同的调制方式有不同的特点和性能。表 1-4 列出了不同载波信号和调制信号组合在一起形成的调制类型。本节将重点说明其中的模拟信号调制正弦载波信号和数字信号调制正弦载波信号的情况。

表 1-4　调制类型说明

调制信号 载波信号	模 拟 信 号	数 字 信 号
正弦载波 $U_c\cos(\omega_c t + \psi)$	调幅（AM）、单边带、调频（FM）、调相（PM）	幅移键控（ASK）、频移键控（FSK）、相移键控（PSK）
脉冲载波	脉冲编码调制（PCM）、脉冲增量调制（DM）、差值脉冲编码调制（DPCM）	脉冲调幅（PAM）、脉冲调相（PPM）、脉冲调宽（PWM）

1.7.3 模拟信号调制正弦波

用模拟信号对正弦载波信号进行调制称为模拟调制。根据调制参数的不同分别有模拟振幅调制（Amplitude Modulation，AM）、频率调制（Frequency Modulation，FM）和相位调制（Phase Modulation，PM）三种形式，后两种形式又称为角度调制。

1. 振幅调制

载波信号幅度随调制信号变化的调制称为振幅调制，简称调幅。已调波称为调幅波，调幅波的频率与载波频率一致，调幅波的瞬时幅度变化曲线称为包络线，包络线的形状反映调制信号的波形。图1-16a、b分别示出了调幅前后的波形和频谱图。

图1-16　调幅信号的调制与解调示意图

a）模拟调幅波形　b）调幅信号频谱　c）基带信号和单边带信号　d）调幅信号的相干解调

调幅方式实现起来简单，但抗干扰性差，传输时信号容易失真，主要应用于中、短波无线电广播、小型对讲机、电报通信等场合。

调幅信号可用下式表示：

$$A(t) = U_c[1 + m_a\cos(2\pi Ft)]\cos(2\pi f_c t + \psi) \tag{1-16}$$

式中，U_c 是载波幅度；F 是调制信号的频率；f_c 是载波频率；相位 ψ 保持不变；m_a（介于 $0 \sim 1$ 之间）是一个和调制信号幅度成比例的常数，称为调幅指数。

从图1-16b可见，调幅波包含 f_c、$f_c + F$ 和 $f_c - F$ 三个频率分量。后两个频率分量分别称为上、下边频。若调制信号占有一定频带宽度，F 是其最高频率，则调幅波的频谱宽度为 $2F$。位于载频 f_c 两边的频带分别是对称的上、下边带，这两个边带包含着相同信息的调制信号，因此，只传送其中的一个边带就能够实现完整消息的传送。若把载波 f_c 和下边带一起抑制掉（不参与传送），就只剩下上边带的调幅信号，这种调制称为单边带调幅。如图1-16c所示，其中 B 是调制信号的带宽。单边带调幅通信方式节省功率、节省信道带宽，而且抗干扰性能也较好，因此在各种通信场合获得了广泛的应用。

调幅信号的解调有包络检波法和同步检波法两种。包络检波法属于非相干解调，其基本原理是利用包络波形即调制信号波形的特性，在输出负载上得到与输入信号包络成对应关系的输出信号。

同步检波法属于相干解调，相干解调需要接收端产生一个频率和相位与载波完全一致的信号与接收到的单边带信号相乘来实现。图 1-16d 示出了相干解调框图。乘法器的一个输入是接收到的上边带调幅信号

$$u_s(t) = U_m \cos[2\pi(f_c + B)t]$$

另一输入是本地产生的载波信号

$$c(t) = U_c \cos(2\pi f_c t)$$

二者相乘后得到

$$u_o(t) = K u_s(t) c(t)$$

其中，K 为一比例常数。很显然，$u_o(t)$ 乘积出现的频率包括两项，一项为高频项（$2f_c + B$），另一项为低频项 B。通过低通滤波器将高频项滤除，可得到与调制波成对应关系的低频输出项 B，即调制信号。

2. 角度调制

角度调制分为频率调制和相位调制，简称调频和调相。角度调制过程中载波信号的振幅不变，但其总瞬时相角则随调制信号 $u_\Omega(t)$ 按一定关系产生变化。

载波频率 f_c 随调制信号的瞬时幅值呈线性关系变化的调制称为模拟调频。已调波称为调频波。调频波的振幅保持不变，但瞬时频率偏离载波频率的大小量随调制信号呈线性关系变化。图 1-17a 示出了调频波形，图中载波信号的频率随着调制信号幅值的高低起伏呈时疏时密的变化。由于调制信号的幅度在一定范围内是连续变化的，因此载波信号的频率也是连续变化的。不难理解，若用单频调制信号进行频率调制，调频波的频谱会随着调制信号的幅度变化产生无穷多频率分量。

图 1-17 调频信号调制与解调示意图

a）模拟信号波形 b）调频信号频谱 c）调频解调过程

载波瞬时相位 $\theta(t)$ 随调制信号瞬时幅值呈线性关系变化的调制称为模拟调相。理解载波信号相位随波形变化的规律的简单方法是：把平面化的正弦载波立体化，即在三维空间中观察其变化过程。当一个振幅为 A，频率为 f_c，初始相位为 φ 的正弦载波 $A\sin(2\pi f_c t + \varphi)$ 随

时间变化时，x 轴代表时间，y 轴代表幅度，z 轴代表相位。载波信号的幅度和相位随时都在变化，利用每一个周期的初始相位不同可以实现对相位的调制。

与调幅相比，角度调制具有较强的抗干扰能力，但需要占有更宽的传输频带。调频主要应用于调频广播、广播电视伴音及遥控遥测等场合，调相主要用于数字通信系统中。

若调制信号表示为 $u_\Omega(t)$，ω_c 是载波频率，则角度调制的基本原理可以通过数学表达式说明如下。

（1）调相

根据调相定义，调相波的瞬时总相位与调制信号呈线性关系，即瞬时角速度为

$$\theta(t) = \omega_c t + K_p u_\Omega(t)$$

瞬时角频率为

$$\omega(t) = \frac{d\theta(t)}{dt} = \omega_c + K_p \frac{du_\Omega(t)}{dt}$$

式中，K_p 为比例常数，单位是 rad/V。因此，调相波的一般表示式为

$$u(t) = U_{cm}\cos[\omega_c t + K_p u_\Omega(t)] \tag{1-17}$$

（2）调频

根据调频定义，调频波的瞬时角频率与调制信号 $u_\Omega(t)$ 呈线性关系，即瞬时角频率为

$$\omega(t) = \omega_c + K_f u_\Omega(t)$$

而瞬时角速度为

$$\theta(t) = \int_0^t \omega(t)\,dt = \omega_c t + K_f \int_0^t u_\Omega(t)\,dt$$

式中，K_f 为比例常数，单位是 rad/(s·V)。因此，调频波的一般表达式为

$$u(t) = U_{cm}\cos\left[\omega_c t + K_f \int_0^t u_\Omega(t)\,dt\right] \tag{1-18}$$

（3）角度调制的性质

无论是调相波还是调频波，它们的总瞬时相角和瞬时角频率都同时受调制信号 $u_\Omega(t)$ 调变。调相波与调频波的差别是调相波的瞬时相位的变化与调制信号呈线性关系，调频波的瞬时角频率与调制信号呈线性关系。

与调幅波的调幅指数 m_a 相似，调角波调制指数的定义是调角波的最大相移。调相波的调相指数为

$$m_p = K_p |u_\Omega(t)|_{\max}$$

调频波的调频指数为

$$m_f = K_f \left| \int_0^t u_\Omega(t)\,dt \right|_{\max}$$

（4）单频调制

下面以单频信号 $u_\Omega(t) = U_{\Omega m}\cos(\Omega t)$ 作为调制信号来讨论调角波，若载波信号为

$$u_c(t) = U_{cm}\cos(\omega_c t)$$

则调相波的数学表示式为

$$u(t) = U_{cm}\cos[\omega_c t + K_p U_{\Omega m}\cos(\Omega t)] = U_{cm}\cos[\omega_c t + m_p\cos(\Omega t)] \tag{1-19}$$

调频波的数学表示式为

$$u(t) = U_{cm}\cos\left[\omega_c t + K_f \int_0^t U_{\Omega m}\cos(\Omega t)\,\mathrm{d}t\right] = U_{cm}\cos\left[\omega_c t + \frac{K_f U_{\Omega m}}{\Omega}\sin(\Omega t)\right]$$

$$= U_{cm}\cos\left[\omega_c t + m_f\sin(\Omega t)\right] \tag{1-20}$$

（5）解调

调频信号的解调通常由鉴频器完成。鉴频器的工作原理是当输入信号的瞬时频率 f_i 正好为 f_c 载波频率时，其输出为零；当 $f_i > f_c$ 时，其输出为正，$f_i < f_c$ 时，其输出为负。图 1-17c 画出了调频信号的解调过程图，其中包括鉴频器输出特性曲线。图中鉴频之前对信号进行限幅，是为了防止调频信号的寄生调幅在解调过程中产生干扰。

相位解调属于相干解调，即需要有一个作为参考相位的相干信号。相位解调电路通常称为鉴相器。

1.7.4 数字信号调制正弦波

用数字信号对载波信号进行调制称为数字调制。其中，用数字信号调制正弦载波信号又称为载波键控，例如，幅移键控（ASK）、频移键控（FSK）和相移键控（PSK）；用数字信号调制脉冲信号称为脉冲调制，例如，脉冲调幅（PAM）、脉冲调相（PPM）、脉冲调宽（PWM）等。在此仅介绍二进制数字信号的载波键控调制。

1. 二进制幅移键控（2ASK）

利用二进制数字信号来控制载波振幅的调制称为二进制幅移键控，图 1-18a 画出了 2ASK 调制示意图。图中，当数字信号是 1 时载波信号出现，当数字信号是 0 时载波信号不出现。2ASK 实现起来简单，适用于低速线路，但抗干扰性较差。调制后的信号输出可以表达为

$$u(t) = \begin{cases} A_m\sin(2\pi f_c t + \psi_i), & 数字\,1 \\ 0, & 数字\,0 \end{cases} \tag{1-21}$$

2. 二进制频移键控（2FSK）

利用二进制数字信号控制载波信号的频率，使其随着 0、1 数字信号的出现而交替变化的调制称为频移键控。设 Δf 是一个固定频偏值，当数字信号是 1 时，载频频率是 $f_1 = f_c + \Delta f$；当数字信号是 0 时，载频频率是 $f_2 = f - \Delta f$。图 1-18b 画出了 2FSK 调制示意图。2FSK 比 2ASK 抗干扰能力强，但其占用频带较宽。调制输出表达式为

$$u(t) = \begin{cases} A_m\sin(2\pi f_1 t + \psi_i), & 数字\,1 \\ A_m\sin(2\pi f_2 t + \psi_i), & 数字\,0 \end{cases} \tag{1-22}$$

3. 二进制相移键控（2PSK）

利用二进制数字信号控制载波信号相位的变化，称为相移键控。2PSK 又分为绝对相移键控和相对相移键控两种方式。

绝对相移键控是利用载波的不同相位值直接代表数据信息。绝对相移调制的表达式为

$$u(t) = \begin{cases} A_m\sin(2\pi f_c t + \psi_i), & 数字\,1 \\ A_m\sin(2\pi f_c t + \psi_i + \pi), & 数字\,0 \end{cases} \tag{1-23}$$

图 1-18c 画出了相对相移键控调制示意图，图中，数字 1 对应着在前一个信号周期相位基础上不发生变化，而数字 0 对应着在前一个信号周期相位基础上变化 π 弧度。图 1-18d 画

出了绝对相移键控调制示意图。图中，取相位 0 对应数字信号 1，相位 π 对应数字信号 0。

上述数字调制的解调一般都采用相干解调法。其主要过程是：用本地载波与接收到的载波键控信号相乘，得到基带信号；然后用低通滤波器过滤掉高频信号；最后对过滤后的基带信号进行采样和判决还原出原始数字信号。

以图 1-19a 所示的 2FSK 解调为例。某期间接收到的频移键控信号可能是 $\cos(\omega_1 t)$ 或 $\cos(\omega_2 t)$，其中 ω_1 对应数字信号 1，ω_2 对应数字信号 0。这个信号与本地载波 $\cos(\omega_1 t)$ 和 $\cos(\omega_2 t)$ 同时分别相乘，当高频信号滤掉之后，可得如下三种结果之一：

$\cos(\omega_1 t)\cos(\omega_1 t) = \cos(2\omega_1 t) + \cos(0) = \cos(2\omega_1 t) + 1 = 1$

$\cos(\omega_2 t)\cos(\omega_2 t) = \cos(2\omega_2 t) + \cos(0) = \cos(2\omega_2 t) + 1 = 1$

$\cos(\omega_1 t)\cos(\omega_2 t) = \cos(\omega_1 + \omega_2)t + \cos(\omega_1 - \omega_2)t < 1$

其中，高频分量 $2\omega_1$、$2\omega_2$ 以及 $\omega_1 + \omega_2$ 都被低通滤波器滤掉。仅剩下等于 1 和小于 1 的两种情况。在抽样判决中判决比较两个低通滤波输出电平的大小，上大判为 1，下大则判为 0。

同样道理，不难分析出 2PSK 解调过程，如图 1-19b 所示。

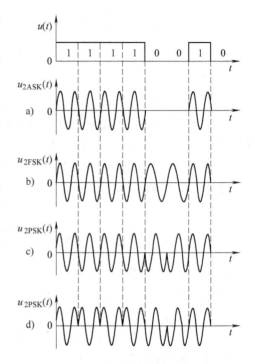

图 1-18 载波键控波形示意图

a）二进制幅移键控 b）二进制频移键控
c）二进制相对相移键控 d）二进制绝对相移键控

图 1-19 数字调制的相干解调过程
a）2FSK 相干解调过程 b）2PSK 相干解调过程

1.8 习题

1. 什么是通信信号？

28

2. 什么是数字信号？什么是模拟信号？为什么说 PAM 信号不是数字信号？

3. 什么是信号的时域特性？什么是信号的频域特性？

4. 什么是信号带宽？信号带宽与哪些因素有关？

5. 周期矩形脉冲信号的频谱有什么特点？矩形脉冲信号的脉宽 τ 与有效带宽 B 有何关系？

6. 通信系统中的信噪比是如何定义的？

7. 画出并解释通信系统的一般模型。

8. 衡量通信系统的主要性能指标有哪些？

9. 信号失真会导致什么样的结果？

10. 设调制速率为 4800Baud，当每个信号码元代表 8bit 二进制代码时，试问该系统的数据传输速率是多少？

11. 从不同角度观察，有哪几种传输方式？

12. 信号带宽与信道带宽的匹配主要考虑什么因素？如果二者不匹配会产生什么影响？

13. 通信系统传输媒介有哪些？简述常见的几种传输媒介的结构及其特点。

14. 香农公式的用途是什么？

15. 多路复用的目的是什么？常用的多路复用技术有哪些？

16. 调制的目的是什么？简述调制和解调的概念。

17. 什么是调幅调频和调相？

18. 什么是载波键控？有哪些载波键控？

19. 简述 2FSK 相干解调原理。

第2章 数字通信系统

摘要:

传输数字信号的通信系统称为数字通信系统。数字通信以其抗干扰能力强、无噪声累积、便于计算处理、成本造价低、易于小型化、易于集成化、易于加密等优势,已经成为当代通信领域的主流技术。

数字通信系统的典型特征就是信源和信宿都是模拟信号,因此在传输之前需要进行模拟/数字变换,之后则需要进行数字/模拟变换。模拟信号的数字化过程需要经过抽样、量化、编码三个阶段。常用的技术包括脉冲编码调制(PCM)、差值脉冲编码(DPCM)和增量调制(DM)等。因为它们都是基于模拟信号波形抽样值进行的编码,所以又称为波形编码。

把模拟/数字变换得到的数字信号直接送入信道进行传输称为基带传输,而把数字信号经过调制后再送入信道传输称为频带传输。基带传输主要考虑如何调整信号的码型以适应信道的要求,实现所谓的无码间干扰传输;频带传输则是在适当调整基带数字信号频率范围使之与信道特性相匹配的基础上,设法提高传输效率。

为了提高信道利用率,需要在发送端把多个支路数字信号汇接成复合数字信号,在接收端再把它们进行分接。复接和分接成功的关键在于两端的同步,为此ITU提出了准同步数字系列(PDH)和同步数字系列(SDH)两个标准。

在数字通信系统中,差错控制的作用是检测数字码元在传输过程中可能发生的误码,并且采取适当的方法加以纠正。差错控制编码也称为抗干扰编码,是在原始数据码元序列中加入监督码元,接收端通过判断监督码元的变化情况来获知传输过程中可能出现的错误。差错控制编码又分为检错编码和纠错编码。

本章将重点介绍关于数字通信的基本知识,主要包括数字通信系统的组成和特点、模拟信号数字化方法、数字信号的基带传输和频带传输、数字复接与同步技术、差错控制技术等内容。

2.1 数字通信概述

2.1.1 数字通信系统的组成

数字通信系统传送的是数字信号。与模拟通信系统相比,数字通信系统的发送和接收设备应具有适应数字信号传输的能力,在技术上实现起来也较为复杂。数字通信系统的组成框图如图2-1所示。从图2-1可见,信源消息需要经过信源编码、数字复接、信道编码、调制等多道处理过程后才能经信道进行传输,接收端则需要做出与发送端对应的反变换。

当信源消息是模拟信号时,首先需要进行模拟/数字(Analog/Digital,A/D)转换,把模拟信号变换为数字信号,这一过程称为信源编码。其反变换过程数字/模拟(Digital / An-

图 2-1 数字通信系统的组成框图

alog，D/A）转换称为信源解码。为了提高信道利用率，还要把多个信源编码后的数字码流进行拼接，合并在同一个信道传输，这一过程称为数字复接。数字信号在传输过程中往往由于噪声干扰等原因产生误码，为此还需要增加信道编码这一环节，即在信源消息数字码流中加插一些校验码元，使系统具有一定的检错和纠错能力。经过信道编码后形成一个频带变宽的宽带数字码流，称为数字基带信号。把数字基带信号经适当码型变换后直接送入信道传输，称为基带传输。但往往信号码流频带与信道不匹配，还需要利用调制器对数字基带信号进行调制后再进行传输，称为频带传输。无论是基带还是频带传输，经过一定距离的传输后，信号都会有所衰减，此时，利用再生中继器可以完整地恢复衰减变形的信号，从而延长传输距离。

上述发送端信号的变换过程，在接收端都相应地有一个反变换过程。

基带传输和频带传输的区别是有没有"调制"和"解调"过程。因此，图 2-1 中把调制器和解调器以虚线框表示，以表明基带数字传输系统不包括调制和解调过程。

1. 信源与信宿

从信源发出的消息可能是数字信号，也可能是模拟信号。例如，通过计算机各种接口直接发送出来的信源消息是数字信号，而从普通电话机发出的就是模拟语音信号。信宿接收到的信号性质通常与信源信号是一致的。

需要指出的是，数字通信系统与数据通信系统是有区别的。一般来讲，数据通信系统中从信源到信宿都是数字信号，而数字通信系统的信源和信宿是模拟信号，需要进行模拟/数字转换之后才能进行数字传输。

2. 信源编码与解码

当信源消息是模拟信号时，通过信源编码实现模拟信号数字化。接收端则通过信源解码实现数字信号模拟化来恢复原始信号。最常用的模拟信号数字化方法称为脉冲编码调制（Pulse Code Modulation，PCM）。

3. 数字复接与分接

数字复接的目的是提高信道利用率。在发送端将若干个分支的低速数字信号合并成一个复合信号，然后送入同一个信道进行传输。在接收端则使用数字分接技术把它们分开。此时，信道带宽要能够容纳多路数字复接后的信号带宽。数字复接技术的难点在于复接过程中各分支信号的码速同步问题。

4. 信道编码与解码

信道编码又称为抗干扰编码，其目的是提高传输的可靠性，所采用的方法是在消息码元中加入一些监督码元，让本来不带规律性的消息码元序列产生规律性。在接收端，则根据这一规律性对码元序列进行检验，称为信道解码。一旦出现违反规律的情况，就认定出现了传输错误，并做出进一步处理。常用的信道编码包括奇偶校验编码和循环冗余校验编码等。

只具备错误码元检出能力的信道编码称为检错编码，而同时具备自我纠错能力的编码称为纠错编码。

5. 调制与解调

根据传输媒介的不同，数字基带信号可以调制到光波频率、微波频率或者短波频率上，以适应不同的信道环境。例如，用数字基带信号直接控制发光二极管的发光强度，使之产生随0、1数字信号变化的光信号，就可以实现光纤通信。通过频移键控或者相移键控控制某个微波载波频率的信号，就可以实现数字微波通信。

6. 再生中继

把经过一定距离传输后产生幅度下降和变形的数字信号，进行放大整形恢复后继续传送的过程，称为再生中继。例如，数字微波中继站、卫星上的转发器、光通信中的光中继器都可实现数字信号的再生中继。数字信号不受距离的影响，能够完全再生是数字通信系统所特有的能力，这意味着对原始信号的完整复原。而模拟信号不能实现完全再生。

7. 信道噪声

信道噪声会导致数字传输产生误码。信道固有的热噪声或自激噪声、相邻信道之间的串杂信号干扰、自然界的雷电、高压电火花等外界因素都是噪声的来源。相对来说，无线通信比有线通信易受到干扰，电信号比光信号易受到干扰。不同的传输介质适用的频率范围不同，因而会受不同频率噪声信号的干扰。

2.1.2 数字通信系统的特点

与模拟通信系统相比，数字通信系统有下列一些特点。

1. 抗干扰能力强，无噪声累积

在模拟通信系统中，消息的内容往往隐含在信号的波形中，而噪声的叠加干扰对信号的波形影响难以去除，会随同信号一起传输、放大。距离越长，噪声累积就越大。

在数字通信系统中，消息的内容是由不同信号电平的数字编码来表示的。通常传输的是二值信号，只要干扰噪声电平绝对值不超过判决门限值就不会造成实质性的影响，所以有较高的抗干扰能力。同时，再生整形后的数字信号与原始数字信号能够做到完全一样，这样噪声累积被限制在一个中继段内，通信质量不受传输距离的影响。

2. 数据形式统一，便于计算处理

来自声音、视频和其他数据源的各类信号都可统一为数字信号的形式，通过数字通信系统传输。数字信号便于利用强大的计算机功能进行计算处理，实现通信网的综合化业务和智能化管理。

3. 易于集成化，小型化

数字化的设备容易通过超大规模集成电路来实现，因而数字通信系统的设备体积小、功耗低、性价比高。

4. 易于加密处理

信息的保密日益受到重视。数字通信系统既可以在信源编码之后通过增加硬件设备来加密，也可以通过适当地增加扰码进行软加密。而数字信号的加密处理比模拟信号要容易得多。

5. 占用较大的传输带宽

在相同传输效率的情况下，数字通信需要占用较大的信道传输频带。

6. 技术上较复杂

数字通信的实现包括诸如模/数转换、数/模转换、数字复接等相对复杂的技术。通常利用大规模集成电路对系统做模块化设计，实现起来也较为复杂。

综上所述，数字通信系统虽然需要占用较宽的频带，技术上也较为复杂，但与其所具有的巨大优势相比，这些不构成问题的主要方面。因此，数字化通信已经成为当代通信领域中的主要技术手段。

2.2 模拟信号数字化

模拟信号数字化包括信源编码（A/D）和信源解码（D/A）两个互逆过程，是数字通信系统的必要步骤和重要特征。A/D 和 D/A 转换可以有多种方式，本节将以国际标准的 E-1 数字电话通信系统为背景，重点介绍其中的脉冲编码调制（PCM）方式。

2.2.1 模/数转换

模拟信号的数字化过程包括抽样、量化和编码三个关键步骤。

抽样是指在时间上将模拟信号离散化；量化是指在幅度上将抽样信号离散化；编码则是把量化后的幅度值用二进制数值来表示。编码后的信号称为二进制数字信号，整个过程称为脉冲编码调制（PCM）。

1. 抽样

图 2-2 示出了模拟信号的抽样效果。可以设想利用一个电子开关对输入信号 $f(t)$ 的幅值进行等间隔取值，开关的通断把 $f(t)$ 在时间上离散化。关于抽样，有一个著名的抽样定理：如果一个连续信号 $f(t)$ 所含有的最高频率不超过 f_h，则当抽样频率 $f_s \geq 2f_h$ 时，抽样后得到的离散信号就包含了原信号的全部信息。例如，单路语音信号频率范围大约是 300 ～ 3400Hz，最高频率 $f_h = 3400$Hz，按照 ITU-T 建议，抽样频率 $f_s = 8$kHz $> 2f_h$。PAL 制电视信号最高视频频率 $f_h = 6$MHz，按照 CCIR601 建议，抽样频率 $f_s = 13.5$MHz $> 2f_h$。

图 2-2 模拟信号的抽样
a) 输入信号 b) 抽样脉冲 c) 样值序列

2. 量化

简单地理解，量化就是进行"舍零取整"处理。将抽样信号在某个抽样时间点的瞬时幅度值近似为最接近该点幅值的某个固定整数电平值上就完成了量化。因此，量化后的抽样值是一些幅度离散的整数值。例如，在对语音信号进行量化时，先将其幅度电平分为 256 级，并预先规定好每一级对应的量化幅值范围和量化值，然后比较抽样值与量化幅值范围，落在哪一级范围内，其量化值就固定在该级量化值上。为了提高量化精度，需要细分量化级数，量化级数越多，量化的准确性就越高。

量化又分为均匀量化和非均匀量化两种方式。

把信号幅值均匀地等间隔量化称为均匀量化或线性量化。若被量化信号的幅度变化范围是 $\pm U$，把 $-U \sim +U$ 均匀地等分为 $\Delta = 2U/N$ 的 N 个量化间隔就是均匀量化。其中，N 称为量化级数，Δ 称为量化级差或量化间隔。图 2-3 给出了均匀量化示意图，图中量化值取每个量化级的中间值，即 0.5Δ、1.5Δ、2.5Δ 和 3.5Δ。当抽样幅值 u 落在 $\Delta < u \leqslant 2\Delta$ 时，量化为 1.5Δ；当 $2\Delta < u \leqslant 3\Delta$ 时，量化为 2.5Δ，以此类推。很显然，实际抽样值 u 与量化值之间存在误差，这种误差称为量化误差，最大量化误差不会超

图 2-3　均匀量化示意图

过 $\Delta/2$，所以 Δ 越小，量化误差就越小。量化误差就好像在原始信号上叠加了一个额外噪声，称为量化噪声。量化信噪比定义为 $20\lg(U_s/U_z)$，其中，U_s 是取样信号电平，U_z 是量化误差。增加量化级数 N，可减小 Δ，降低量化噪声。

在均匀量化方式中，当信号幅值比 Δ 大很多时，量化噪声影响不大，但当信号幅值与 Δ 大小接近时，量化信噪比会显著恶化。例如，当输入信号电平幅值为 256Δ，量化误差为 $\Delta/2$ 时，量化信噪比约为 54dB；而当输入信号幅值为 Δ，量化误差不变时，量化信噪比仅为 6dB。可见，固定不变的量化级差对于输入小信号电平的影响很大，为此需要采用非均匀量化。

非均匀量化的量化级差 Δ 随着信号幅值的大小而变化。当输入信号幅值较小时，量化级差 Δ 变小，反之则变大。这样，在不增加量化级数的前提下，允许信号在较宽泛的范围内取得符合要求的量化信噪比。

为了实现非均匀量化，在对输入信号量化之前先对其进行非线性压缩，改变大小信号之间的比例关系，让小信号做适当的放大（扩张），而大信号做适当的压缩。这样处理后得到的信号就会产生非均匀量化的效果。同时为了恢复信号的比例关系，对接收到的信号要进行相反变换。

下面以 13 折线 A 律为例，进一步解释非均匀量化的实现方法和达到的目的。

针对数字电话通信，ITU-T 推荐了两种 PCM 编码的非均匀量化压扩标准，即 A 律和 μ 律折线标准。13 折线 A 律如图 2-4 所示。x 轴和 y 轴分别是幅值归一化后的输入信号值和输出信号值。图中仅画出了上半区的 1/2 内容，上、下半区各由 8 条由折半点相连形成的折线组成，由于靠近原点附近的 1、2 两段折线斜率相同（0 ~ 1/64 区间），故合并为一条折线。因此，上半区共有 7 条折线。下半区以原点 O 为中心，以 45°斜线为对称轴与上半区呈对称状态。上、下半区合并后共由 13 条折线组成。

当 $A = 87.6$ 时，下面关系式所描绘的数学曲线与图 2-4 所显示的图形很接近，称为 13 折线 A 律：

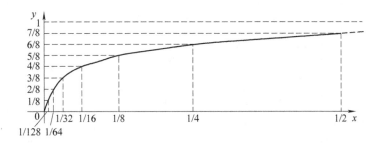

图 2-4　13 折线 A 律示意图

$$y = \begin{cases} \dfrac{Ax}{1 + \ln A}, & 0 \leqslant |x| \leqslant \dfrac{1}{A} \\[3mm] \dfrac{1 + \ln A |x|}{1 + \ln A}, & \dfrac{1}{A} < |x| \leqslant 1 \end{cases} \qquad (2\text{-}1)$$

图 2-4 是把 x 轴以 $1/2^n$（$n = 1$，2，…，7）递减的方式分成 8 个折半段，折半点分别在 1/2、1/4、1/8、1/16、1/32、1/64 和 1/128 处，然后把每段作均匀量化，分为 16 个量化间隔，共得到 128 个量化间隔。但由于各段长度不等，显然各段的量化间隔不同，最大段的一个量化间隔等于最小段的 64 个量化间隔，x 轴左、右半区合并后共有 256 级量化间隔。y 轴上半区也被均匀地分为 8 段，每段再均匀地划分为 16 级，共 128 级，y 轴上、下半区合起来共有均匀量化的 256 级。综上可见，非均匀量化达到了把小输入信号扩张、把大输入信号压缩的目的。

表 2-1 列出了 13 折线各段斜率及量化信噪比的改善量。采用 13 折线 A 律压扩特性后，小信号量化信噪比改善量最大可达 24dB，但这是靠牺牲大信号量化信噪比（损失约 12dB）换来的。

表 2-1　13 折线各段斜率及量化信噪比的改善量

段号	1	2	3	4	5	6	7	8
斜率	16	16	8	4	2	1	1/2	1/4
量化信噪比改善量/dB	24	24	18	12	6	0	−6	−12

3. 编码

量化后的信号幅值是一些具有离散性质的抽样值，其幅值由原来的无限多个变为有限多个。这些幅值只有经过编码后才能称为数字信号。最简单的编码方式是二进制编码，即把量化后的抽样幅值以二进制数值来表示。如果量化级数是 N，则最多需要采用 $\log_2 N$ 位二进制数来表示。表 2-2 列出了 13 折线 A 律二进制编码值。

表 2-2　13 折线 A 律二进制编码值

量化段号	极性码 a_7	数值范围 （Δ）	段落码 a_6	a_5	a_4	段落起始值（Δ）	量化间隔 Δ_i（Δ）	段内码 a_3	a_2	a_1	a_0
1	0/1	0 ~ 15	0	0	0	0	1	8	4	2	1
2	0/1	16 ~ 31	0	0	1	16	1	8	4	2	1

量化段号	极性码	数值范围	段落码			段落起始值（Δ）	量化间隔 Δ_i（Δ）	段内码			
	a_7	（Δ）	a_6	a_5	a_4			a_3	a_2	a_1	a_0
3	0/1	32～63	0	1	0	32	2	16	8	4	2
4	0/1	64～127	0	1	1	64	4	32	16	8	4
5	0/1	128～255	1	0	0	128	8	64	32	16	8
6	0/1	256～511	1	0	1	256	16	128	64	32	16
7	0/1	512～1023	1	1	0	512	32	256	128	64	32
8	0/1	1024～2047	1	1	1	1024	64	512	256	128	64

在 13 折线 A 律编码方案中，输出信号的量化级数为

$N = 2$（上、下两个半区）$\times 8$（均匀段）$\times 16$（均匀量化间隔）$= 256$

取 8 位二进制数 $\{a_7 a_6 \cdots a_1 a_0\}$ 来编码。a_7 称为极性码位，当幅值为正时，落在上半区，$a_7 = 1$；否则，落在下半区，$a_7 = 0$。$a_6 a_5 a_4$ 称为段落码，指明幅值落在 8 个均匀段中的哪一个。$a_3 a_2 a_1 a_0$ 称为段内码，指明幅值最接近段内 16 个量化值的哪一个。于是，在限定幅值大小范围内的任何抽样值都可由表 2-2 决定其所对应的 13 折线 A 律的二进制编码值。

例如，某抽样值量化后是 $298\Delta > 0$，于是 $a_7 = 1$。因为 $256\Delta < 298\Delta < 512\Delta$，故落入第 6 量化段，即 $a_6 a_5 a_4 = 101$；又因该段起始值为 256Δ，与 298Δ 相差 42Δ，故取段内码 $a_3 a_2 a_1 a_0 = 0011$（$32\Delta + 16\Delta = 48\Delta$）。量化误差为 $6\Delta < 8\Delta$（$\Delta_6/2$）。最终编码为

$$\{a_7 a_6 \cdots a_1 a_0\} = 11010011$$

从表 2-2 可知，各段的量化间隔 Δ_i 是不同的。第 1、2 段量化间隔单位是 Δ，每段大小是 16 个 Δ。而最大量化间隔在第 8 段，该段大小是 1024Δ，且每个量化间隔大小等于 64Δ，充分体现出非均匀量化的特点。

2.2.2 数/模转换

数/模转换是模/数转换的反过程。接收端通过数/模转换把收到的二进制数字信号序列还原成相应幅度的模拟信号。首先按照发送端 PCM 编码规则把串行的 PCM 码按照 8 位一组转换为并行输出，然后区分收到的码组首位是 1 还是 0，以确定其极性。接着判断段落码 $a_6 a_5 a_4$ 和段内码 $a_3 a_2 a_1 a_0$，由段落码得到起始电平，段内码则按位加权求和之后与起始电平相加，得到输出电平。为改善信噪比，使得数/模转换后的误差小于 $\Delta_i/2$，一般输出电平要固定加上或减去 $\Delta_i/2$ 量的附加电平。例如，接收 298Δ 的编码 11010011，但实际接收到的是 304Δ（含量化误差），用 304Δ 减去 8Δ 后，得到 296Δ，量化误差为

$$298\Delta - 296\Delta = 2\Delta < \Delta_i/2$$

接收到的数字编码信号经数/模转换之后，就会得到包含原模拟信号的频率成分，再经过截频为 f_h 的低频滤波器作平滑处理，滤除 f_h 以上的无关频率，就恢复了原始信号。

2.2.3 PCM 30/32 路数字电话系统

为了更深入地理解模拟信号数字传输的基本原理，下面以 PCM 30/32 路数字电话通信系统为例，具体说明模拟语音信号数字化传输的过程。

对于多路数字电话通信系统，国际上有两种标准化制式，即 PCM 30/32 路制式（E 体系）和 PCM 24 路制式（T 体系）。北美、日本等国家和地区采用的是 T 体系。我国和欧洲均采用 E 体系，表 2-3 列出了 E 体系标准的各项关键指标数据。

表 2-3　PCM 30/32 路数字电话系统主要参数指标

指标名称	指标值	指标名称	指标值
语音频带/Hz	300 ~ 3400	单路数码率/(kbit/s)	64
抽样频率/Hz	8000	帧长/μs	125
量化级数	256	时隙数/帧	32
量化压缩律	A 律（$A = 87.6$）	话路数/帧	30
样值编码位数	8	一次群复用速率/(kbit/s)	2048

PCM 30/32 路系统的基群简称 E1。E1 共包含 32 路话路时隙，其中用户可用话路时隙 30 个，供传送同步和控制信息的共用时隙 2 个，复用数据速率是 2.048Mbit/s。在 E1 基础上更高复用数据速率采用 4 倍率复用方式实现。

"帧"是信道上传输的数据和控制信息串行比特流的一种格式，不同系统中，帧的长度和格式不同。图 2-5 是 E1 体系中比特流的帧结构。一帧时长规定是 125μs，256bit，划分为 32 路等时隙，编号为 $TS_0 \sim TS_{31}$，每时隙 3.90625μs，8bit。时隙 TS_0 用作帧同步，时隙 TS_{16} 用作信令传送，其余 30 个时隙分别用作话路传送。这里所说的信令是指专门用于控制系统设备动作的信号。TS_{16} 把多个用户的信令放在一起，由独立时隙传送，称为共路信令。为了便于同步控制，每 16 帧构成一个复帧，时长是 2.0ms。

图 2-5　E1 体系帧结构

根据抽样定理，为了实现语音的不失真传输，抽样速率必须达到语音最高频率的 2 倍。通常人类语音最高频率不超过 4000Hz，因此抽样速率为 8000 次/s。或者说为了准确无误地传送一路语音信号，每秒必须传送该路信号抽样值 8000 次。按照每个抽样值 8bit 编码，则每话路要求传输 8000 次/s × 8bit = 64000bit/s。现在每帧中包含 32 个话路，每话路仅占其中的 8bit，所以每秒必须传送 8000 帧（500 个复帧）才能达到要求。于是 32 路 PCM 基群传输速率是 8000（帧/s）× 32（时隙/s）× 8（bit/时隙）= 2.048Mbit/s。

图 2-6 示出了 PCM 30/32 路数字电话通信系统终端设备框图。系统的工作过程如下：用户语音信号经 2-4 线混合变换被送入 PCM 端机的发送端，经放大、低通滤波、抽样、量化、编码后形成数字语音编码。帧同步码（TS_0）、信令码（复帧同步码 TS_{16}）和语音数据

图 2-6　PCM 30/32 路数字电话通信系统终端设备框图

码在汇总电路中按 PCM 30/32 系统帧结构完成汇总排列,最后经码型变换将适宜于信道传输的信号码型送往线路传送。

接收过程如下:首先将接收到的数字信号进行再生整型,然后经过码型反变换,恢复成原来的码型,再由分路功能将信令码、帧同步码和数据码进行分离,分别得到各路语音码。分离出的语音码经解码、低通滤波、放大后恢复出本路的模拟语音信号,再经 2-4 线混合变换送至用户。其间所经过的模/数、数/模转换正是前面所描述的具体内容。

2.2.4　模拟信号数字化的其他方法

除了上述 PCM 脉冲编码调制技术之外,利用相邻抽样幅值相对变化的特性对抽样信号进行编码也是一种较常用的模/数转换方法。例如,差值脉冲编码(Differential Pulse Code Modulation, DPCM)、自适应差值脉冲编码(Adaptive DPCM, ADPCM)、增量调制(Delta Modulation, DM)和自适应增量调制(Adaptive DM, ADM)等。因为它们都是基于模拟信号波形抽样值进行的编码,所以又称为波形编码。在数字微波、数字卫星和光纤通信系统中,常用这些编码技术来提高信道利用率。

1. 差值脉冲编码调制(DPCM)

根据模拟信号的两个相邻抽样值之间幅度差值动态变化范围较小,并具有较强相关性的特点,若仅对相邻抽样值的差值进行编码,则由于差值信号的能量远小于整个信号幅值,就可以使量化级数大大地减少,从而有利于减少编码的位数,在相同的传输速率下,可以成倍地提高信道的传输容量。

例如,对模拟语音信号按照 8000Hz 抽样,源信号的变化范围是 ±3V,若采用 8 位二进制数 PCM 编码,量化为 256 级,每级约 23.4mV。若相邻抽样差值变化范围是 ±0.1V,把其化分为 16 个均匀量化级,每级为 12.5mV,然后使用 4 位二进制数进行编码。编码后的数据传送速率仅需要 $4\text{bit} \times 8000\text{Hz} = 32\text{kbit/s}$,比采用 PCM 编码的 64kbit/s 速率降低一半,通信效率可提高一倍。

通常在模拟信号的幅值变化不是很剧烈的条件下,可以认为当前抽样幅值由两部分叠加组成。一部分与其前一个抽样幅值相关,可以通过前一个抽样幅值预测出来,更精确地说,它是由当前抽样值之前的若干个抽样值加权平均后得到的。而另外一部分是在前一个抽样值（即预测幅值）基础上变化的部分，该部分不可预测，可以看成是预测误差（简称差值）。于是，发送端只需传送差值部分的编码数据，接收端则把接收到的差值部分与本地预测值部分相加，从而得到完整的原始数据。由于差值幅度动态变化范围比整体抽样幅值小得多，因此可以在同等质量的条件下，使用较少的二进制位数来编码，等效于提高了传输效率。

我们把这种对相邻抽样值的差值进行量化、编码的过程，称为差值脉冲编码调制（DPCM）。图 2-7 展示了抽样值与抽样差值的关系。由图可知，抽样值 $S(n)$（$n = 0,1,2,\cdots$）与其前一个抽样值 $S(n-1)$ 以及差值 $d(n)$ 存在如下关系：

$$S(n) = \sum_{i=0}^{n} d(i) = S(n-1) + d(n) \tag{2-2}$$

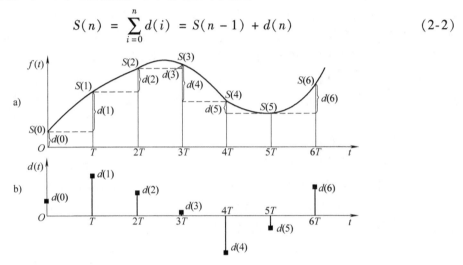

图 2-7　由抽样值得到抽样差值

a）抽样值　b）抽样差值

现在把每一个相邻抽样差值分级、量化（均匀量化或自适应量化），并进行二进制编码传输，就实现了差值脉冲编码调制。

很显然，与 PCM 一样，DPCM 同样存在着量化误差问题。即抽样差值的量化值 $d'(i)$ 与实际值 $d(i)$ 总是存在着一定的误差，因此在接收端得到的当前抽样值为

$$S'(n) = \sum_{i=0}^{n} d'(i) = S'(n-1) + d'(n) \tag{2-3}$$

式中，$S'(n-1)$ 是对 $S(n-1)$ 的一个预测值。可以认为，$S(n)$ 与 $S'(n)$ 的不同是由量化误差和对前抽样值 $S(n-1)$ 预测不精确导致的。因此降低量化误差并提高预测精度就是改善 $S'(n)$ 的一条途径。

为了降低量化误差，通常采用自适应量化取代均匀量化。自适应量化的基本思想是根据即时输入信号的大小，让量化值随时变化，当信号较小时，量化值小，反之则大。自适应量化的数学目标是让均方量化误差最小化。实践表明，在量化级数相同的情况下，自适应量化比固定均匀量化系统的性能改善 10dB 左右。

为了提高预测精度，可采用自适应预测取代固定预测。其基本原理是通过先前更多抽样值的线性组合来预测当前样值，提高预测信号跟踪输入信号的能力，从而提高预测精度。自适应预测的数学目标是实际值与预测值的均方差最小化。自适应预测可比固定预测提高 4dB

的增益。

自适应量化和自适应预测方法应用在差值脉冲编码调制上称为自适应差值脉冲编码调制（ADPCM），与 DPCM 相比，ADPCM 扩大了前者的动态编码范围，提高了信噪比，使得系统适应性能获得改善。

2. 脉冲增量调制（DM）

脉冲增量调制是模拟信号数字化的另一种基本方法。在专用通信网和卫星通信中得到广泛应用。

脉冲增量调制是把信号的当前抽样值与其前一个抽样值之差进行比较并编码，而且只对这个差值的符号进行编码，而不对差值的大小编码。具体来说，如果两个前后抽样差值为正就编为"1"码；差值为负就编为"0"码。因此数码"1"和"0"只是表示信号相对于前一时刻的增减，不代表信号的绝对值。同样，在接收端，每收到一个"1"码，译码器的输出相对于前一个时刻的值就上升一个量阶。每收到一个"0"码，就下降一个量阶。当收到连"1"码时，信号连续增长，当收到连"0"码时，信号连续下降。译码器的输出再经过低通滤波器滤去高频量化噪声，就可以恢复原信号，只要抽样频率足够高，量阶就会足够小，量化噪声也可以很小。

增量调制的过程可以用一个阶梯波去逼近一个模拟信号来表示。

一个模拟信号 $f(t)$，可以用一时间间隔为 Δt，幅度差为 $\pm\Delta$ 的阶梯波形 $f_q(t)$ 去近似化地描述。如图 2-8a 所示。只要抽样间隔 T 足够小（见图 2-8b），即抽样频率足够高，量阶 Δ 就会足够小，$f_q(t)$ 就可以相当程度地逼近 $f(t)$。

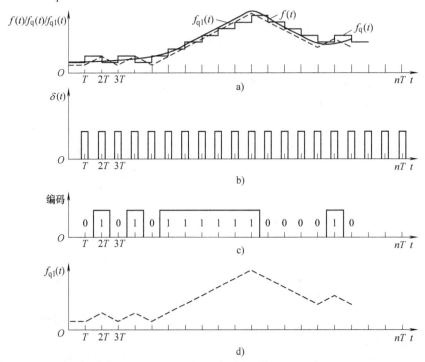

图 2-8　增量调制波形及编码结果示意图

a）阶梯波 $f_q(t)$ 逼近模拟信号　b）抽样脉冲序列　c）编码后形成的数字序列　d）积分后近似波形

在时刻 t_i 用 $f(t_i)$ 与 $f_q(t_i-)$ 比较，若 $f(t_i) > f_q(t_i-)$，就让 $f_q(t)$ 上升一个量阶，同时 DM 调制器输出二进制"1"；反之，就让 $f_q(t)$ 下降一个量阶，同时输出"0"。按照这种思路，得到图 2-8c 所示输出编码 1010111111000010。

除了用阶梯波 $f_q(t)$ 去近似 $f(t)$ 以外，也可以用锯齿波 $f_{q1}(t)$ 去近似 $f(t)$，参见图 2-8a 中的虚线。而锯齿波也只有斜率为正（$\Delta/\Delta t$）和斜率为负（$-\Delta/\Delta t$）两种情况，因此也可以用"1"码表示正斜率，"0"码表示负斜率来获得二进制编码序列。这种近似方法比阶梯波形方法更常用。

接收端译码器可由一个积分器来实现，当积分器的输入为"1"码时，就使输出上升一个量阶；收到一个"0"码时，就使输出下降一个量阶。收到连续"1"或"0"时，就会使积分器输出一直上升（或下降）。这些上升和下降量阶的累积就可以近似地恢复出阶梯波形，如图 2-8d 所示。

从脉冲增量调制原理可以看出，DM 信号是按台阶来量化的，所以译码器输出信号与原模拟信号相比也会存在一定的量化误差。一般情况下，量化误差小于 $|\Delta|$，但当输入信号斜率陡变时，量化误差会大大超出 $|\Delta|$，这种量化误差称为过载误差或斜率过载噪声，会导致量化信噪比严重恶化。解决的方法是减小 Δt 或增加取样频率。

2.3 数字信号的基带传输

在数字通信系统中，最终送入信道传输的数字信号可能来自模/数转换后的 PCM 数字序列，也可能来自计算机终端或其他数字设备。这些数字信号所含频率成分十分丰富，通常是从零频或低频开始直到某个较高的频率，称为基带数字信号。把基带数字信号经适当码型变换后直接送入信道传输，称为基带数字传输。本节将主要讨论数字信号的基带传输。

2.3.1 基带数字传输系统模型

基带数字传输系统模型如图 2-9 所示。其中的码型变换是基带传输的典型需求，其作用是让数字脉冲信号码型适应信道的传输特性。所谓码型是指脉冲数字信号时域特性的波形形状特征。码型与信道相适应就可以形成便于接收判决的码元波形。

图 2-9 基带数字传输系统模型

假设码型变换前的数字脉冲序列表达为

$$f(t) = \sum_{t=-\infty}^{\infty} g(t-kT) \quad (k=1,2,\cdots) \tag{2-4}$$

经码型变换之后的数字脉冲序列应该是 0 与 1 出现概率均等且含有同步频率的 $\delta(t)$ 脉冲序列，即

$$y(t) = \sum_{t=-\infty}^{\infty} a_n \delta(t-kT) \quad (k=1,2,\cdots) \tag{2-5}$$

波形形成网络由发送滤波器、信道和接收滤波器组成。其作用是把码型变换后的每一个脉冲 $y(t)$ 转换为所需形状的无码间干扰的接收波形。发送端用发送滤波器来限制和规范发送信号的带宽，接收端用接收滤波器滤除噪声干扰，规范波形，便于作码元判决。

2.3.2 基带数字传输的码型

由于编码形成的基带数字信号的低频分量很丰富，信道中又寄生着等效的杂散电容、电感和电阻等元器件，所以在传输过程中容易引起信号幅度和相位的畸变，严重时将难以分辨。研究表明，不同码型的数字信号频域响应区别很大。因此，根据信道频域特性和基带数字信号频域特性匹配的原则，对基带信号进行适当码型变换，使之适合于给定信道的频域特性，对于延长传输距离、提高传输可靠性会起到很好的作用。码型变换又称为线路编码，对码型变换的要求是尽量消除或减少码元中的直流或低频分量，同时要便于接收端从码型中提取同步频率分量，保持收、发双方的同步判决。

我们知道，二进制数字信号的优势在于表达起来非常方便，只要信号能够表现出两种不同状态就可以进行二进制编码。但是并非所有状态的信号都便于基带数字传输。数字基带信号的码型设计需要满足如下几条原则：

1）因为直流或低频信号衰减快，信号传输一定距离后将严重畸变，所以码型中应不含直流或低频频率分量。

2）为了提高信道的频带利用率、减少串扰，码型中高频分量应尽量少。串扰是指不同信道间的相互干扰，基带信号的高频分量越大，对邻近信道产生的干扰就越严重。

3）为了便于从接收到的基带信号中提取位同步信息，码型中应包含定时频率分量。

4）通过增加冗余码使码型带有规律性，接收端根据这一规律性来检测传输错误。

5）码型变换过程与信源的统计特性无关，即对信源消息类型不应有任何限制，并具有透明性。

上述各项原则并不是任何基带数字传输码型均能完全满足的，往往是依照实际要求满足其中若干项。图 2-10 示出了基带信号传输码型，其中 AMI 码、HDB3 码、曼彻斯特码等是常用基带传输码型。

1. 单极性非归零码

单极性是指在码元表示时只有正（或负）电平和零电平，而没有负（或正）电平。图 2-10a 表示单极性非归零码。"1"对应信号的正电平 A，"0"对应信号的零电平 0，没有负电平。非归零是指在整个码元持续时间，电平保持不变。非归零码又称为全宽码。

单极性非归零码的优点是发送能量大，有利于提高接收端信噪比，而且占用较窄的信道频带。其缺点是有直流分量，因而线路中无法使用一些交流耦合设备；抗干扰性能较差；特别是，不能直接提取位同步信息，因此基带数字传输中很少采用这种码型。

2. 双极性非归零码

双极性非归零码的"1"和"0"分别对应正、负电平的 A 和 $-A$，如图 2-10b 所示。如果双极性码流中出现"0"、"1"的数量不相上下，就没有直流分量输出。因此，双极性非归零码除了具有单极性非归零码的优点之外，还具有直流分量小、抗干扰能力强等优点。

双极性非归零码常用于 ITU-T 的 V 系列接口标准或 RS-232 接口标准的数据传输。

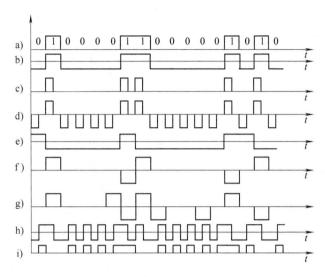

图 2-10　基带信号传输的码型

a）单极性非归零码　b）双极性非归零码　c）单极性归零码
d）双极性归零码　e）差分码　f）AMI 码　g）HDB3 码
h）曼彻斯特码　i）传号反转码

3. 单极性归零码

单极性归零码如图 2-10c 所示。归零码的码元脉冲宽度比一个码元持续时间窄，其中，脉冲宽度与码元宽度之比称为占空比。

由于脉冲码元宽度 τ 与信号的频带宽度 B 成反比，所以归零码比非归零码占用较宽的频带。归零码中包含了码元速率的频率分量，便于从中提取同步定时信号。

4. 双极性归零码

双极性归零码如图 2-10d 所示。"1" 和 "0" 分别用正、负脉冲表示，正、负脉冲都要归零。双极性归零码抗干扰能力强，码中不含直流成分，用途较广泛。

5. 差分码

差分码也称为相对码。差分的意思是指利用电平是否跳变来表示信号 "1"、"0"，若用电平跳变来表示 "1"，不跳变来表示 "0"，则称为传号差分码，如图 2-10e 所示；若用电平跳变来表示 "0"，不跳变来表示 "1"，则称为空号差分码。

6. AMI 码

AMI 码的全称是传号交替反转码（Alternate Mark Inversion），如图 2-10f 所示。它是用 "1" 码对应产生极性交替的正、负脉冲，而对应 "0" 码不作任何变化。这种码型的优点是，在 "1"、"0" 码不等概率出现的情况下也没有直流成分，且零频附近低频分量小，便于使用一些交流耦合线路设备。此外，AMI 码还有编译码电路简单等优点，是一种得到广泛使用的基本线路码。AMI 码的缺点是，当出现长的连 "0" 串时，接收端提取定时信号困难。

7. HDB3 码

为了保持 AMI 码的优点，同时克服其缺点，提出了许多改进的 AMI 码，其中被广泛接受的一类码型是高密度双极性码 HDBn（High Density Bipolar of Order n）。三阶高密度双极性码 HDB3 码就是其中最重要的一种，如图 2-10g 所示。

HDB3 码的编码规则是先把源码变成 AMI 码，然后检查 AMI 码的连"0"串情况，当连"0"码个数大于 3 时，把第 4 个"0"换成破坏符号 V 码。而原来的二进制码元序列中所有的"1"码称为信码，用符号 B 表示。当信码序列中加入破坏符号 V 以后，信码 B 与破坏符号 V 的正负极性必须满足如下两个条件：

1）B 码和 V 码各自都应始终保持极性交替变化的规律，以确保编好的码中没有直流成分。

2）V 码必须与前一个码（信码 B）同极性，以便和正常的 AMI 码区分开来。如果这个条件得不到满足，那么应该在 4 个连"0"码的第一个"0"码位置上加一个与 V 码同极性的补信码，用符号 B′表示，并作调整使 B 码和 B′码合起来保持条件 1）中的信码（含 B 及 B′）极性交替变换的规律。

表 2-4 给出了一个具体变换过程实例。

表 2-4　一个具体变换过程实例

源码	0	1	0	0	0	0	1	1	0	0	0	0	0	1	0	1
AMI 码	0	+1	0	0	0	0	−1	+1	0	0	0	0	0	−1	0	+1
加 V 码	0	+1	0	0	0	V+	−1	+1	0	0	0	V−	0	−1	0	+1
加 B′码调整 B 极性	0	+1	0	0	0	V+	−1	+1	B′	0	0	V−	0	+1	0	−1
HDB3 码	0	+1	0	0	0	+1	−1	+1	−1	0	0	−1	0	+1	0	−1

虽然 HDB3 码的编码规则比较复杂，但译码却比较简单。从上述变换过程可以看出，每一破坏符号总是与前一非"0"符号同极性。据此，从收到的符号序列中很容易找到破坏点 V，于是断定 V 符号及其前面的 3 个符号必定是连"0"符号，从而恢复 4 个连"0"码，再将所有的 +1、−1 变成"1"后 便可得到源码。

HDB3 的特点是明显的，它除了保持 AMI 码的优点外，还增加了使连"0"串减少到不多于 3 个的优点，而不管信息源的统计特性如何。这对于定时信号的恢复是极为有利的。

8. 曼彻斯特码

曼彻斯特码又称为数字双相码或分相码。它的特点是每个码元用两个连续极性相反的跳变脉冲来表示。如"1"码用正→负脉冲表示，"0"码用负→正脉冲表示，如图 2-10h 所示。该码的优点是无直流分量，最长连"0"、连"1"数为 2，定时信息丰富，编、解码电路简单。但其码元速率比源码速率提高了一倍。计算机以太总线局域网采用曼彻斯特码作为线路传输码。

当极性反转时曼彻斯特码可能会导致解码错误。为此，可以采用差分码的概念，将曼彻斯特码中用绝对电平跳变表示的波形改为用相对电平变化来表示，称为差分曼彻斯特码或条件分相码。计算机局域网中的令牌环网即采用条件分相码。

9. CMI 码

CMI 码是传号反转码（Code Mark Inversion）的简称，其编码规则为："1"码交替用"00"和"11"表示；"0"码用"01"表示，图 2-10i 给出了传号反转码编码的例子。CMI 码频繁出现波形跳变，因此没有直流分量，便于提取定时信息且具有误码监测能力。

由于 CMI 码具有上述优点，再加上编、译码电路简单，容易实现，因此，在 PCM 高次群终端设备中广泛用做接口码型。例如，在速率低于 8448kbit/s 的光纤数字传输系统中作为线路传输码型。

除了以上线路码型外，在高速光纤数字传输系统中还应用到 5B6B 码（CMI 码属于 1B2B 码）等码型。实际上，组成基带信号的码元波形并非一定是矩形的，也并非一定是二进制的。根据实际的需要，还可有多种多样的波形形式，如升余弦脉冲、高斯形脉冲等。在频带受限的高速数字通信系统中或综合业务数字网中，用户环路常采用四进制的 2B1Q 码。

2.3.3　无码间干扰的基带数字传输

经 PCM 调制后获得的基带数字信号接近于周期为 T 的矩形脉冲波形。而周期为 T，宽度为 τ 的矩形脉冲的频谱特点是：拥有无限带宽；由基频及其 n 次谐波组成；随谐波次数的增加幅度越来越小；其频谱波形以 $\sin(x)/x$ 为包络，并有较长的拖尾。

实际信道带宽都是有限的，因此让频谱无限宽的基带数字信号通过有限带宽的数字信道难免受到影响而产生畸变。这种畸变通常表现为码间干扰，码间干扰导致接收端再生判决时不能准确地判断出是"0"还是"1"。事实上，在基带数字传输系统模型中，波形形成网络的作用就是要形成无码间干扰的波形。

如何才能确保码元在传输时不产生码间干扰呢？为了简单起见，我们先把基带传输信道（即波形形成网络）等效为一个理想低通滤波器。这样的滤波器对于频率低于 f_N 的信号可以做到无失真传输，而阻止高于 f_N 的信号通过，f_N 称为截止频率，频率范围 $|f| \leq f_N$ 称为通带，$|f| > f_N$ 称为阻带。理想低通滤波器的频率相移也是线性的，其幅频和相频特性如图 2-11a 所示，数学表达式为

$$H(f) = \begin{cases} 1 \cdot \mathrm{e}^{-\mathrm{j}2\pi f t_\mathrm{d}}, & |f| \leq f_N \\ 0, & |f| > f_N \end{cases} \tag{2-6}$$

式中，虚部 $\mathrm{e}^{-\mathrm{j}2\pi f t_\mathrm{d}}$ 表示频率的相移特性，即 $\varphi(f) = -2\pi f t_\mathrm{d}$（当 $|f| \leq f_N$ 时）。

当使用一个幅度为 1，宽度为无穷小的理想单位脉冲信号 $\delta(t)$ 来模拟一个脉冲信号，让其通过理想低通滤波器传输时，其响应波形如图 2-11b 所示。该波形的数学表达式如下：

$$h(t) = \int_{-f_N}^{f_N} H(f) \mathrm{e}^{-\mathrm{j}2\pi f t_\mathrm{d}} \mathrm{e}^{\mathrm{j}2\pi t} \mathrm{d}f = 2f_N \frac{\sin[2\pi f_N(t - t_\mathrm{d})]}{2\pi f_N(t - t_\mathrm{d})} \tag{2-7}$$

图 2-11　理想低通的传输特性及其单位冲激响应
a）传输特性　b）单位冲激响应

可见，一个理想单位脉冲信号被展宽为波动振荡的形状，波形产生了很大的失真。在 $t = t_\mathrm{d}$ 处出现幅度最大值 $2f_N$，波形出现很长的拖尾，其拖尾的幅度随时间也按照 $\sin(x)/x$ 包络逐渐衰减。另外，幅度值有很多过零点，以 $t = t_\mathrm{d}$ 为中心，每隔 $1/2f_N$ 出现一个过零点。

可以设想，若以一系列的单位冲激信号送入上述具有理想低通滤波特性的信道传输，每个冲击信号都会产生一个类似于图 2-11b 的输出波形，这些波形连续输出，相互重叠，相互

影响，特别是各自响应的拖尾有可能产生重叠相加，导致所谓的码间干扰。

奈奎斯特（Nyquist）曾经对此进行了深入研究并提出了无码间干扰的条件：如果传输系统等效网络（即波形形成网络）具有图 2-11a 所示的理想低通滤波器传输特性，则该系统码元速率为 $2f_N$（码元周期 $T = 1/2f_N$）时，系统输出波形在峰值点（即判决抽样点）上不会产生前后码元间的干扰，这一条件称为奈奎斯特准则。奈奎斯特准则揭示了码元传输速率与传输系统带宽之间的匹配关系。

图 2-12 示出了无码间干扰的多个码元波形在接收端产生的理想响应波形，其特点是当处于某个码元的幅度峰值时，恰好其他码元幅值是过零点。

图 2-12 无码间干扰的接收端理想波形

事实上，理想低通滤波器是一个非因果系统，在物理上是不可实现的。它只是作为一个理想化的模型为了便于分析信号传输的效果而提出来的。实际当中需要使用具有"滚降"特性的低通滤波器来代替理想低通，所谓"滚降"是指让低通滤波器频率特性的上升沿和下降沿呈平滑状态，如图 2-13 所示。但是具有滚降特性的波形形成网络，是否也满足无码间干扰的条件呢？答案是肯定的。研究表明，具有图 2-13 所示滚降幅频特性的波形形成网络，其单位冲击响应的拖尾过零点周期与理想低通滤波器相同，也可以满足按 $T = 1/2f_N$ 的周期判决，而不会产生码间干扰的要求。但是采用具有滚降特性的波形形成网络，从技术上实现起来较容易，大大降低了对理想化传输信道的要求。

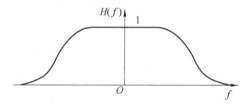

图 2-13 具有滚降特性的低通滤波器的频率特性

需要指出的是，除了码间干扰之外，信道噪声也是导致传输过程中引起接收端判断错误的原因之一。为此一方面需要降低噪声干扰从而减少误码率，另一方面要增加差错控制功能。

2.4 数字信号的频带传输

当基带数字信号频率范围与信道不相匹配时，把基带数字信号进行调制后再行传输，就是数字信号的频带传输。本节在第 1 章所介绍的调制与解调概念的基础上，将进一步介绍多进制数字调制和复合调制的概念。

2.4.1 多进制数字调制

多进制数字调制是指利用多进制数字基带信号去调制载波信号的某个参量，如幅度、频率或相位。根据被调参量的不同，可分为多进制幅移键控（MASK）、多进制频移键控（MFSK）和多进制相移键控（MPSK 或 MDPSK）。

与二进制数字调制相比，多进制数字调制提高了比特速率，增加了频带利用率。在比特速率相同的条件下，可以通过多进制数字调制降低码元速率来提高传输的可靠性。但是多进制数字调制需要多电平来表示信号的不同状态，因而在相同的噪声下，抗噪声性能低于二进制数字调制系统，需要通过增加信号功率来提高抗干扰能力，实现起来也较复杂。

1. 多进制数字调幅（MASK）

MASK 又称为多电平调制，它是 2ASK 调制方式的推广。利用图 2-14a 所示的四进制数字信号的振幅调制正弦载波信号后产生的波形如图 2-14b 所示。在一个码元期间按照调制信号振幅的大小，产生对应幅度的载波信号。码元幅度越高，载波振幅越大。图 2-14b 可看成是四个不同载波振幅波形的叠加，这四种振幅幅度不等、时间上不重叠。

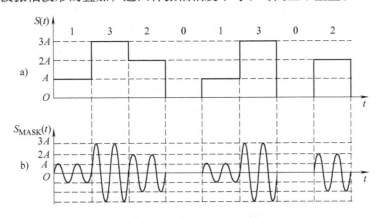

图 2-14 四进制 MASK 波形图

a）四电平数字信号 b）四进制调幅

MASK 已调信号的表达式为

$$S_{MASK}(t) = S(t)\cos(\omega_c t)$$

显然，当利用 N 进制的数字信号对载波调制时，MASK 可以看做由时间上互不重叠的 $N-1$ 个不同幅度的 2ASK 信号叠加而成。

MASK 是一种高效调制方式，但抗干扰能力较差，一般只适宜在有线恒参信道中使用。

2. 多进制数字调频（MFSK）

MFSK 简称多频制，是在 2FSK 方式基础上的推广。MFSK 用 M 个不同载波频率代表 M 种数字信息。MFSK 系统的组成框图如图 2-15 所示。发送端采用键控选频的方式，接收端采用非相干解调方式。图 2-15 中实现的是二进制码元系列转换为 M 进制数据传输的过程。

发送端串/并变换器和逻辑电路 1 把输入的二进制码元序列以 $k = \log_2 M$ 位码元为一组，对应地转换成有 M 种状态的多进制码。每个状态分别对应一个不同的载波频率 f_i（$i = 1$，…，M），来开通对应的门电路，让相应的载频发送出去，同时关闭其他门电路。相加器组合输出的就是一个 M 进制调频波。

图 2-15　MFSK 调制解调系统组成框图

解调部分由 M 个带通滤波器（Band Pass Filter，BPF）、包络检波器、抽样判决器以及逻辑电路 2 组成。各带通滤波器的中心频率分别对应发送端各个载频。当某一已调载频信号到来时，在任一码元持续时间内，只有与发送端频率相应的一个带通滤波器能收到信号，其他带通滤波器只有噪声通过。抽样判决器的任务是比较所有包络检波器输出的电压，并选出最大者作为输出，这个输出是一个与发送端载频相对应的进制数。逻辑电路 2 把这个进制数译成 k 位二进制码元，并进一步作并/串变换恢复二进制信息输出。

MFSK 的主要缺点是占用较宽的信道带宽，多用于调制速率较低及多径延时比较严重的信道，如无线短波信道等。

3. 多进制数字调相（MPSK）

MPSK 又称多相制，是 2PSK 的推广。它是利用载波的多种不同相位状态来表征数字信息的一种调制方式。与二进制数字相位调制相同，多进制数字相位调制也有绝对相位调制（MPSK）和相对相位调制（MDPSK）两种。

设载波为 $\cos(\omega_c t)$，多进制数字相位调制信号可表示为

$$S_{mpsk}(t) = \Sigma_n g(t - nT_b)\cos(\omega_c t + \varphi_n) = \cos(\omega_c t)\left[\Sigma_n \cos(\varphi_n)g(t - nT_b)\right]$$
$$- \sin(\omega_c t)\left[\Sigma_n \sin(\varphi_n)g(t - nT_b)\right]$$

式中，Σ_n 表示以 n 为正整数的和；$g(t)$ 是高度为 1，宽度为 T_b 的门函数，T_b 是 M 进制单位码元持续时间；φ_n 是第 n 个码元所对应的相位，共有 M 个不同取值，即

$$\varphi_n = \begin{cases} \theta_1 \\ \theta_2 \\ \vdots \\ \theta_M \end{cases}$$

一般情况下，相邻相位均匀等分相位差，于是有 $\Delta\theta = 2\pi/M$。令 $a_n = \cos\varphi_n$，$b_n = \sin\varphi_n$，$I(t) = \Sigma_n a_n g(t - nT_b)$，$Q(t) = \Sigma_n b_n g(t - nT_b)$，于是有

$$S_{mpsk}(t) = I(t)\cos(\omega_c t) - Q(t)\sin(\omega_c t) \tag{2-8}$$

上式第一项称为同相分量，第二项称为正交分量。$I(t)$、$Q(t)$ 随着 φ_n 的变化而变化，

称为多电平信号。由于 $\cos(\omega_c t)$ 和 $\sin(\omega_c t)$ 是正交信号，所以 MPSK 信号可以看成是两个正交载波信号进行的多电平调制之后所得两路 MASK 信号的叠加。实际中，常用正交调制的方法产生 MPSK 信号。

M 进制数字相位调制信号还可以用矢量图来描述，图 2-16 画出了 $M=2$、4、8 三种相制情况下的矢量图。根据 ITU – T 的建议，具体相位配置有 A、B 两种方式。图中注明了各相位状态及其所代表的比特码元。以 A 方式 4PSK 为例，载波相位有 0、$\pi/2$、π 和 $-\pi/2$ 共 4 种，分别对应码元 00、10、11 和 01。图 2-16 中虚线为参考相位，对 MPSK 而言，参考相位为载波的初相。对 MDPSK 而言，参考相位为前一已调载波码元的初相。各相位值都是对参考相位而言的，正为超前，负为滞后。

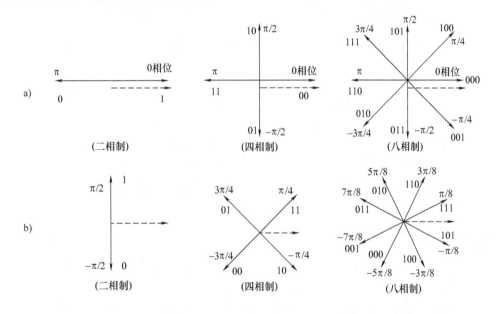

图 2-16 A 和 B 方式三种相位配置矢量图
a）A 方式 b）B 方式

下面以 4PSK（QPSK）信号的调制与解调为例说明四进制绝对相移键控原理。

4PSK 利用载波的 4 种不同相位来表征数字信息。由于每一种载波相位代表两个比特信息，故每个四进制码元又被称为双比特码元，习惯上把双比特的前一位用 a 表示，后一位用 b 表示。

图 2-17a、b 分别示出了 4PSK 信号的调制和解调框图。

在图 2-17a 中，四相载波发生器产生 4PSK 信号所需的 4 种不同相位的载波。输入的二进制数码经串/并变换器输出双比特码元 a、b。按照输入的双比特码元的不同，逻辑选相电路输出相应相位的载波。例如，B 方式情况下，双比特码元为 00 和 01 时，输出相位分别为 $\pi/4$ 和 $3\pi/4$ 的载波，即

$$u(t) = \begin{cases} A_m \sin(2\pi ft + \theta_i + \pi/4) & ，数字 "00" \\ A_m \sin(2\pi ft + \theta_i + 3\pi/4) & ，数字 "01" \\ A_m \sin(2\pi ft + \theta_i + 5\pi/4) & ，数字 "10" \\ A_m \sin(2\pi ft + \theta_i + 7\pi/4) & ，数字 "11" \end{cases}$$

图 2-17　4PSK 信号的调制与解调框图

a) 4PSK 信号相位选择法调制　b) 4PSK 信号的相干解调

由于 4PSK 信号可以看做是两个载波正交的 2PSK 信号的合成,因此,对 4PSK 信号的解调可以采用与 2PSK 信号类似的解调方法进行,参见 1.7.4 节。图 2-17b 是 B 方式 4PSK 信号相干解调器的组成框图。图中两个相互正交的相干载波分别检测出两个分量 a 和 b,然后,经并/串变换器还原成二进制双比特串行数字信号。

2.4.2　复合调制与多级调制

用一个数字信号或者一个数字信号加一个模拟信号对同一载波信号的两个参数同时进行调制称为复合调制,主要目的是进一步获得信道利用率的提升。图 2-18 示出了一个复合调制的例子。例如,在数字微波通信中采用相移键控加模拟调频对正弦载波信号的相位和频率同时调制。相移键控调制用于传送数字主信号;而模拟调频调制用于业务模拟语音通信。

图 2-18　数字微波通信中采用的复合调制

在复合调制中,经常使用的是把数字调幅和调相组合起来使用。例如多进制幅相键控(MAPK)或它的特殊形式多进制正交调幅(MQAM)等。

图 2-19 示出了数字绝对调相加调幅的复合调制实现的十六进制调制矢量图。该调制方案采用 12 个绝对相位值来表示 16 种状态,但为了以每个相位值代表 4 位二进制数,还需要在这 12 个相位值中选择 4 个相位取二值电平(图中 1011、1111、0011 和 0111),扩展出 4

个同相位但不同电平值的状态。这样原来 2400Baud 的码元速率可以实现 9600bit/s 的数据传输速率。

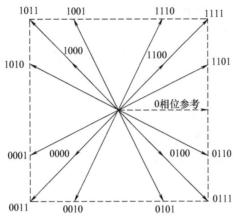

图 2-19　调相加调幅实现十六进制复合调制

与复合调制不同，多级调制是指把同一基带信号实施两次或更多次的调制过程。所采用的调制方式可以是相同的，也可以是不同的。图 2-20 展示的是多路信号经不同载波频率单边带调制后合成在一起，然后再经同一个载波信号 ω 统一完成二级调制的过程。

图 2-20　多级调制组成框图

2.5　数字同步与复接技术

数字同步是数字通信系统正常工作的最基本要求。数字通信系统中各关键节点位置的动作频率保持步调一致称为数字同步或网同步。数字复接是提高信道利用率，实现高速率数字传输的基本手段。把若干个低速率分支数字码流汇接成一路高速数字码流的过程，称为数字复接。

本节将首先简要介绍数字同步技术，然后重点介绍数字复接技术和同步数字系列。

2.5.1　数字同步技术

数字通信系统同步不良将会导致通信质量下降，严重时甚至完全不能工作。其中，位同步和帧同步是两种常用的同步方式。为了实现严格同步，无论系统的硬件还是软件都需要采取相应的措施。

位同步要求收、发两端的时钟频率完全同频同相。影响位同步的重要因素是信号时钟的稳定度和精确度，因此要求数字通信系统内主时钟频率和相位控制在一定误差之内。实现位同步主要方式有：

1) 独立同步：各个节点各自设置高精稳度的独立时钟。

2) 主从同步：某一节点设置高精稳度时钟作为基准时钟，系统中其他节点通过基准时钟传输线路接收同步时钟信号。

采用较多的是主从同步方式，这种方式是采用定时提取技术从接收到的信号中提取同步时钟频率。只要适当地选择线路传输码型（如 HDB3 码或 AMI 码等），使得传输的信号码型中隐含着同步时钟频率即可实现。

帧同步是指收、发两端以帧为单位对齐。为了实现帧同步，需要在每一帧（或几帧）中固定位置插入具有特定码型的帧同步码。只要接收端能正确识别出这些帧同步码，就能正确辨别出每一帧的首尾，从而能正确区分各路信号。

2.5.2 数字复接技术

1. 系统组成

数字复接系统主要由数字复接器和分接器组成。复接器是把两个或两个以上的支路（低次群）按时分复用方式合并成一个单一的高次群，其设备由定时、码速调控和复接单元组成；分接器的功能是把高次群数字信号分解成原来的低次群数字信号，它由同步、定时、分接和码速恢复等单元组成，如图 2-21 所示。

图 2-21 数字复接系统框图

复接器在对各支路数字信号复接之前需要对它们进行频率和相位调整，称为码速调整。调整的目的是使各支路输入码流速率彼此同步并与复接器的定时信号同步，以形成高次群码流。

数字通信系统可以接入许多低速数据通信设备，如三类以下的传真机、串口拨号连接的调制解调器等。把低速率数据信号复接成 64kbit/s 的数字信号，称为零次群复接。例如，在 PCM 30/32 路系统中，32 个 64kbit/s 话路复接组成一个基群；由 4 个基群（2.048Mbit/s）复接成一个二次群（8.448kbit/s）；4 个二次群复接成一个三次群（24.368kbit/s）；4 个三次群复接成一个四次群（139.264kbit/s）。

2. 复接方法

数字复接方法有按位复接、按字复接和按帧复接三种。图 2-22 示出了前两种复接方法。

按位复接是依照各支路先后顺序，每次轮流取 1 位码进行复接。图 2-22b 是把 4 个支路按位复接后的结果。按位复接方法简单，缓存器容量小，其缺点是不利于信号交换。

按字复接是每次从一个支路取一字（8bit 码）进行复接，有利于数字电话交换，但要求有较大的缓存器容量。图 2-22c 是把 4 个支路按字复接后的结果。

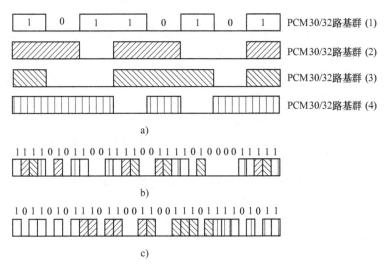

图 2-22　按位复接与按字复接示意图

a）分别来自 4 个基群的各 8bit 时隙信号　b）按位复接产生的二次群　c）按字复接产生的二次群

按帧复接是每次从一个支路取一帧（256 位码）进行复接。优点是不破坏原来的帧结构，有利于交换，但要求更大的缓存器容量。

3. 码速调整

在做数字复接前，要求被复接的各支路数字信号彼此之间必须同步，并与复接器的定时信号同步。否则，需要进行适当的码速调整。

若被复接的各支路在一个统一的高稳定度的主时钟源控制下工作，相互保持固定的相位关系，则它们的码速完全相同。此时不需要进行码速调整，复接器便可直接将低速支路数字信号复接成高速的数字信号，这种复接称为同步复接。同步复接目前用于高速大容量的同步数字系列（SDH）中。

若被复接的各支路有各自的时钟控制源，而且标称速率相同，也与复接器要求的标称速率相同，虽然相互间速率的变化在规定的容差范围内，但存在着相位飘移和抖动问题，这种复接称为准同步复接。大多数情况下，低次群复接成高次群时都属于准同步复接。这种复接方式的最大特点是，各支路时钟源差别不大、码速调整单元电路简单。

若被复接的各支路有各自的时钟控制源，而且标称速率不同，也与复接器要求的标称速率有差别，或者它们之间速率的变化不在规定的容差范围内，这种复接称为异步复接。异步复接的码速调整电路要复杂得多，要适应码速大范围的变化，需要大量的存储器才能满足要求。

无论是哪一种复接，都需要在复接的同时加入额外的帧同步码、告警码等码位，以实现对新产生的高速数据码流的传输同步定时控制，并且满足接收端分接处理时的需要。例如，把 PCM 一次群 2.048Mbit/s 速率的 4 个支路信号复接到二次群，理论速率应该是 2.048Mbit/s × 4 = 8.192Mbit/s，但实际码速调整后速率是 8.448Mbit/s。其中额外多出的码元就是由帧同步码、告警码、插入标志码等的增加而产生的。这种码速调整后速率高于调整前的结果，称为正码速调整。

2.5.3　准同步数字系列

为促进国际间数字通信的标准化，ITU－T 早期推荐了两类从基群到五次群复接等级的数字速率系列。一类以 1.544Mbit/s 为基群速率，低次群速率与相邻高次群相差 3～5 倍不等，采用的国家有北美各国和日本等；另一类以 2.048Mbit/s 为基群速率，低次群与相邻高次群速率相差 4 倍，采用的国家有欧洲各国和中国等。表 2-5 示出了这两个系列各次群的速率和话路数。这两类数字速率系列各次群比特率相对于其标准值有一个规定的容差，而且是异源的，各节点时钟允许存在少量的频率漂移误差，因此这是一种准同步复接方式，统称为准同步数字系列（Plesiochronous Digital Hierarchy，PDH）。例如，以 2.048Mbit/s 为基群的系列，各次群的话路数按 4 倍递增，速率倍增的关系略大于 4 倍，原因是复接时插入了一些码速调整比特。

表 2-5　PDH 两类标准数字速率系列和复接等级

群号	2Mbit/s 系列		1.5Mbit/s 系列	
	速率/(Mbit/s)	话路数	速率/(Mbit/s)	话路数
基群	2.048	30	1.544	24
二次群	8.448	30 × 4 = 120	6.312	24 × 4 = 96
三次群	34.368	120 × 4 = 480	32.064	96 × 5 = 480
四次群	139.264	480 × 4 = 1920	97.728	480 × 3 = 1440
五次群	564.992	1920 × 4 = 7680	397.200	1440 × 4 = 5760

PDH 主要适用于中、低速率点对点传输。随着高速光纤通信技术的进步，数字通信系统的传输容量不断提高，宽带综合业务数字网和计算机网络技术的迅速发展让网络管控显得日益重要，现有 PDH 的许多缺点逐渐暴露出来。主要问题有三点：

1）上述两种数字系列互不兼容，导致国际电信网的建立及营运管理比较复杂和困难。

2）高、低速率信号的复接和分接都需要逐级进行，复接—分接设备复杂，上下话路价格昂贵。

3）帧结构中管理维护用的比特位较少，难以适应网络管理灵活、动态、智能化的日益增长需求。

国际上迫切需要建立统一的全新体制的数字通信网。为此 ITU－T 经充分讨论和协商，于 20 世纪 80 年代末，接受了美国贝尔通信研究所提出的同步光网络（Synchronous Optical Network，SONET）数字系列标准，并进行了适当修改，命名为同步数字系列（Synchronous Digital Hierarchy，SDH）。该体系不仅适用于光纤通信系统，而且也适用于微波和卫星传输系统。

2.5.4　同步数字系列

目前，四次群以上的数字通信传输基本上采用 SDH 标准。

1. SDH 的特点

1）由一系列的 SDH 网元组成，可在光纤网中实现同步信息传输、复用、分插或交叉连接。

2）块状帧结构中安排了丰富的管理比特，大大增强了网络管理能力。

3）网络能在极短的时间内从失效的故障状态自动恢复业务而无需人为干涉。

4）有标准化的信息结构等级规范，称为同步传输模块 STM – N。不同厂家的设备只要符合规范就可以在光路上互联，真正实现横向兼容。

5）具有兼容 PDH 甚至 B – ISDN 的能力，所以有广泛的适用性。

2. 网络节点接口、速率与帧结构

SDH 网有若干个网络节点（包括复用、交叉连接和交换功能），节点之间通过传输设备（包括光纤、微波或卫星传输系统）连接起来。图 2-23 示出了网络节点接口（Network Node Interface，NNI）应用的位置。网络节点接口指的是传输设备和网络节点之间的连接标准，即二者相互间连接的接口速率和帧结构。

图 2-23　网络节点接口应用位置

ITU – T 蓝皮书 G. 707 建议 SDH 的第一级比特率为 155. 52Mbit/s，记作 STM – 1；4 个 STM – 1 按字节同步复接得到 STM – 4，比特率为 622. 08Mbit/s；4 个 STM – 4 同步复接得到 STM – 16，比特率为 2488. 32Mbit/s；4 个 STM – 16 同步复接得到 STM – 64，比特率为 9953. 28Mbit/s。

SDH 网的 STM – N 帧结构如图 2-24 所示。其中每一帧共有 9 行，$270 \times N$ 列，$N = 1$，4，16，64，每字节 8bit，帧周期为 125μs，帧频为 8kHz（8000 帧/s）。字节的传输顺序是从第 1 行开始由左向右，由上至下。

图 2-24　SDH 的帧结构

SDH 的帧由段开销（SOH）、管理单元指针（AU PTR）和信息净负荷三部分组成。段开销是供网络运行、管理维护的一些附加字节。占用 $9 \times N$ 列的 1 ~ 3 行和 5 ~ 9 行字节部分。管理单元指针用来指示信息在净负荷区的具体位置。信息净负荷区域是信息存放的位置。

以 STM－1 为例，它有 $9 \times 270B = 9 \times 270 \times 8bit = 19440bit$，传输速率为 $19440bit/125\mu s = 155.520Mbit/s$。其中段开销为 72B，576bit，信息净负荷为 2349B，管理单元指针占用 9B。

3. 基本复用映射结构

数字信号复接到 STM－N 帧的过程都需要经过映射、定位和复用三阶段。下面将以目前国内采用的基本复用映射结构来说明。

图 2-25 是适用于我国的 SDH 复用结构，该结构是以 2Mbit/s 系列 PDH 信号为基础，以 2Mbit/s 和 140Mbit/s 为支路接口得到的。

图 2-25 SDH 复用映射结构示意图

图中，SPT 为同步数字物理接口，RST 为再生段终端，MST 为复用段终端，MSP 为复用段保护，MSA 为复用段适配器，HPC 为高阶通道连接器，HPT 为高阶通道终端，HPA 为高阶通道适配器，LPC 为低阶通道连接器，LPT 为低阶通道终端，LPA 为低阶通道终端，PPI 为 PDH 物理接口。

SDH 的复用结构是由一系列的复用单元组成的，各复用单元的信息结构和功能各不相同。

1）容器（C）：图中 C－x 是用来装载各种速率的业务信号的信息结构，称为容器（Container）。例如，C－4 可装载 140Mbit/s 的数字信号，称为高阶容器，其他两个称为低阶容器。这些容器统称为标准容器。

2）虚容器（VC）：从标准容器出来的数据流加上通道开销（POH），就构成了虚容器（Virtual Container），这个过程称为映射。映射是 SDH 中最重要的过程之一。VC－4 是高阶虚容器，VC－12 和 VC－3 是低阶虚容器。网中的不同虚容器帧速率是相互同步的，便于实现 VC 级的交叉连接。

3）支路单元（TU）：为低阶通道层与高阶通道层提供适配功能的一种信息结构，一个或多个 TU 组成支路单元组（TUG）。这种 TU 经 TUG 到高阶 VC－4 的过程，称为复用，复用的方法是字节间插。

4）管理单元（AU）：这是一种在高阶通道层和复用段层提供适配功能的信息结构。由高阶虚容器和一个相应的管理单元指针组成。一个或多个在 STM 帧中占有固定位置的 AU 组成一个管理单元组（AUG）。管理单元指针的作用用于指示这个相应的高阶 VC 在 STM－N

中的位置。

5）同步传输模块（STM－N）：在 N 个 AUG 的基础上与段开销一起组成。N 个 STM－1 可同步复用为 STM－N。

为了对复用过程加深理解，下面以 PDH 四次群（139.264Mbit/s）支路信号复用过程为例做出说明。如图 2-26 所示。

图 2-26　PDH 四次群复用映射到 STM－1 的过程

1）把 139.264Mbit/s 的数字信号送入高阶容器 C－4 做适配处理，速率调整后输出 149.760Mbit/s 的数字信号。

2）在 VC－4 内加上每帧 9B 的通道开销后输出信号速率是 150.336Mbit/s。

3）在 AU－4 内加上管理单元指针 AU PTR 后，信号速率变为 150.912Mbit/s。

4）$N=1$ 时，一个 AUG 加上段开销 4.608Mbit，得到 STM－1 信号速率为 155.520Mbit/s。

最终得到一级比特率为 155.520Mbit/s 的 STM－1 数字信号。

2.6　数字传输的差错控制

通信系统中的干扰噪声来源很复杂，不但可能导致传输中出现误码，而且是造成信道可传输的信息量受限的主要原因。因此，在数字通信系统中差错控制是必不可少的一个重要环节。差错控制的作用是检测数据码元在传输过程中可能发生的误码，并且采取适当的方法加以纠正。差错控制编码又称为信道编码，通常有检错编码和纠错编码两种形式。

2.6.1　噪声的分类

噪声是对有用信号之外的一切信号的统称。从不同角度出发可以对噪声做出不同的分类。

1. 加性噪声和乘性噪声

根据噪声和信号之间的混合叠加关系可分为加性噪声和乘性噪声。假定信号为 $s(t)$，噪声为 $n(t)$，如果混合波形是 $s(t)+n(t)$ 的形式，则称为加性噪声；如果混合波形为 $s(t)\{1+$

$n(t)\}$ 的形式，则称为乘性噪声。加性噪声独立于有用信号并且始终存在，不可避免地对通信造成危害。乘性噪声随着信号的存在而存在，当信号消失后，乘性噪声也随之消失。

2. 自然噪声、人为噪声和内部噪声

根据噪声来源的不同，可分为自然噪声、人为噪声和内部噪声。自然噪声是指存在于自然界的各种电磁波，如闪电、雷暴及其他宇宙噪声。人为噪声来源于人类的各种活动，如电子对抗干扰源、电焊产生的电火花，以及车辆或各种机械设备运行时产生的电磁波和电源的波动。内部噪声是指通信系统设备内部由元器件本身产生的热噪声、散弹噪声及电源噪声等。

3. 单频噪声、起伏噪声和脉冲噪声

根据噪声的表现形式可分为单频噪声、起伏噪声和脉冲噪声。单频噪声是一种以某一固定频率出现的连续波噪声，如 50Hz 的交流电噪声，比较容易避免。起伏噪声是以热噪声、散弹噪声或者宇宙噪声为代表的噪声，这种噪声始终存在，是影响通信质量的主要因素之一。这些噪声的特点是，无论在时域内还是在频域内总是普遍存在和不可避免的。起伏噪声是一种随机噪声，其噪声的功率谱密度在整个频率范围内都是均匀分布的，类似于光学中包含所有可见光光谱的白色光谱，在统计特性上服从高斯分布，称为高斯白噪声。脉冲噪声是一种突发出现的幅度高而持续时间短的离散脉冲，如各种电气干扰、雷电干扰、电火花干扰、电力线感应等。从频谱上看，脉冲噪声通常有较宽的频谱（从甚低频到高频），但频率越高，其频谱强度就越小。

脉冲噪声对模拟语音信号的影响不大，但是在数字通信中，它的影响是不容忽视的。一旦出现持续时间较长的突发脉冲，由于它的幅度大，将会导致一连串的误码，造成严重的危害。在数字通信系统中，一般通过差错控制编码技术来消除这种危害。

2.6.2　检错编码

差错控制编码是在原始数据码元序列中加入监督码元，接收端通过判断监督码元的变化情况来获知传输过程中出现了错误。差错控制编码分为检错编码和纠错编码。其基本原理是：原始数据码元序列本来不带规律性，但通过差错控制编码让其产生规律性并发送出去，接收端则根据这一规律性对码元序列进行检测，一旦出现违规情况，就认为出现了传输错误。

检错编码只具有检错功能，即接收方只能判断出所收到的数据是否有错，但不能判断出哪些是错误码元。检错编码通常采用反馈重传技术来纠错。

反馈重传（Automatic Repeat Request，ARQ）是检错编码最常用的纠错方法，如图 2-27a 所示。反馈重传的过程是将消息分组后，对每一组信息进行编号，接收方一旦检测出某组信息有码元传输错误，就会自动通知发送方再次发送该组信息。这个过程反复进行，直到接收正确或达到某个发送计数值为止。根据工作方式，ARQ 有等待重发（每组数据都等待对方确认后再发下一组）、有限连续重发（一次发送若干组，若其中一组有错，则重发该组之后的所有组）和选择重发（一次发送若干组，若其中一组有错，则只重发该组，其他不重发）三种方式。如果信道噪声干扰严重，造成接收误码率很高，系统就会经常处于重发信息状态，此时或者改进信道状况，或者通过降低信息分组长度来提高传输的可靠性。反馈重传纠错方法设备简单，其可靠程度取决于检错编码的优劣。

最常用的两种检错编码方式是奇偶校验编码和循环冗余校验编码。

图 2-27 差错控制基本方法

a) 反馈重传 b) 前向纠错 c) 混合纠错

　　奇偶校验是一种最简单的错误校验方法。当组成一个字符的若干位码元中含有奇数个 1 时，紧跟在该字符后的校验位是 0；当含有偶数个 1 时，校验位是 1。这样让整个字符（含校验位）出现 1 的个数是偶数。接收端收到整个字符后，通过判断其中 1 的个数是否为偶数来决定传输是否出错。这种校验方式称为偶校验。同样道理也可以实现奇校验。奇或偶校验只能检测出单个比特位出现错误的情况。若同一个字符中同时有两个以上的比特位出现错误，就不能检测出错误，因而校验能力有限，但因其实现起来简单，而且通常两位以上比特同时出错的概率较低，所以较常用。

　　表 2-6 列出了水平垂直偶校验检错编码的情况。它是把水平奇校验和垂直偶校验两种校验方式联合运用。发送时是依照字符（列）顺序 $a \sim j$ 依次进行，最后发送校验码字。每一列的最后一位（W_8）是每个字符的垂直偶校验位，每一行的最后一位是 $a \sim j$ 共 10 个字符的水平奇校验位，校验码字随同全部字符后面发送，到接收端供校验使用。这种水平垂直奇偶校验可以发现数据传输中大部分错误，相应地其冗余码元数也比较多。可见，提高可靠性是以降低有效性为代价的。

表 2-6　水平垂直偶校验

位	字 符										校验码字
	a	b	c	d	e	f	g	h	i	j	
W_1	0	1	0	1	0	1	0	1	0	1	0
W_2	0	0	1	1	0	0	1	1	0	0	1
W_3	0	0	0	0	1	1	1	1	0	0	1
W_4	0	0	0	0	0	0	0	0	1	1	1
W_5	1	1	1	1	1	1	1	1	1	1	1
W_6	1	1	1	1	1	1	1	1	1	1	1
W_7	0	0	0	0	0	0	0	0	0	0	1
W_8 校验码字	0	1	1	0	1	0	0	1	1	0	0

循环冗余校验编码（Cyclic Redundancy Check，CRC）是经常采用的另一种抗干扰编码方法。这种方法对随机码元错误和突发码元错误能以较低的冗余度进行严格检验。CRC 编码是在使用一个生成多项式 $g(x)$ 对一组信息码元进行整除运算，得到一组位长为 r 位的校验码，附加在该组信息码元之后一起传送。接收端也利用这个生成多项式 $g(x)$ 对收到的该组全体码元（包括附加码元）进行整除运算，若余式结果为 0，则将接收到的码元去掉尾部 r 位校验码就得到原始信息。注意在整除运算时，使用的是按位异或运算。下面举例说明。

假设 $g(x) = x^4 + x^3 + x^2 + 1$（多项式系数是 11101），信息码是 110：

```
                                    1   0   1
1   1   1   0   1  /  1   1   0   0   0   0   0
                      1   1   1   0   1
                      ─────────────────
                          1   0   1   0   0
                          1   1   1   0   1
                          ─────────────────
                      余  数      1   0   0   1
```

产生的附加码元是 1001，即余数是 1001，所以发送的码元是 1101001。接收端进行校验运算，得到的余数应该是 0，否则视为传输错误。运算过程如下：

```
                                    1   0   1
1   1   1   0   1  /  1   1   0   1   0   0   1
                      1   1   1   0   1
                      ─────────────────
                              1   1   1   0   1
                              1   1   1   0   1
                              ─────────────────
                      余  数  0   0   0   0   0
```

目前，国际上多采用如下四个标准的 CRC 生成多项式来进行 CRC 校验：

$CRC - 12 = x^{12} + x^{11} + x^3 + x^2 + x + 1$

$CRC - 16 = x^{16} + x^{15} + x^2 + 1$

$CRC - CCITT = x^{16} + x^{12} + x^5 + 1$

$CRC - 32 = x^{32} + x^{26} + x^{23} + x^{22} + x^{16} + x^{12} + x^{11} + x^{10} + x^8 + x^7 + x^5 + x^4 + x^2 + x^1 + 1$

2.6.3 纠错编码

检测出传输过程中出现的错误并不是目的，目的是如何将错误改正，即如何纠错。纠错编码不但可以判断出是否有错，而且能够判断出错误的准确位置并加以自我改正，因而纠错编码需要比检错编码增加更多的冗余码元。

前向纠错（Forward Error Correction，FEC）是一种当接收端收到信息序列后，通过检错发现传输错误并且能够自动将其纠正的一种差错控制方法，如图 2-27b 所示。这种方法比较适用于实时通信系统中，它不需要存储信息，也不需要反馈信道，但是所选用的纠错码必须与噪声干扰情况紧密对应。为了纠正更多的错误，附加的监督码元数量更多，传输效率相对较低，解码设备也较复杂。

混合纠错（Hybrid Error Correction，HEC）是 ARQ 和 FEC 两种方式的结合，如图 2-27c

所示。内层采用 FEC 方式，外层采用 ARQ 方式。HEC 的实时性和译码复杂性是 FEC 和 ARQ 两者的折中，较适合于环路延迟大且较高速的数据传输系统。

2.7　习题

1. 什么是数字通信系统？数字通信和数据通信有什么区别？
2. 与模拟通信相比，数字通信有哪些优势？
3. 什么是抽样定理？
4. 为什么要做非均匀量化？
5. 量化误差是怎样产生的？量化噪声是如何定义的？
6. 13 折线 A 律是如何实现的？
7. 简述 PCM 30/32 系统帧结构。
8. 语音速率 64kbit/s 是如何得来的？
9. 什么是差分脉冲编码调制（DPCM）？
10. 脉冲增量调制（DM）原理是什么？
11. 什么是数字同步和数字复接？有哪些数字复接方式？
12. 什么是基带数字传输？基带传输有哪几种常见码型？试分别画出二进制代码 11001000100 矩形脉冲的单极性、双极性、单极性归零、双极性归零、差分曼彻斯特编码的波形。
13. 什么是数字信号的频带传输？
14. 试分析多进制数字调频的调制与解调原理。
15. 试解释调相加调幅的十六进制复合调制原理。
16. PDH 有哪两类标准系列？为什么称为准同步数字体系？
17. SDH 的主要特点是什么？简述 SDH 标准速率等级。画图说明 SDH 的帧结构，并说明各部分的作用。
18. 试说明差错控制编码的原理。检错编码和纠错编码有什么区别？
19. 举例说明循环冗余校验的原理。
20. ARQ 和 FEC 有什么不同？

第3章　程控数字电话交换系统

摘要：

电话通信以其安全可靠、快捷方便等特点而成为人们日常工作生活中的主要通信手段之一。电话通信系统主要包括终端、交换和传输三大部分，其中交换系统是电话通信的核心。交换系统经历了早期的人工交换、机械交换和电子交换阶段，如今已经发展成为以计算机程序控制为主的程控数字电话交换系统。

程控数字电话交换系统由硬件和软件两大部分组成。硬件上由以单条复用线上时隙交换概念形成的时分接线器和以多条复用线之间的时隙交换概念形成的空分接线器，构成数字交换网的核心。软件上将各种控制功能预先编写成功能模块存入存储器，并根据对交换机外部状态作周期扫描所取得的数据，通过中断方式调用相应的功能模块对交换机实施控制，协调运行交换系统的工作。

程控数字电话交换系统与数字通信技术相结合，不仅能实现数字语音通信，还能实现传真、数据、图像通信，构成综合业务数字网。具有接续速度快、声音清晰、质量可靠、体积小、变动灵活、容量大的特点。

本章将首先给出电话交换的概念模型、功能模型以及电话交换机的基本组成，然后就程控数字电话交换系统的基本功能和组成，从硬件和软件两个方面进行说明。结合前面学过的PCM 30/32 路电话系统对程控数字交换网的交换原理进行分析。

此外，软交换是互联网与电话交换网充分融合的一种新兴技术，也是下一代网络（NGN）的一种最基本的技术。本章也对软交换概念及软交换的应用做出了简要介绍。

3.1　程控数字电话概述

3.1.1　电话交换的概念模型

电话通信是一种最常见的点对点用户之间的通信形式。图 3-1 给出了电话交换的概念模型。图 3-1a 表明，若在两部话机之间有线路连通并获得适当的供电，就可以实现双方通话。但是，若要在 N 个用户之间实现通话，采用两两连线沟通回路的方法，显然会极大地浪费线路。从概念上讲，如果在与这些用户距离相近的位置设置一个公共"接通设备"——电话交换机，由交换机从中实现"两两连线沟通回路"的设想，就可以达到相互之间通话同时节省线路的目的。当用户分布区域较小时，把交换机设置在中心位置，所有附近用户都连接到该交换机上，如图 3-1b 所示。当用户分布的区域较广时，可设置多台交换机，用户与就近交换机相连，交换机之间再通过中继线连接，就能实现任意用户之间的接续，如图3-1c所示。

自 1875 年贝尔发明电话机以来，电话通信系统的发展与进步多数是围绕着提高与改进

图 3-1 电话交换的概念模型

a) 两部话机之间的连线 b) 单个交换机 c) 多个交换机

电话交换设备的交换技术而展开的。因此，我们将首先介绍一下电话交换技术的发展史。

3.1.2 电话交换技术发展简史

电话交换技术的进步经历了人工交换、机电交换、电子交换和程控数字交换 4 个主要阶段。

人工交换是一种通过电话交换员手动完成通话双方线路接续的交换方式。用户话机分为磁石和共电两种，磁石话机需要用户自备干电池，共电话机由交换机统一供电。每个用户线在人工交换台设有一个塞孔（固定不动）和一个带插头的塞绳（可拉出伸长）。当某用户作为主叫时，通过本话机告知话务员被叫号码或姓名，话务员把主叫用户的塞绳拉出插接到要通话的对方塞孔中，并向对方振铃叫出对方完成通话；当某用户作为被叫时，主叫方的塞绳就会由话务员插接到己方塞孔上，完成双方通话回路的连通。人工交换机最早出现于 1878 年，由于它是以人作为交换动作的控制设备，因此转接效率低、速度慢、劳动强度大，是一种最原始的交换方式。

机电交换是利用电磁机械动作来控制通话双方线路接续的一种自动交换方式。1891 年，美国人阿尔蒙·B·史端乔发明了"步进制自动电话接线器"。1892 年，用这种接线器制成的"步进制自动电话交换机"正式投入使用。步进制电话交换机依靠用户话机的拨号脉冲来直接控制机械继电器的吸合，使接线器的接线端子爬升、旋转，从而完成线路触点的接通。这种机械式的交换方式机件磨损大、寿命低、噪声大，但它毕竟实现了机械代替人工的操作。

1919 年，瑞典人帕尔姆格伦和贝塔兰德发明了"纵横制接线器"。以纵横制接线器生产的纵横制交换机于 1926 年首先在瑞典投入使用。纵横制交换机依靠用户拨号，通过一个公共控制设备（记发器和标志器）间接地控制接线器的动作。这个公共控制设备的功能类似于人工交换中的话务员，负责接收用户的拨号，并进行存储、计数、转发等工作。相比步进制交换方式，纵横制交换机的机械动作少了很多，而且采用耐磨贵重金属制作接触点，因此动作噪声小、磨损和机械维修工作量也小，工作寿命也大大延长。

20 世纪 40 年代以后，随着半导体电子技术的发展，电话交换机开始了由机电交换阶段逐步向电子控制阶段转换的过程。交换机的逻辑控制部分采用半导体器件实现起来较为容易，因而首先被电子元器件所代替。但线路接续部分受当时技术水平的限制，很难找到一种电子开关能比机械金属触点的电阻更小并且成本更低的接线器。虽然后来出现了接线速度能够与电子元器件相近的干簧接线器，但仍然属于一种半电子或准电子式交换机。

1965 年，由美国贝尔公司研发成功的第一台程控交换机 No.1 问世。这是首次采用存储程序控制技术实现的电话交换系统。但该系统传输的是模拟语音信号，线路的接续部分采用的仍然是空分交换方式。所谓空分交换是指通话双方的线路接通后直到通话完成为止，线路始终处于物理接通状态，通话完成后还要在物理上拆除连接，恢复原始状态。

1970 年，法国拉尼翁开通了第一台真正意义上的程控数字电话交换机 E-10。其控制部分直接由计算机完成，而接续部分则完全实现了 PCM 数字语音编码信号的时分交换。

进入 20 世纪 80 年代以后，程控数字电话交换机逐渐在世界范围内普及，并成为电话交换通信系统的主流。目前，程控数字电话交换网已经发展成支持非话业务的综合业务数字网，伴随着计算机网络技术和专用集成电路的进步，逐渐与分组交换网融合在一起，形成具有高度可靠性和灵活性的数字通信网。具有软交换特色的交换网成为下一代网络（NGN）的核心概念，并逐渐被越来越多的客户和运营商所接受。表 3-1 对上述几种交换技术的主要特点进行了概括。

表 3-1　各类交换机及其主要特点

交换机类型	接续方式	控制方式	接线器	供电方式	交换信息	年份
磁石式	人工	铃流①	塞绳	自备	模拟语音	1878
共电式	人工	环路电流②	塞绳	交换机提供	模拟语音	1891
步进制	自动	拨号脉冲	步进接线器	交换机提供	模拟语音	1891
纵横制	自动	布线逻辑	纵横接线器	交换机提供	模拟语音	1919
模拟程控	自动	存储程序	干簧接线器	交换机提供	模拟语音	1965
数字程控	自动	存储程序	电子接线器	交换机提供	数字语音等	1970

① 接线员听到主叫振铃后，人工完成接线。

② 用户摘机后接线员看到灯闪，人工完成接线。

3.1.3　电话交换的功能模型

电话交换要完成任意两个用户之间的通话接续，为此，交换机一般需要具备如下功能：

1）及时发现用户的接入请求。

2）根据用户拨号，控制、建立和拆除主、被叫之间的接续。

3）支持多用户同时接续并且互不干扰。

4）根据用户的不同业务需求提供不同的交换业务，如转移呼叫、呼出限制等。

交换机可以控制的呼叫类型包括：本局呼叫、出局呼叫、入局呼叫和转接呼叫。本局呼叫是指本局用户之间的接续；出局呼叫是指本局用户与出中继之间的接续；入局呼叫是指入中继与本局用户的接续；转接呼叫是指入中继与出中继之间的接续。

根据上述功能要求可以得出电话交换的功能模型，如图 3-2 所示。其中终端接口模块用于实现交换机与外部设备的连接，其功能分为两部分，一部分与本地用户设备连接，另一部分与其他交换机通过中继线连接。接续功能模块用于完成任意两个用户之间的接续通路。控制功能模块则控制建立或拆除接续。

图 3-2　电话交换机的功能模型

3.1.4　电话交换机的基本组成

为了实现上述功能，一台电话交换机至少需要由（本地）用户接口、中继接口、交换网络、信令设备和控制系统 5 个主要部分组成，如图 3-3 所示。

图 3-3　电话交换机组成框图

用户接口和中继接口电路等效于功能模型中的终端接口，分别完成与用户终端设备和局间中继设备的连接。这种连接能够实现交换机内部工作信号与外部信号之间的转换。例如，外部信号转换为交换机内部信号后按照信号性质，把信息传送给交换网络，把信令传送给控制系统。

在控制系统控制下，交换网络可以实现任意两个用户之间、任意一个用户与中继电路之间话路的接续和交换。

信令设备用于产生各种标准的信令信号，如振铃信号、拨号音、忙音等。

控制系统用于接收并处理信令，使交换机各部分按照信令的要求执行必要的动作。例如，控制交换网络的接续等。

3.2　程控数字电话交换系统的组成及工作原理

程控数字电话交换系统实际上是由计算机控制的电话交换系统，由硬件和软件两大部分组成。它与数字通信技术相结合，不仅实现数字语音通信，还能实现传真、数据、图像通信，构成综合业务数字网。程控数字交换机的接续速度快、声音清晰、质量可靠、体积小、容量大、灵活性强，成为当今电话交换系统的主流技术。

本节将对组成程控数字电话交换机的基本硬件和软件作简要介绍，重点说明其中数字交换的基本工作原理。

3.2.1 硬件的基本组成

图 3-4 是程控数字交换机的硬件基本组成结构。总体上看，其硬件组成可分为话路和控制两大部分。

图 3-4 程控数字交换系统硬件组成框图

1. 话路部分

图中虚线以上部分为话路部分，它由数字交换网络和一组外围电路组成。外围电路包括用户电路、中继电路、扫描器、网络驱动器和信令设备。

数字交换网络为参与交换的数字信号提供接续通路，其网络交换原理将在随后作详细介绍。

用户电路是数字交换网络与用户线之间的接口电路，用于完成 A/D 和 D/A 转换。多数情况下，用户线一侧接通的是模拟语音信号，因此，需要通过用户电路转换为脉冲编码调制的数字信号再进入交换机；同时，交换机一侧的数字信号也需要通过用户电路转换为模拟信号传送到用户话机。此外，用户电路还为用户提供馈电、过压保护、振铃、监视、二/四线转换等辅助功能。当用户线一侧接数字设备时（如计算机、数字传真机、数字话机、数字图像设备等），需要采用专用的用户电路（如 2B + D 或 30B + D 接口）支持交换机直接接收、发送数字信号。

中继电路是数字交换网络和中继线间的接口电路。中继线是本交换机与其他交换机或远距离传输设备的连接线。中继线上传输的不仅有数字语音信号，还有各种局间信令。在数字中继线上一般传输的是基带 HDB3 码型，而交换机内部则多是 NRZ 码型，所以要求中继电路具有码型变换、时钟提取、帧同步等功能。某些配有模拟中继电路的交换机支持模拟中继线，在模拟中继线上传送的是模拟信号，但随着数字传输规模的扩大，模拟中继电路的需求越来越少。

扫描器用来收集用户的状态信息，如摘机、挂机等动作。用户状态（包括中继线状态）的变化通过扫描器接收下来，然后传送到交换机控制部分作相应的处理。

交换网驱动器在控制部分的控制下，执行数字交换网络中通路的建立和释放。

产生控制信号的部件称为信令设备或信号设备。其中主要包括信号音发生器（产生拨号音、忙音、回铃音等）、话机双音频（DTMF）号码接收器、局间多频互控信号发生器和接收器（用于交换机之间的"对话"）以及完成 CCITT No.7 共路信令的部件。CCITT No.7 信令是一种目前应用最广泛的国际标准化共路信令系统。它将信令和语音通路分开，可采用高速数据链路传送信令，因此具有传送速度快、呼叫建立时间短、信号容量大、更改与扩容灵活及设备利用率高等特点，最适用于程控数字交换与数字传输相结合的综合业务数字网。

2. 控制部分

图 3-4 中虚线以下的部分为控制部分，它由中央处理器、程序存储器、数据存储器、远端接口以及维护终端组成。控制部分的主要任务是根据外部用户与内部维护管理的要求，执行控制程序，以控制相应硬件，实现交换及管理功能。

中央处理器可以是普通计算机的 CPU，也可以是交换系统专用 CPU，用于控制整个交换系统的运行、管理、监测和维护。

程序和数据存储器分别存储交换系统的控制程序和执行过程中用到的数据。

终端维护包括键盘、显示器、打印机等，可根据系统需求进行修改、升级、维护等操作。

由于控制部分的控制内容较为复杂，常需要分级描述。例如，可分为用户处理、呼叫处理和测试维护三级。另外，根据程控数字交换机的容量大小，按其配置与控制工作方式的不同也可分为集中控制和分散控制两种方式。在分散控制方式下，通过远端接口实现相互连接。总之，在确保控制部分完成既定的控制功能的前提下，可以灵活地采用各种模块化和分布式的控制方式来实现安全、可靠的系统控制。

3.2.2 软件的基本组成

程控数字交换机软件由程序模块和数据两部分组成。

程序模块分为脱机程序和联机程序两部分。脱机程序主要用于开通交换机时的系统硬件测试、软件调试以及生成系统支持程序；联机程序是交换机正常开通运行后的日常程序，一般包括系统软件和应用软件两部分。程控数字交换系统运行软件的组成如图 3-5 所示。

图 3-5　程控数字交换系统运行软件的组成

系统软件与普通计算机操作系统功能相近，主要用于系统管理、故障诊断、文件管理和输入/输出设备管理等。

应用软件直接面向用户，负责交换机所有呼叫的建立与释放，具有较强的实时性和并发性。呼叫处理程序是组成应用软件的主要部分，根据扫描得到的数据和当前呼叫状态，对照用户类别、呼叫性质和业务条件等进行一系列的分析，决定执行的操作和系统资源的分配。应用软件的另一部分是运行维护程序，用于存取、修改一些半固定数据，使交换机能够更合理有效地工作。

程控数字交换机的数据部分包括交换机既有的和不断变化的当前状态信息。如硬件配置、运行环境、编号方案、用户当前状态、资源占用情况等。数据内容可分为交换系统数据、局用数据和用户数据。

交换系统数据类似于产品出厂说明书，主要指各类软件模块所固有的数据和各类硬件配置数据，一般是固定不变的。例如存储器起始地址、各种信号和编号等。程控数字交换机的系统数据由设备制造商编写提供，属于交换程序的一部分。

局用数据反映本交换局在交换网中的地位或级别、本交换局与其他交换局的中继关系等，它包括对其他交换局的中继路由组织、中继路由数量、编号位长、计费数据、信令方式等。局用数据对某个交换局的交换机而言是半固定的数据，开局调试好后，设备运行中保持相对稳定，必要时可用人机命令修改，例如中继数据、计费数据、信令数据等。

用户数据是市话局或者长市合一局的交换机所具有的数据，包括每个用户线（话机）类别、电话号码、设备码、话机类型、计费类型、用户新业务、话务负荷、优先级别等。

程控数字交换机将各种控制功能预先编写成功能模块存入存储器，并根据对交换机外部状态作周期扫描所取得的数据，通过中断方式调用相应的功能模块对交换机实施控制，协调运行交换系统的工作。

3.2.3 时隙交换与复用线交换

从第 2 章的内容我们了解到，在 PCM 30/32 路数字电话系统中，为了实现语音信号通信，每话路要求传输速率是 64kbit/s。这些话路复用在一起构成一帧，每帧中仅包含一个话路的 8bit，所以要有 8000 帧/s 的话路信号传送才能达到要求的速率。程控数字交换机就是要通过其中的数字交换网络，为参与通话的任意两个用户之间建立交换通路，每个用户 8bit 的语音信号通过交换通路实现 8000 帧/s 的语音信号的传送。

为了说明数字交换网的交换原理，先要了解时隙交换和复用线交换两个重要的数字交换概念。而时分接线器和空分接线器则分别用来实现这两种交换。

1. 时隙交换与时分接线器

以图 3-6 来说明时隙交换的概念。图中左、右两侧分别是 32 路语音数字信号复用在一条线上，左边是输入复用线，右边是输出复用线。时隙交换就是要把输入复用线上的一个时隙 TS_i 按照要求在输出复用线上的另一个时隙 TS_j（$i \neq j$）输出。例如，把时隙 TS_{23} 输出到 TS_{11}，时隙 TS_6 输出到 TS_{28} 等。

图 3-6　时隙交换示意图

要完成时隙交换，需要用到 T 形时分接线器，简称 T 接线器，如图 3-7 所示。T 接线器主要由语音存储器（SM）和控制存储器（CM）两部分组成。SM 和 CM 都是随机存取存储器。SM 用于存储语音的二进制信息，由若干个存储单元组成，容量可以是 128、256、512 或 1024 个单元，每个单元可用于暂存一个 8bit 的数字语音信息，即每个话路时隙占用一个单元。SM 的内容需要每 125μs 刷新一次才能满足 8000 帧/s 的传输速率。每个 CM 单元内容保存一个 SM 单元地址，因此，SM 有多少个单元 CM 就至少有多少个单元，而且 CM 中地址的位数至少要能够表达出 SM 的地址。例如，若 SM 有 512 个单元，CM 单元长度至少要达到 9bit（$2^9 = 512$）。

时分接线器有两种工作方式：一种是时钟（顺序）写入，控制（地址）读出；另一种是控制（地址）写入，时钟（顺序）读出。按照读写控制位置，前者又称为读出控制方式，后者又称为写入控制方式。

（1）读出控制方式

读出控制方式是指从 SM 读出语音时隙时对读出顺序进行控制，如图 3-7a 所示。读出控制方式首先在定时脉冲控制下按照 $TS_0 \sim TS_M$ 的顺序把输入复用线上的 M 个时隙的语音数据写入 SM 单元；与此同时，把每一个时隙要交换去的单元地址写入到 CM 单元中。例如，时隙 TS_{23} 要与 TS_{11} 交换，在 SM 的第 23 个单元写入 TS_{23} 数据的同时，在 CM 的第 23 个单元要写入 SM 的第 11 个单元的地址。因为语音时隙读出时是依 CM 顺序读出的，所以当从上到下依序读到 CM 的第 23 个单元时，得到 SM 的 11 单元的地址，从中取出语音数据 TS_{11} 就完成了 TS_{11} 交换到 TS_{23} 的工作。同理，CM 的第 11 单元要写 SM 的第 23 单元的地址，才能把 TS_{23} 交换到 TS_{11}。因此说，SM 内容的读出受 CM 中地址的控制，称为读出控制方式。

图 3-7 时分接线器的两种工作方式

a）时钟写入控制读出　b）控制写入时钟读出

（2）写入控制方式

写入控制方式是指向 SM 写入语音时隙时对写入的顺序进行控制，如图 3-7b 所示。写入控制方式下，SM 的写入受 CM 中给定地址的控制，即预先把 SM 的时隙交换按照 CM 单元指定的顺序写好，SM 的读出则是在定时脉冲的控制下从上到下顺序完成的。例如，CM 控制 SM 的第 1 号单元写入 TS_8，第 8 号单元写入 TS_1，当 SM 顺序读出时，就完成了这两个时隙的交换。

这两种控制方式都必须预先知道输入复用线上的哪一个时隙需要交换到输出复用线上的哪一个时隙。这一系列动作是由中央处理机运行相关程序时，根据用户拨号号码通过用户忙闲表，查出被叫空闲链路，同时向 CM 发出"写"命令才得以实现的。

2. 复用线交换与空分接线器

时隙交换完成一条复用线上的两个用户之间语音信息的交换，而复用线交换则完成两条复用线之间语音信息的交换，因此复用线交换可以实现扩大交换容量的目的。以图 3-8 为例，一条复用线上复用了 32 个话路时隙，4 条复用线就可以达到 128 个时隙。显然，各条复用线占据不同的空间，所以复用线之间的时隙交换属于空分交换。图中复用线 1 的 TS_{23} 与复用线 4 的 TS_{11} 之间的交换是两条不同复用线之间的时隙交换。

图 3-8　复用线交换示意图

复用线交换通过空分接线器来完成。空分接线器简称 S 接线器，主要由控制存储器（CM）和交叉矩阵两部分组成，如图 3-9 所示。S 接线器能够把任一复用线上的任一时隙信息交换至另一复用线上的任一时隙。交叉矩阵是由复用线交叉点阵组成的，交叉点阵中的每一个交叉点就是一个高速电子开关。这些高速电子开关受 CM 中存储数据的控制，用于实现交叉点的接通和断开。根据控制位置的不同，S 接线器有输出和输入两种控制方式。

图 3-9　空分接线器的两种工作方式

a）输出控制方式　b）输入控制方式

（1）输出控制方式

图 3-9a 示出了空分接线器的输出控制方式。该方式是按照 S 接线器的输出复用线来配置 CM 的，每一条输出复用线都要设置一个固定的 CM。图中共有 n 条输出复用线，所以需要 n 个 CM。一条复用线上有多少个话路时隙，对应的 CM 就应该有多少个存储单元，即每个话路时隙对应一个 CM 存储单元。CM 存储单元中存储的内容是需要接通的输入复用线的编号，因此，用二进制表示输入复用线编号时 CM 要保持足够的位数。例如，复用线 1 上的

TS_2 时隙要交换到复用线 2 上去，只需要在 CM_2 的第 2 个单元写入 1 即可。

（2）输入控制方式

图 3-9b 示出了空分接线器的输入控制方式。输入控制方式是按照入线数量来配置 CM 的，因此每一条入线都设置一个固定的 CM。图中共有 n 条入线，也就需要 n 个 CM。同样，CM 存储单元数量与复用线的话路时隙数相同。CM 存储单元中存储的内容是需要接通的输出复用线编号。

无论是输出控制方式还是输入控制方式，S 形接线器只能实现复用线之间的交换，而且必须明确是复用线上的哪一个时隙，即它只能完成或者入线指定时隙或者出线指定时隙情况下复用线之间的交换，而不能完成入线和出线同时指定时隙的交换。

对于大规模的交换网络，必须既能实现同一复用线不同时隙之间的交换，又能实现不同复用线之间的时隙交换。因此，只有把时分接线器和空分接线器相结合组成复合型交换网络，才能达到这一要求。一般的数字交换网都把 T 接线器和 S 接线器结合起来一起使用，形成较大规模容量的任意时隙话路之间的数字信息交换网。

3.2.4　T – S – T 形数字交换网络

把 T 形和 S 形接线器按照不同顺序组合起来就可以构成较大规模的数字交换网。按照组合方式，可以形成 T – S – T 和 S – T – S 等多种类型的数字交换网。

图 3-10 是 T – S – T 三级数字交换网的一个实例。两侧各有 16 个 T 接线器，每个 T 接线器可以集成复用 256 个话路时隙。中间使用一个 16×16 规模并且采用输出控制方式的 S 形接线器。左侧输入级 T 接线器采用控制写入时钟读出方式，右侧输出级 T 形接线器采用时钟写入控制读出方式。现以 PCM_0 线上的时隙 TS_{205}（用户 A）与 PCM_{15} 线上的时隙 TS_{35}（用户

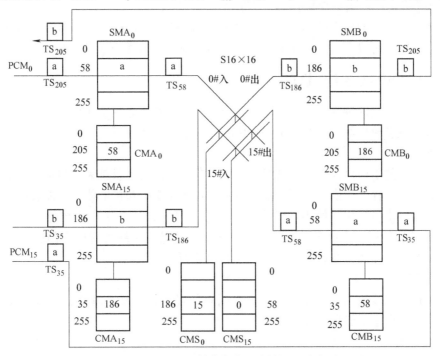

图 3-10　T – S – T 数字交换网交换过程示意图

B）通话为例，来说明该数字交换网络的工作过程。

1. A→B：把 $PCM_0 TS_{205}$ 时隙的语音信号交换到 $PCM_{15} TS_{35}$ 时隙中去

为了实现交换，需要由中央处理器运行相关程序，根据用户拨号号码通过用户的忙闲表，在二者之间选择一条空闲的时隙（路径），假设选中了 TS_{58}，则处理器分别在输入侧 T 级的 CMA_0 的第 205 号单元写入"58"，在 S 级 CMS_{15} 的第 58 号单元写入"0"（0 号复用线），在输出侧 T 级的 CMB_{15} 的第 35 号单元写入"58"，于是各 CM 分别控制各级动作。首先，当 PCM_0 的 TS_{205} 时隙信息来到时，由 CMA_0 控制写入 SMA_0 的第 58 号单元；当 TS_{58} 时隙到来时，该信息被顺序读出到 S 级的输入端的 0 号入线，并由 CMS_{15} 控制交叉开关点 0 入／15 出闭合接通至输出侧 T 级的第 15 个 T 接线器的入线端，同时写入 SMB_{15} 的第 58 号单元；最后当 TS_{35} 到来时，再由 CMB_{15} 控制从 SMB_{15} 的第 58 号单元读出至接收端 B 的解码接收电路中去。

2. B→A：把 $PCM_{15} TS_{35}$ 时隙的语音信号交换到 $PCM_0 TS_{205}$ 时隙中去

其交换过程与 A→B 相同。只是此时所寻找到的时隙为 TS_{186}（采用反相差半法）。中央处理器运行相关程序分别在输入侧 T 级的 CMA_{15} 的第 35 号单元写入"186"；在 S 级 CMS_0 的第 186 号单元写入"15"；在输出侧 T 级的 CMB_0 的第 205 号写入"186"。上述内容全部写完后就开始按照各控制存储器的数据执行。首先，当 PCM_{15} 的 TS_{35} 时隙信息来到时，由 CMA_{15} 控制写入 SMA_{15} 的第 186 号单元；当 TS_{186} 时隙到来时，该信息被顺序读出到 S 级的输入端的 15 号入线，并由 CMS_0 控制交叉开关点 15 入／0 出闭合接通至输出侧 T 级的第 0 个 T 接线器的入线端，同时写入 SMB_0 的第 186 号单元；最后当 TS_{205} 到来时，再由 CMB_0 控制从 SMB_0 的第 186 号单元读出至接收端 A 的解码接收电路中去。

双方占用的各自的 SM 单元的内容不断有新的语音信号被写入，每 125μs 更新一次，而占用的 CM 单元的内容需要保持到通话结束才清除。

程控数字交换网的组合结构还可以有 TSST、TSSST、SSTSS 和 TTT 等各种形式，这些形式让数字交换网同时具有时空交换能力，并能够大规模地拓展交换机的容量。

3.2.5 程控交换机的主要性能指标

程控数字交换机的种类很广，按照用途分有本地网和长途网交换机，还有专用的汇接交换机和国际长途交换机等。一般讨论交换机的性能主要包括如下几个指标。

1. 系统容量

系统容量指的是用户线数和中继线数。二者越多，说明容量越大。容量的大小取决于数字交换网的规模。程控交换机的用户接口模块都有话务集中和扩散能力，即通过集线器把一个用户电路端口供多个用户使用。程控交换机的"门"指的是用户线数量，一门对应一对用户线，而"线"指的是数字交换网的出入线端子数量，一线可对应多门。目前中等容量的交换机一般有 6 万线，按照集线比 4:1，可接 24 万用户线。

2. 呼损率

呼损率是未能接通的呼叫数量与用户呼叫总数量之比。呼损率越低，说明服务质量越高。一般要求呼损率不能高于 2%~5%。

3. 接续时延

用户摘机后听到拨号音的时延，称为拨号音时延；拨号之后听到回铃音的时延，称为拨号后时延。它们统称为接续时延。拨号音时延一般要求 400 ~ 1000ms 之间，拨号后时延在 650 ~ 1600ms 之间都属合理。

4. 话务负荷能力

话务负荷能力是指在一定的呼损率下，交换系统忙时可能负荷的话务量。话务量反映的是呼叫次数和占用时长的概念。以二者的乘积来计量。

话务量强度 = 单位时间内平均呼叫次数 C × 每次呼叫平均占用时间 t

若 t 以小时为单位，则计量单位是小时·呼，称为爱尔兰（Erl）。

由于一天内的话务量有高有低，所以实际中所说的话务量都是指 24h 最忙时的平均话务量。一般此项指标可达万爱尔兰以上。

5. 呼叫处理能力

呼叫处理能力用最大忙时试呼叫次数来表示（Busy Hour Call Attempts，BHCA）。它是衡量交换机处理能力的重要指标。该值越大说明系统能够同时处理的呼叫数目就越大。因此，BHCA 与处理机的运行速度、程序结构和指令条数以及相关的话务参数关系密切。一般要求 BHCA 在 75 万次以上。

6. 可靠性和可用性

在中断的情况下，交换系统大多数话机不能正常接续。可靠性指的是交换机系统可靠运转不中断的能力，通常采用中断时间及可用性指标来衡量。一般要求中断时间 20 年内不超过 1h，平均每年小于 3min。

可用性是指系统正常运行时间占总运行时间的百分值。若 20 年内中断时间为 1h，则可用性大于 99.999943%。

7. 主要业务性能指标

主要业务包括基本业务和补充业务。基本业务就是通话功能，补充业务包括缩位拨号、叫醒服务、热线服务、呼叫转移、呼叫等待、自动回拨、免打扰等。

3.3　软交换及软交换系统

随着互联网技术的不断进步，网络 IP 电话获得越来越广泛的应用，在此基础上，诞生了软交换技术。人们利用这些技术可以同时实现现有电话交换设备提供的所有业务以及因特网服务业务。实际上，软交换是互联网进化过程中互联网与电话交换网络充分融合的一种新兴技术。软交换技术把当代最流行的互联网与电话交换网融合在一起而成为下一代网络（NGN）的一种最基本的技术。

3.3.1　软交换的概念

软交换思想可以理解为把原来仅完成电话交换业务的电话通信网长途干线通信线路用传输互联网数据的分组交换网来实现。因此在交换机和互联网之间要有称为媒体网关的接入设备。软交换技术在其中用于实现接入控制功能，包括呼叫控制、资源分配、协议处理、路由选择、认证计费等功能。图 3-11 给出了软交换技术应用模式示意图。

广义上看，软交换是以软交换设备为控制核心的软交换网络，包括接入层、传输层、控制层和应用层，统称为软交换系统。从狭义上看，软交换特指独立于传输网络的控制层软交

图 3-11　软交换技术的应用模式

换设备。软交换使得用户可以通过各种接入设备（终端电脑、普通电话机等）连接到分组网，实现语音、数据、移动业务和多媒体等业务的综合呼叫控制。

软交换采用业务控制/呼叫控制分离、传输/接入分离技术，实现开放分布式网络结构，使业务独立于网络，通过开放式协议和接口，灵活地定义业务特征，而不必关心承载业务的网络形式和终端类型。

软交换的实现主要有如下一些优点。

1. 开放性强

软交换体系结构中各模块均采用标准化的协议开发，既能独立发展又能有机组合在一起，实现互通。用户可根据需求选择优势产品，实现最佳配置。

2. 灵活性强

软交换体系结构把应用层、控制层与核心网络层完全独立分开，便于快速形成各种新业务，极大地缩短了开发周期，使得用户可以灵活地享受所提供的各种业务。

3. 支持多用户

软交换设计的思想迎合了计算机网、电信网、有线电视网的融合趋势，让数字用户、模拟用户、移动用户都可以享受到其提供的业务。

4. 业务能力强

软交换可以提供包括语音、数据和多媒体等各种业务，最大限度地满足了不同用户的需求。

3.3.2　软交换系统的组成及功能

1. 软交换系统的组成

软交换系统的核心是软交换网，软交换网为本网内的用户提供呼叫控制、地址解析、用户认证、业务通信等多项功能。软交换网根据不同用户终端通过不同的终端通信协议实现入网用户的接入。图 3-12 示出了软交换系统的主要组成。

1）信令网关：7 号信令网和 IP 网之间的接口网关，对来自交换机的信令消息进行中继转换处理。

2）媒体网关：媒体网关实现两种网络之间媒体数据格式的转换，可分为中继媒体网关和接入媒体网关，前者完成各种用户和接入网的接入，后者主要完成传统交换机的汇接接入。

图 3-12　软交换系统的主要组成

3）IP 媒体服务器：完成媒体资源的生成、控制和管理。

4）应用服务器：主要用于提供业务执行环境。

5）网管中心：网络的整体控制管理。

下面以一次呼叫为例说明双方建立通话的过程。

假设主叫方使用一台普通计算机，该机有一个多媒体卡，上面带有麦克、耳机等通话设备。主叫计算机上同时安装有拨号软件，能够通过鼠标或键盘数字键拨号。此时计算机等同于一台电话机。

主叫首先连接到互联网，然后通过拨号键盘拨通媒体网关的网关号码，媒体网关（通过一个身份码）验证该主叫身份后，回送拨号音。主叫继续拨对方电话号码，信令网关负责转换为 IP 网络能够识别的信号并经 IP 网传送到被叫方所在区域的媒体网关。软交换在对方的远端地址与本端地址之间建立一个关联（Context），主被叫建立了通话路径，实现通话。被叫可以是一台计算机，也可以是一部普通话机或手机。

2. 系统功能

软交换设备是多种逻辑功能的实体集合，提供综合业务的呼叫控制、连接以及部分业务功能。是下一代电信网语音、数据、视频等业务的核心设备，也是目前电话交换网向分组网过渡的主要设备之一。

软交换设备的主要功能概括如下：呼叫控制、业务提供、业务交换、互通、计费、网管、各式终端设备（H. 248、MGCP 等）的控制与管理、7 号信令转换、H. 323 终端管控等。

3.3.3　软交换系统的应用

软交换思想的核心竞争力在于其软件特性，它既可以作为独立网络部件分布在网络的各处，为各种媒体提供基本和补充业务，也可以与其他增强业务节点一起形成新的产品形态。正是这一灵活性使其非常适应当代互联网环境下的各种应用领域。

把电话交换网的业务转移到互联网上。软交换结合媒体网关和信令网关完成控制转移和媒体接入转换，可作为汇接局和长途局的接入，提供 PSTN 的全部业务。

把分组网和电路网互通。如在 H. 323 呼叫中，软交换可视为 H. 323 终端在 SIP（会话初始协议）中的呼叫，也可以视为用户代理。

目前软交换的应用主要集中在如下几个方面：

1）分组中继，在分组中继网中，通过软交换技术和媒体网关直接提供高速的分组数据接口，大大减少了传输网中低速交叉连接设备的数量。再利用语音压缩和静音抑制技术来实现可变速率适配。可把电话传输成本和带宽需求降低60%。

2）分组本地接入，采用软交换技术实现语音的本地分组接入，不但可以减少甚至淘汰掉老式的电话终端局，而且还可以提供普通电话所没有的多媒体综合业务。

3）多媒体业务，软交换技术把各种应用服务器上的新业务进行集中呼叫控制，通过各种网关设备提供给广大终端用户，不但灵活、多变、快速、及时而且便于增值。

4）3G网，软交换技术适用于第三代移动通信网中的呼叫控制与媒体承载的分离，因此可以推广应用到3G网中去。

3.4　习题

1. 电话交换的概念模型是什么样的？电话交换机的功能模型是什么样的？
2. 电话交换技术经历了哪几个发展阶段？
3. 电话交换机由哪几部分组成？
4. 程控数字电话交换机硬件由哪些部分组成？各部分的作用是什么？
5. 如何实现时隙交换？
6. 如何实现复用线交换？
7. 简述 T–S–T 数字交换网的工作原理。
8. 程控数字电话交换机有哪些主要性能指标？
9. 什么是软交换？
10. 软交换系统由哪些部分组成？
11. 目前软交换系统主要应用到哪些方面？

第4章 光纤通信系统

摘要：

　　光纤通信是以光波作为消息载体，以光导纤维作为传输媒介的一种通信技术。光纤通信的历史虽然不长，但发展速度和规模却十分惊人。光纤通信以其宽带、大容量、低损耗、中继距离长、抗电磁干扰、体积小、重量轻、便于运输和敷设等一系列优点，成为当代信息传输最主要的技术手段。

　　光纤的制造工艺较为复杂。它是以石英（SiO_2）为原材料经特殊工艺提纯、拉丝而制成的，直径从几微米到上百微米之间。为了增加强度和耐用性，外层被覆耐腐蚀、耐压等韧性加强材料。根据光纤制造材料的成分、折射率的分布、传输模式、工作波长以及ITU-T的建议标准，可以把光纤做不同的分类。

　　光在光纤中通过发生全反射现象沿纤芯纵向传播，绝大部分光能量被保留在纤芯中，而只有极少部分被折射到包层中去，因此具有较低的传输损耗。光纤的传输特性主要包括光纤的传输损耗、色散和非线性效应。在实际应用中为了使光纤在外界不同条件和环境下仍能正常工作，必须在制造工艺上采取措施，生产出具有抗拉、抗冲击、抗弯扭的光缆。光纤通信系统主要由电端机、光端机、光中继器和光缆组成。

　　本章首先对光纤通信的发展历史做出回顾，然后对光纤通信的特点进行说明，接着重点阐述光纤的结构与分类以及光波在其中的传输机理。在光纤通信系统一节，详细说明系统各组成部分的工作过程和原理。

　　近些年来，光纤通信新技术获得了很大的进步。超大容量、超长距离、超高速传输，一直是光纤通信所追求的目标。光波分复用（OWDM）技术进一步提高了光纤通信系统的传输容量；相干光通信和光孤子通信的研究也取得了一定的进展；依照同步数字体制（SDH）形成的光传送网已经获得广泛应用；基于光纤放大器和光交换技术的全光通信系统的实现指日可待，可以大大提高光纤通信系统的传送效率和可靠性。

4.1 光纤通信概述

　　光纤是光导纤维的简称。它是以石英（SiO_2）为原材料经特殊工艺提纯、拉丝而制成的直径从几微米到上百微米之间的玻璃纤维。为了增加强度和耐用性，光纤的外层被覆耐压耐腐蚀等韧性加强材料。光纤通信是以波长在 $0.8 \sim 2.0\mu m$ 区段的近红外光波信号作为载波，以光导纤维作为传输媒介的一种通信手段。

　　光纤通信的历史虽然不长，但发展速度和规模却十分惊人。光纤通信以其宽带、大容量、低损耗、抗干扰等一系列优点，已经成为目前干线通信的主要传输手段。

4.1.1 光纤通信发展简史

以灯光信号的颜色、强度、闪烁频率等来传送消息早已应用于航海、交通等领域。但自从认识到光是一种电磁波之后，以光波作为载体实现光载波通信就成了人们努力追求的目标。利用光波进行通信必须要解决两个关键问题：一是光源问题；二是光的传输媒介问题。光纤通信技术的发展进步，主要就是围绕着获得满足要求的光源以及获得理想的光传输媒介而展开的。

光源是光纤通信系统中的一个关键部件，其特性的好坏直接影响到光通信的成败与性能的优劣。作为光纤通信的光源必须满足下列条件。

1）波长应和光纤低损耗"窗口"一致，中心波长应在 $0.85\mu m$、$1.31\mu m$ 或 $1.55\mu m$ 附近。

2）光谱单色性要好，谱线宽度要窄，以减小光纤色散对带宽的限制。

3）电/光转换效率要高，在足够低的驱动电流下，有足够大而稳定的输出光功率，且线性良好。

4）发射光束的方向性要好，以利于提高光源与光纤之间的耦合效率。

5）调制速率要高或响应速度要快，以满足系统大容量传输的要求。

6）应能在常温下以连续波方式工作，温度稳定性好、可靠性高、寿命长。

7）体积小、重量轻、安装使用方便、价格便宜。

激光就是一种满足上述要求的理想光源。激光是物质（如红宝石、砷化镓等）受激跃迁辐射所发出的一种特殊光。这种光具有极好的相干性、单色性、方向性和极高的亮度。

1960 年，美国加州休斯实验室的西奥多·梅曼研制出了世界上第一台固体红宝石激光器。1961 年，美国贝尔实验室佳万博士发明了氦-氢气体激光器，随后又有多种气体和液体激光器问世。但早期的激光器成本很高，可靠性和寿命有限。

1970 年，美国贝尔实验室研制出在室温下连续工作的砷化镓铝半导体激光器，为光纤通信找到了一种可实用化的光源器件。后来逐渐发展到性能更好、寿命达几万小时的异质结条形激光器和现在的分布反馈式单纵模激光器以及多量子阱激光器。光接收器件也从简单的硅光电二极管发展到量子效率达 90% 的雪崩光电二极管 APD 等。

在研究光通信光源的同时，人们进行了各种光波导的研究，其中包括光导纤维。虽然以石英玻璃为材料的光导纤维能够传输光波的原理早为人知，但一直没有解决传输损耗很大的问题（1000dB/km），所以光导纤维一直未能获得实用。

1966 年，英国华裔科学家高锟博士提出了利用带有包层材料的石英玻璃光纤作为光通信的传输媒质，并预言通过降低材料的杂质含量和改进制造工艺，可使光纤损耗下降到 20dB/km，甚至更低。

1970 年，按照高氏理论，美国康宁玻璃有限公司首次制成了损耗仅为 20dB/km 的低损耗光纤，使人们确认光导纤维完全能胜任作为光通信的传输媒质，从而明确了光通信的发展目标。

1974 年，美国贝尔实验室利用改进的化学汽相沉积法（Modified Chemical Vapor Deposition，MCVD）制造出 1dB/km 损耗的低损耗光纤。到 1990 年为止，光纤损耗已经降到了 0.14dB/km。

至此，制约光纤通信的两个关键问题——光源和传输媒介问题完全得到解决。光纤通信的普及和推广获得了高速发展的基本条件。

1977 年，美国芝加哥率先开通了第一条 45Mbit/s 的商用光纤通信系统。

从 20 世纪 70 年代至今，光纤通信给整个通信领域带来了一场革命，在短短 40 年不到的时间里取得了惊人的进展。通信系统的传输容量成万倍地增加，传输速度成千倍地提高。目前，国际国内长途通信传输网的光纤化比例已经超过 90%，国内各大城市之间都已经铺通了 20GB 以上的大容量光纤通信网络。

就目前光纤通信系统带宽实际利用率而言，仅是其潜在能力的 2% 左右，尚有巨大的潜力等待人们去开发利用。光波分复用、全光网和新一代光纤制造技术的进展表明，光纤通信技术并未停滞不前，而是向着更高水平、更高阶段的方向发展。

4.1.2 光纤通信的特点

光纤通信获得如此巨大的发展和广泛的应用是与其自身所具有的许多特点密切相关的。

1. 传输损耗小、中继距离长

目前，实用光纤传输损耗在 1.31μm、1.55μm 和 0.85μm 附近分别为 0.35～0.5dB/km、0.2～0.3dB/km 和 2.3～3.4dB/km。在长途光纤通信系统中，通常大约每 2km 需要有一个光纤熔接点，每个熔接点的损耗不超过 0.2dB。这样，1.55μm 光纤传输损耗大约是 30dB/10^2km。光纤的这种低损耗特点支持长距离无中继传输。中继距离的延长可以大大减少系统的维护费用。例如，单模光纤的中继距离可达几十到上百千米，而如果采用同轴电缆传输，则每 2～3km 就需要一次中继。

2. 传输频带宽、通信容量大

可见光波长范围大约在 390nm（红外）～780nm（紫外）之间，而用于光纤通信的近红外区段的光波波长为 800～2000nm 之间，具有非常宽的传输频带。

在光纤的三个可用传输窗口中，0.85μm 窗口只用于多模传输，1.31μm 和 1.55μm 多用于单模传输。每个窗口的可用频宽一般在几十到几百 GHz 之间。近些年来，随着技术的进步和新材料的应用，又相继开发出了第四窗口（L 波段）、第五窗口（全波光纤）和 S 波段窗口。其中特别值得提及的是，波长在 1.28～1.625μm 的全波光纤的出现，使得传统可用波长范围从 0.2μm 扩展到 0.3μm。这样，单模光纤的潜在带宽可达几十 THz，具备了宽带大容量的特点。

3. 抗电磁干扰、保密效果好

光纤的非金属制造材料决定了它是一种电磁绝缘体，因此高压、雷电、磁爆都不能对它产生影响。其次，光波的频率很高，而各种外界电磁干扰信号的频率相对来说较低，很难对它产生干扰。由于光信号只能沿着光纤传输，一旦逸出很快就会衰减消失，与传统的无线和有线通信系统相比具有极强的保密效果。

4. 体积小、重量轻、便于运输和敷设

一根光纤外径不超过 125μm，经过表面涂覆后尺寸也不大于 1mm。制成光缆后直径一般为十几毫米，比金属制作的电缆线径细、重量轻，在长途运输或敷设的时候空间利率高。在话路数量相同的情况下，光缆仅为电缆重量的 1/20，直径仅为 1/6。所以在舰船制造和航空领域常用光缆作为传输线路。

5. 原材料丰富、节约有色金属、有利于环保

制造光纤的主要原材料石英在地球上储量极为丰富。而制造电缆的铜、铝等有色金属材料的储量却十分有限,而且造价昂贵、污染环境、不利于环保。石英熔点大约在2000℃,因此,光纤具有耐高温、化学稳定性好、抗腐蚀能力强、不怕潮湿、可在有害气体环境下使用的优点。

但是,光纤传输媒介也有它固有的不足:光纤质地脆弱易断,需要增加适当保护层加以保护,保证其能承受一定的敷设张力;光缆敷设时的弯曲半径不宜太小,否则会产生弯曲损耗;切断和连接光纤时需要高精度溶接技术和器具,接续点存在着接续损耗;光信号的分路耦合不是很方便。但这些不足与光纤通信所具有的巨大优势相比是微不足道的,也是完全可以克服的。

4.2 光纤与光缆

为了进一步学习光纤通信系统,首先应对光纤的结构、分类、光的传输机理及相关特性有深入的理解。本节将对上述内容进行介绍。

4.2.1 光纤的结构与分类

1. 光纤的结构

光纤通常是多层同轴圆柱体,自内向外为纤芯、包层、涂敷层。如图4-1a所示。光纤的核心部分是纤芯和包层,称为裸纤。包层外面涂敷一层硅酮树脂或聚氨基甲酸乙酯（30~150μm）,然后增加保护套加以保护。纤芯的主要成分一般是折射率为 n_1 的高纯度石英玻璃材料,包层也是纯石英玻璃材料,但其折射率 n_2 略低于 n_1,与纤芯一起形成光的全反射通道,使光波的传输局限于纤芯内。涂敷层和保护套的作用是保护光纤不受水汽的侵蚀,同时又增加光纤的柔韧性和抗冲击性。

图4-1b是普通光纤的典型尺寸。单模光纤的纤芯直径为 5~10μm,多模光纤的纤芯直径为 50~70μm,包层直径一般为 125μm（一根头发粗细）左右。

图4-1 光纤结构与尺寸

a) 裸纤的结构 b) 光纤的尺寸

2. 光纤的分类

根据光纤制造材料的成分、折射率的分布、传输模式、工作波长以及ITU-T的建议标准可以把光纤做如下分类。

（1）根据制造材料的成分

根据制造材料的成分不同,可分为全石英系列光纤、多组分玻璃光纤、塑料包层石英芯光纤、全塑料光纤等。

全石英系列光纤纤芯与包层都是高纯度的 SiO_2 成分，传输损耗小、中继距离长，应用广泛，但制造成本较高。主要用于长途干线宽带大容量通信传输。

多组分玻璃光纤是一种提纯度不太高的普通玻璃光纤。主要用于非通信领域，具有柔软性好、数值孔径大的特点。集多根多组分玻璃光纤制成的传光束具有传光、传感的功能。

塑料包层石英芯光纤是一种纤芯是高纯度的 SiO_2 成分但包层为塑料或硅树脂的光纤。特性近似全石英系列光纤，制造成本较低，柔韧性较好，可用于短距离高速数据传输，如 IEEE 1394 光纤接口等。

全塑料光纤是用高度透明的聚苯乙烯或聚甲基丙烯酸甲酯（有机玻璃）制成的。制造成本较低廉，相对来说芯径较大，与光源的耦合效率高、耦合功率大、使用方便。但由于损耗较大、带宽较小，只适用于短距离低速率通信，如计算机局域网或舰船内的有线通信等。

（2）根据传输模式

根据传输模式不同，可分为多模光纤和单模光纤。

光波实质上是电磁波，模的概念来源于电磁场理论，不同模式就是不同的电磁场分布。从几何光学的角度来理解光纤的传输模式，可以认为每一根以不同角度入射到光纤中的光射线都有其不同于其他光射线的模式。能够在光纤中传输的光射线，称为可传输模，沿着光纤轴向传输的模称为基模，其他模分别为一次模、二次模、高次模等。

当光纤纤芯的几何尺寸远大于光波波长时，光在光纤中会以几十种甚至几百种模式传输。此时，允许光波以多个特定的角度射入端面作全反射传输，称此种光纤为具有多个模式的多模光纤。多模光纤纤芯为 $50 \sim 70\mu m$，可传多种模式的光波；而单模光纤纤芯直径为 $5 \sim 10\mu m$，仅允许一条光射线以平行于光纤轴线的形式传播。因此，在单模光纤中光波仅以一种模式（基模）进行传播，高次模全部被截止。

多模传输的模间色散较大限制了传输带宽和距离。因此，多模光纤传输的距离一般只有几公里。单模光纤只有一个基模传输，其模间色散很小，适用于远距离、宽带、大容量传输。

（3）根据折射率的分布

根据折射率的分布不同，可分为阶跃型和渐变型光纤。

阶跃型光纤纤芯折射率是 n_1（1.463 ~ 1.467），包层折射率是 n_2（1.45 ~ 1.46）。沿径向 r，纤芯与包层分界处折射率的变化 $n(r)$ 是阶跃跳变的，如图 4-2a 所示。阶跃型光纤有多模和单模之分。其中，阶跃型多模光纤只适用于短途低速通信，已逐渐被淘汰；而阶跃型单模光纤由于模间色散小，所以广为使用。

渐变型光纤纤芯中心位置的折射率最大是 n_1 并沿径向逐渐变小，其变化规律类似于一条抛物线，直到包层的分界处与包层的折射率 n_2 相等，如图 4-2b 所示。这种折射率渐变的光纤能够减少模间色散、提高光纤带宽、增加传输距离，但制造技术难度大、成本较高。渐变型光纤一般是多模的。

（4）根据工作波长

根据工作波长不同，可分为短波长光纤、长波长光纤和超长波长光纤。

短波长光纤与长波长光纤分别是指波长在 $0.8 \sim 0.9\mu m$ 和 $1.0 \sim 1.7\mu m$ 的光纤，而超长波长光纤则是指波长在 $2\mu m$ 以上的光纤。长波长光纤是目前通信主用光纤。

图 4-2 光纤的折射率径向分布图

a）阶跃型光纤折射分布图　b）渐变型光纤折射率分布图

（5）根据 ITU – T 建议标准

对于实用化的通信光纤，ITU – T 有一系列的标准和建议。

1）G.651 渐变多模光纤：工作波长为 $1.31\mu m$ 和 $1.55\mu m$，主要用于计算机局域网或接入网。

2）G.652 标准单模光纤：也称为非色散位移光纤或常规单模光纤。其性能特点是：在 $1.31\mu m$ 处的色散为零，在波长 $1.55\mu m$ 附近衰减系数最小，约为 0.22dB/km，但在 $1.55\mu m$ 附近具有大色散系数，为 $17ps/(nm \cdot km)$。这种光纤工作波长既可选在 $1.31\mu m$ 又可选在 $1.55\mu m$ 波长区域，最佳工作波长在 $1.31\mu m$ 区域，是当前使用较为广泛的光纤。

3）G.653 色散位移单模光纤：这种光纤通过改变结构参数、折射率分布形状，力求加大波导色散，从而将零色散点从 $1.31\mu m$ 位移到 $1.55\mu m$，实现 $1.55\mu m$ 处最低衰减和零色散波长一致的目的。它非常适合于长距离、单信道光纤通信系统。

4）G.654 最佳性能单模光纤：又称为负色散光纤，在 $1.55\mu m$ 处具有极低损耗（约为 0.15dB/km）。

5）G.655 非零色散位移单模光纤：这种光纤综合了标准光纤和色散位移光纤最好的传输特性，特别适合于密集波分复用传输，是新一代光纤通信系统的最佳传输介质。

另外，还有一种全波光纤，这种光纤消除了常规光纤在 $1.385\mu m$ 附近由于 OH^- 造成的损耗峰，使光纤损耗在 $1.31 \sim 1.6\mu m$ 范围内都趋于平坦，光纤可利用的波长增加 $0.1\mu m$ 左右。全波光纤的损耗特性好，但它在色散和非线性方面表现不突出。

表 4-1 对上述内容做出了归纳。

表 4-1　光纤的分类列表

分类方法	具体名称	说　明	用途与特点
按照材料的成分	全石英系列光纤	以 SiO_2 为主要材料	长途大容量通信。损耗小，传输距离长，成本高
	多组分玻璃纤维	多种材料组合成分	短距离光信号传输、容易制造、价格便宜
	塑料包层石英芯光纤	线芯是 SiO_2 材料，包层是硅树脂	易耦合，特性同全石英系列光纤相近但成本较低，短距离高速数据传输，如 IEEE 1394
	全塑料光纤	纤芯和包层均由塑料制成	挠曲性好、易加工、易耦合、成本很低、传输距离很短。多用于家电、音响及短距图像传输

分类方法	具体名称	说　明	用途与特点
按照折射率的分布	阶跃型光纤	纤芯和包层折射率均匀，但包层的折射率低于纤芯，交界处产生跃变	带宽较窄，适于小容量短距离通信
	渐变型光纤	从纤芯到包层的折射率呈抛物线规律逐渐变小	带宽较宽，适于中容量中距离通信
按照传输模式	单模光纤	仅允许与光纤轴平行的光波传输，即只有一个基膜传输	宽带、大容量、长途通信
	多模光纤	光波可以以多个特定的角度射入光纤的端面传播	多为渐变型。渐变型多模光纤主要用于局域网
按照工作波长	短波长光纤	$0.8 \sim 0.9 \mu m$	
	长波长光纤	$1.0 \sim 1.7 \mu m$	
	超长波长光纤	$2.0 \mu m$ 以上	
按照ITU－T建议	G.651 渐变多模光纤	工作波长为 $1.31 \mu m$ 和 $1.55 \mu m$	主要用于计算机局域网或接入网
	G.652 标准单模光纤	是目前应用最广的光纤	当工作波长在 $1.3 \mu m$ 时，光纤色散很小，系统的传输距离只受光纤衰减所限制
	G.653 色散位移单模光纤	在 $1.55 \mu m$ 处实现最低损耗与零色散波长一致	用于超高速率、单信道、长中继距离通信不利于多信道的 WDM 传输，易发生四波混频导致信道间发生串扰
	G.654 最佳性能单模光纤	在 $1.55 \mu m$ 处具有极低损耗（大约 $0.15dB/km$）	
	G.655 非零色散位移单模光纤	这种光纤综合了标准光纤和色散位移光纤最好的传输特性	特别适合于密集波分复用传输，所以非零色散光纤是新一代光纤通信系统的最佳传输介质
	全波光纤	消除了常规光纤在 $1.385 \mu m$ 附近由于 OH^- 造成的损耗峰，使光纤可利用的波长增加 $0.1 \mu m$ 左右	处于推广实用阶段

4.2.2　光纤的导光原理

在光学理论中，当传输媒介的几何尺寸远大于光波波长时，可以把光表示成其传播方向上的一条几何线，称为光射线。用光射线来分析光传播特性的方法，称为射线法。下面我们就通过比较直观的射线法来分析光在光纤中的传输机理。

先来分析一下光在阶跃型光纤中的传输过程。图 4-3 示出了一条光线从折射率为 n_1 的纤芯射入与包层交界面时的情况。从光的射线理论可知，光在均匀介质中传播时的轨迹是一条直线，当遇到两种不同介质交界面时，将发生反射和折射现象。

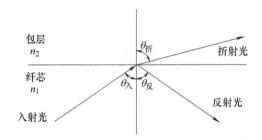

图4-3 光的反射与折射

根据光的反射定律和光的折射定律，下面两式成立：

$$\theta_入 = \theta_反 \tag{4-1}$$

$$\frac{\sin(\theta_入)}{\sin(\theta_折)} = \frac{n_2}{n_1} \tag{4-2}$$

在阶跃型光纤中，n_2/n_1 是一个常数，并且设计成 $n_1 > n_2$，因此通过调整入射角 $\theta_入$ 的大小可以调整折射角 $\theta_折$ 的大小。当调整到 $\theta_折 = 90°$ 时，折射光开始沿纤芯和包层的交界面传输；当 $\theta_折 > 90°$ 时，折射光线不再进入包层，而会反射回到纤芯进行传播，这种现象称为全反射。我们把对应于折射角 $\theta_折 = 90°$ 时的入射角 $\theta_入$ 称为临界角 $\theta_临$。很显然

$$\sin(\theta_临) = n_2/n_1$$

在制作工艺上，适当地调整 n_2 和 n_1 的比值，就可以达到调整临界角 $\theta_临$ 的大小。

发生全反射现象时，由于光线基本上在纤芯内纵向传播，绝大部分光能量被保留在纤芯中，而只有极少部分被折射到包层中去，因此可以大大降低光纤的传输损耗。反过来，不能产生全反射的光很快就会被衰减殆尽，传输距离不会很远。所以，全反射是光纤导光的必要条件。那么，如何才能保证入射到光纤中的光产生全反射呢？

如图4-4所示，为了实现光在光纤中的全反射传输，当使用光源与光纤纤芯横截面进行入射光耦合时，入射光线的角度 θ 不能太大。只有当 θ 小于某个角度时才可以获得全反射传输的条件。我们称这个角度为光纤的数值孔径角 NA = sin (θ)。由于 θ 围绕着纤芯纵向中心轴形成一个立体圆锥，所以又称为光锥。

图4-4 光源耦合进入光纤

NA 是衡量光纤接收光能力的一个参数。假定光源以角度 θ 从折射率为 $n_0 = 1$ 的空气射入折射率为 n_1 的纤芯，并从纤芯直线传播到折射率为 n_2 的包层交界面。按照图4-4有 $\theta_{折1} = \theta_入 = 90° - \theta_1$，应用光的折射定律可得

$$\frac{\sin\theta}{\sin(90 - \theta_1)} = \frac{n_1}{n_0}$$

$$\frac{\sin\theta_\text{入}}{\sin\theta_\text{折2}} = \frac{n_2}{n_1}$$

为使进入包层的光射线产生全反射，令 $\theta_\text{折2} = 90°$，此时入射角等于临界角 $\theta_\text{入} = \theta_\text{临}$，所以 $\sin(\theta_\text{临}) = n_2/n_1$，经代入变换后得

$$\text{NA} = \sin(\theta) = n_1\cos(\theta_\text{临}) = n_1\sqrt{1 - \sin^2(\theta_\text{临})} = n_1\sqrt{1 - (\frac{n_2}{n_1})^2} = n_1\sqrt{2\Delta} \qquad (4\text{-}3)$$

式中，$\Delta = \dfrac{n_1^2 - n_2^2}{2n_1^2} \approx \dfrac{n_1 - n_2}{n_1}$（考虑到 n_1 与 n_2 相差不大）称为相对折射率差。可见，纤芯与包层的折射率差值 $n_1 - n_2$ 越大，Δ 就越大，NA 也就越大。但并非 NA 越大越好，因为 NA 的增大有可能导致光纤的模色散增大。一般光纤的数值孔径角在 0.18 ~ 0.23 之间。不同类型光纤的数值孔径值不同。

下面对渐变光纤的导光原理作简要说明。

按照图 4-2b 所示渐变光纤的折射率分布图，可以假设光纤从纤芯向外是由许多同心轴的均匀层组成，且各层的折射率由轴心向外逐渐变小，这样光在邻层的分界面都会产生折射现象。由于外层总比内层的折射率小一些，所以向外传播时每经过一层分界面，光线就会向轴心方向的稍作弯曲，直到纤芯与包层的交界面产生全反射现象。全反射的光沿轴向向前传播的同时又逐层折射回纤芯，这样就完成了一个巡回周期。所以在渐变型光纤中光线基本上局限在纤芯内进行传播，其轨迹类似于正弦波，如图 4-5 所示。

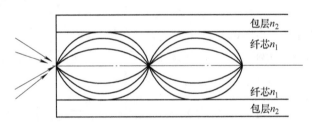

图 4-5　渐变光纤中光线传播轨迹

4.2.3　光纤的传输特性

光纤的传输特性主要包括光纤的传输损耗、色散和非线性效应。

1. 光纤的传输损耗

光波在光纤中传输时有传输损耗，表现为随着传输距离的增加光功率逐渐下降。光纤传输损耗产生的主要原因是吸收和散射，此外，光纤结构不完善也有可能导致损耗。衡量光纤损耗特性的重要参数是光纤损耗系数 $\alpha(\lambda)$（单位：dB/km）

$$\alpha(\lambda) = -\frac{10}{L}\log\left(\frac{P_\text{o}}{P_\text{i}}\right) \qquad (4\text{-}4)$$

式中，λ 是光波波长；L 是光纤长度（km），P_o 与 P_i 分别是光纤输出端和输入端的光功率。$\alpha(\lambda)$ 越小，光纤质量越好，可无中继传输距离越长。目前，在波长 1.31μm 和 1.55μm 处，普通光纤的损耗系数分别在 0.5dB/km 和 0.2dB/km 以下。不同波长以及不同类型的光纤损耗系数不一样。

吸收损耗是指光纤材料和杂质对光能的吸收，使得光以热能的形式消耗于光纤中。由于光纤制造材料的密度和成分不是很均匀，进而使折射率不均匀，当光波通过不均匀媒介时部分光束偏离单一方向而分散传播产生散射损耗。另外，光纤中含有的氧化物浓度不均匀以及掺杂不均匀也会引起散射损耗。光纤弯曲到一定程度后，会使光的传输途径改变，使一部分光线渗透到包层或穿过包层成为辐射模向外泄漏损失掉，从而产生辐射损耗。

光纤产生损耗的机理很复杂，降低损耗主要依赖于制造工艺的提高和相关材料的研究等措施。

2. 光纤的色散

普通可见光称为复合光，复合光含有红、橙、黄、绿、青、蓝、紫等单色光。通过三棱镜分光器可以将它们分解开来。各种颜色的光波长不同，但在折射率近似为 1 的空气中基本上都以相同的速度传播。当复合光进入折射率为 n 的介质后，各单色光的传播速度都会减小，但减小的程度不同。此时，紫色光的传播速度最小而红色光的速度最大，这种现象称为色散。

光源信号作为载波，理想情况下应该是单一频率的单色光，但现实中难以做到纯粹的单色光。光源信号含有不同的波长成分，这些不同波长成分在折射率为 n_1 的介质中传输速度不同，从而导致部分光信号分量产生不同的延迟，这种现象称为光纤的色散。具体表现为当光脉冲沿着光纤传输一定距离后脉冲宽度展宽，严重时前后脉冲相互重叠，难以分辨。光纤的色散不仅影响传输质量，也限制了光纤通信系统的中继距离，它是限制传输速率的主要因素。

有三个参数可以分别从不同的角度来描述光纤色散的程度：

1）色散系数：定义为单位线宽光源在单位长度光纤上所引起的时延差，即

$$D(\lambda) = \frac{\Delta\tau(\lambda)}{\Delta\lambda} \tag{4-5}$$

式中，$D(\lambda)$ 的单位为 ps/（km·nm）；$\Delta\lambda$ 指光源的线宽，即输出激光的波长范围，单位是 nm；$\Delta\tau(\lambda)$ 是单位长度光纤上引起的时延差，单位是 ps/km。$D(\lambda)$ 越小越好。

2）最大时延差 $\Delta\tau$：定义为光纤中传播速度最快和最慢的两种光波频率成分的时延之差，时延差越大说明色散越严重。单位是 ns/km。

3）光纤带宽系数：类似于电缆带宽系数的定义。用相同功率但不同频率的光信号对光纤进行测试，随着频率的增加，当光纤的输出信号功率下降到输入信号功率的一半时，光信号频率的位置就叫做光纤的带宽系数，或称为 3db 带宽。这是一种用光纤的频率响应特性来描述光纤色散的方法。

光纤色散的类型有如下几种：

（1）模式色散

在多模光纤中，因同一波长分量的各种传导模式的相位不同、群速度不同而导致光脉冲展宽的现象，称为模式色散（或模间色散）。模式色散通常占多模光纤色散的主导地位，使多模光纤的带宽变窄，传输容量降低，因此多模光纤仅适用于较小容量、较低速率的光纤通信系统。

对于渐变型多模光纤，由于离轴心较远的折射率小，因而传输速度快；离轴心较近的折射率大，因而传输速度慢。结果使不同路径的模式到达输出端的时延差近似为零，所以渐变

型多模光纤的模式色散要小一些。

（2）材料色散

材料色散是由光纤材料自身的特性造成的。严格来说，光纤的折射率并非一个固定的常数，而是对不同的波长有不同的值。载波光源并非完全纯正的单色光，其中或多或少含有不同的波长成分，不同的波长成分会因群速度的不同而引起色散，称为材料色散。

（3）波导色散

由于光纤的纤芯与包层的折射率差很小（0.01 左右），因此在交界面产生全反射时，就可能有一部分光进入包层之内传输。把有一定波谱宽度的光源发出的光脉冲射入光纤后，由于不同波长的光传输路径不完全相同，所以到达终点的时间也不相同，从而出现脉冲展宽。这种色散是由光纤中的光波导结构引起的，因此称为波导色散。

多模光纤主要考虑模式色散，可以忽略波导色散。单模光纤没有模式色散，所以主要考虑材料色散和波导色散。

图 4-6 示出了单模光纤中材料色散 D_m、波导色散 D_w 及总色散与波长的关系。总色散为材料色散与波导色散叠加的结果。从图中可以看到，光纤结构（芯径）变化对 D_m 不产生影响，但 D_w 变化较大。因而 $D_m + D_w$ 主要受 D_w 影响。在某个特定波长下，材料色散和波导色散相抵消，总色散为零（A、B 两点）。

图 4-6　单模光纤中的色散系数与波长的关系

对普通单模光纤来说，在波长 1.55μm 处，达到损耗系数 0.22dB/km 的最低值，但该处总色散较大。总色散为零的波长位于 1.31μm 处。为此，可以通过调整结构参数 $2a$ 以及折射率分布形状来调整波导色散 D_w，使得零色散波长由 1.31μm 移到 1.55μm（图中 B 点），这就是所谓的色散位移光纤 G.653。这种光纤在 1.55μm 处既达到了损耗系数最低，又达到了色散为零的效果，对长距离、大容量光纤通信系统十分有利。

3. 非线性效应

随着光纤中光功率的增大、信道数的增多，光纤非线性效应成为影响系统的主要因素。非线性效应使得波分复用信道间产生串话和功率代价，限制了光纤通信的传输容量和最大传输距离，影响系统的设计参数。光纤中的非线性效应分为两类：非弹性过程和弹性过程。由受激散射引起的非弹性过程主要有受激布里渊散射和受激拉曼散射等。由非线性折射率引起的弹性过程主要有自相位调制、交叉相位调制和四波混频等。

4.2.4 光缆

在实际应用中为了使光纤在外界不同条件和环境下中仍能正常工作，必须在制造工艺上采取措施，生产出具有抗拉、抗冲击、抗弯扭的光缆。图4-7展示了几种光缆结构，有室内光缆、直埋光缆、无金属光缆和深海光缆。

图4-7　几种光缆的结构
a) 室内单芯软光缆　b) 多芯地下直埋光缆
c) 中心强度结构无金属光缆　d) 深海专用光缆

光缆通常由缆芯、加强元件和护层三部分组成。缆芯可以由单根或多根光纤芯线组成，有紧套和松套两种结构。紧套光纤通常是一根纤芯被塑料紧紧地包埋在中心，制造工艺较为简单，也较成熟；松套光纤通常是一根或多根纤芯松散地用一层塑料护套包住，纤芯之间有较大的活动余地，可以减小光纤所受到的硬外力和微弯损耗。加强元件用于增强光缆敷设时承受的负荷，一般是金属丝或非金属纤维。护层具有阻燃、防潮、耐压、耐腐蚀等特性，对光纤芯线起到保护作用。根据敷设条件，护层可由铝带/聚乙烯综合纵包带粘接外护层（LAP）、钢带（或钢丝）铠装和聚乙烯护层等组成。

根据不同的分类方法，表4-2对光缆做出了分类。各种光缆具体适用环境的详细参数可以从其生产厂家所提供的手册中获得。

表4-2　光缆的分类

分 类 方 法	光 缆 种 类
按用途	长途光缆、短途中继光缆、室内光缆、混合光缆
按敷设方式	直埋光缆、管道光缆、架空光缆、水底光缆
按传输模式	单模光缆、多模光缆（阶跃型、渐变型）

分 类 方 法	光 缆 种 类
按结构	层绞式、骨架式、大束管式、带式、单元式
按外护套结构	无铠装、钢带铠装、钢丝铠装
按光缆中有无金属	有金属光缆、无金属光缆
按维护方式	充油光缆、充气光缆

4.3 光纤通信系统

光纤通信系统是以光为载波，以光导纤维为传输媒介来传输消息的通信系统。光纤通信系统主要由电端机、光端机、光中继器和光缆组成。图4-8 示出了光纤通信系统的组成框图。

图4-8 光纤通信系统组成框图

在发送端，电发送端机把信源消息转换成电数字信号，光发送端机使用该电数字信号来调制光源，产生光脉冲信号并直接送入光缆传输，到达远端的光接收端机后，用光检测器把光脉冲信号还原成电数字信号，再由电接收端机恢复成原始消息，送达信宿。中继器起到放大信号、增加传输距离的作用。

各部分的功能描述如下。

1. 电发送端机

如果信源是数字信号，电发送端机即成为信源；如果信源是模拟信号，电发送端机将其转换为电数字信号。

2. 光发送端机

光发送端机主要由光源、驱动电路和控制电路组成。电发送端机给出的电数字脉冲信号经过线路编码形成适合于光纤传输的码型（通常是5B6B码）。驱动电路用该码型对光源发出的光波进行调制，并将调制后的光信号耦合到光纤纤芯上去传输，完成电/光转换。控制电路通过反馈调节系统调节光功率强度和温度变化的影响。

光源的调制有直接调制或外调制两种方式。直接调制又称为光强度调制—直接检测方式，简称强—直方式，是目前使用较多的一种调制方式。它利用电信号调制光波的幅度，驱动电路输出0、1脉冲信号直接控制光源的发光强度。1脉冲信号对应发强光；0脉冲信号对应发弱光或不发光，适用于光源是较为低速的半导体发光二极管（LED）的情况，如图4-9a所示。外调制又称为外腔调制或相干光调制，它把激光器的激光送入外腔调制器，然后用电数字信号控制调制器，适用于高速激光器（LD）调制，如图4-9b所示。外调制可选择调制光波的频率或相位。

图4-9　数字光发送机框图
a）直接调制　b）外腔调制

图4-10a示出了一种直接调制的共发射极驱动电路。随着 U_i 输入数字信号0、1的变化，三极管导通（"1"）或截止（"0"）对应着集电极支路有无电路流过，导致 LED 表现为发光或不发光，从而实现调制。图4-10b示出了 LED 数字直接调制效果图，图中表现了输出光脉冲信号随输入电脉冲信号变化的调制过程。

对光源的要求应满足4.1.1节所述相关内容。

图4-10　数字直接调制驱动电路和调制效果图
a）共发射极驱动电路　b）电脉冲信号直接调制效果图

3. 中继器

中继器起到放大信号功率、延长通信距离的作用。早期中继器多数采用把光信号转换为电信号，经放大、均衡、再生判决后恢复原始电信号，再转换成光信号发送出去的光—电—光中继方式。但是随着技术的进步，直接对光信号进行放大的光放大器已经获得越来越广泛的应用。例如，掺铒光纤放大器（Erbium – Doped Fiber Amplifier，EDFA）可以放大 $1.55\mu m$ 波长附近的光信号，适用于长途越洋光通信系统。

4. 光接收端机

光接收端机主要由光检测器、前置放大器、主放大器、均衡器、时钟提取电路、取样判决器以及自动增益控制（AGC）电路组成。其功能是将光纤传输过来的微弱光信号，经光检测器转变为电信号，然后再经放大电路放大到足够的电平，送到电接收端机。图4-11是强—直方式光接收端机框图。

光检测器是光接收机实现光/电转换的关键器件，对光检测器的要求类似于对光源的要求。此外，还要求其响应度高，即在一定的接收光功率下能产生最大的光电流；噪声要尽可

图 4-11　强—直方式光接收端机框图

能低，以便能接收极微弱的光信号。适合于光纤通信系统的光检测器有光敏二极管 PIN 和雪崩光敏二极管 APD 等。

放大器应是低噪声多级放大，以使接收机获得较高的灵敏度，并提供足够的增益。

自动增益控制电路（AGC）允许输入光信号在一定范围内变化时，输出电信号保持稳定。

均衡器对经光纤传输、光/电转换并经放大后已产生畸变的电信号进行补偿，使输出信号的波形适合于判决，以消除码间干扰，减小误码率。

再生电路包括判决电路和时钟提取电路，用以恢复原始电数字信号。

5. 电接收端机

电接收端机接收判决器输出的再生码元数据流，并还原为信宿可接收的形式。

4.4　光纤通信新技术

光纤通信是通信领域迅速发展的一个重要分支。对光纤通信而言，超大容量、超长距离、超高速传输，一直是人们所追求和奋斗的目标。光纤通信新技术的发展都是围绕着这些目标的实现来进行的。通过拓展光纤可用"窗口"的波长范围可以提高光纤带宽；通过降低损耗系数 $\alpha(\lambda)$ 可以增加光纤中继距离；采用光波分复用（WDM）或光时分复用（OT-DM）技术可以增大系统容量；相干光通信和光孤子通信也一直是新技术发展的热点。

本节将对其中的一些新技术进行概要介绍。

4.4.1　光波分复用与光时分复用

1. 光波分复用

光波分复用（Wavelength Division Multiplexing，WDM）是扩大光纤通信系统传输容量的一种技术手段。与频分复用（FDM）的概念相同，光波分复用是利用不同波长的光信号作为载波来传输多路光信号。如图4-12所示，在同一根光纤中同时耦合传输 n 路不同波长的光载波信号，称为光波分复用。其中每路光载波信号携带一路调制后的光脉冲信号。光波分复用把波长合成器和波长分割器（简称合波器/分波器）分别置于光纤两端，在发送端由合波器将不同波长的光载波合并起来耦合进入一根光纤进行传输；在接收端，再由分波器将这些承载不同信号的光载波分开，实现不同波长光波的耦合与分离。

根据波分复用时波长间隔的大小可以将波分复用系统分为三种类型。

1）密集波分复用（Dense WDM，DWDM）。由于目前一些光器件与技术还不是十分完

图 4-12　光波分复用示意图

善，因此要实现光信道十分密集的光波分复用还较为困难。通常把在同一光纤损耗窗口中信道间隔较小的波分复用称为密集波分复用。在 $1.55\mu m$ 的波长区间内，复用 8 个、16 个或更多波长，波长间隔 $1 \sim 10nm$。

2）稀疏波分复用（Coarse WDM，CWDM）。波长间隔为 $10 \sim 100nm$ 的波分复用。

3）光频分复用（Optical Frequency Division Multiplexing，OFDM）。波长间隔小于 $1nm$ 的波分复用，称为光的频分复用。受器件和技术限制目前尚未实用化。

光波分复用技术始于 20 世纪 90 年代初，目前多数干线光通信传输系统已经采用了这项技术，使得原有光纤通信系统的容量获得几十倍的提高。光波分复用有以下主要特点：

1）可以充分利用光纤的巨大带宽资源，使一根光纤的传输容量比单波长传输容量增加几倍甚至几十倍，尤其在扩大长途传输容量时不必再次投资铺设光缆，可以节约大量资金。WDM 技术可以充分利用单模光纤的巨大带宽（约 25THz）。

2）由于同一光纤中传输的信号波长彼此独立，因此可以传输特性完全不同的信号，完成各种电信业务信号的综合和分离。

3）波分复用通道对数据格式是透明的，即与信号速率及电调制方式无关，在网络扩充和发展中，是理想的扩容手段，也是引入宽带新业务的方便手段。

2. 光时分复用

提高传输容量的另一种途径是采用光时分复用（Optical Time Division Multiplexing，OTDM）。类似于电脉冲信号的时分复用，光时分复用是把低速的光脉冲信号复合在一起，形成超高速光脉冲信号的一种技术。实现 OTDM 的基本技术主要包括超短光脉冲（10ps 以下）发生技术、全光时分复用/去复用技术、超高速光定时提取技术等。

之所以开发光时分复用技术，是因为随着通信速率的提高，电信号的时分复用性能受到电子电路速率等因素的限制，一般在 20Gbit/s 量级上，难以再提高。而光时分复用的引入可以使设备中的电子电路只工作在相对较低的速率上，避开电子器件对提高速率的限制。

在超高速光通信系统中，光时分复用是一种十分有效的方式，而且速率越高，效果越显著。目前 OTDM 技术仍在进一步开发中，把多个 OTDM 信号进行波分复用，形成超大容量的 WDM/OTDM 通信系统已成为未来高速、大容量光纤通信系统的一种发展趋势。两者的适当结合可以实现 Tbit/s 以上的传输速率。

4.4.2　相干光通信

光纤通信系统多数是采用光强度调制—直接检测的强—直调制方式，又称为常规光纤通信系统。这类系统原理简单，成本低，但不能充分发挥光纤通信的优势，存在频带利用率低、接收机灵敏度差、中继距离短等缺点。

相干光通信系统是解决上述问题的一种可行方法。相干光通信系统要求接收端有一个与

发送端同频同相的本振光源，其基本组成框图如图 4-13 所示。发送端光源的光载波经数字信号调制后耦合进入光纤传输到达接收端。接收的光信号进入光混频器，与由本振光源产生的一个同频同相光信号进行混频，得到两个光信号频率的差值 $|f_s - f_L|$，即中频信号。差值可能为 0，也可能是某个固定频率，该差值被送入光电检测器转换为电信号，再经过中频放大、滤波得到中频电信号。中频电信号经过解调后，还原为光发送端的数字信号。相干光通信要求本振光源的频率和相位与发送光源严格匹配，否则会产生中频误差，导致判断出错。

图 4-13　相干光通信系统

相干光通信的主要优点如下。

（1）灵敏度高，中继距离长

相干光通信采用相干检测，能改善接收机的灵敏度。在相同的条件下，相干接收机比普通接收机的灵敏度提高约 20dB，大大增加了光信号的无中继传输距离。

（2）选择性好，通信容量大

相干光通信可以提高接收机的选择性。在强—直光通信系统中，接收机的波段范围较大，掺杂了不少噪声，因此探测器前通常需要放置窄带滤光片，但接收波段相对仍然很宽。在相干光外差检测中，检测的是混频光，因此仅有在中频频带内的噪声才可以进入系统，而其他噪声均被带宽较窄的中频放大器滤除。

（3）便于实现密集波分复用

由于相干检测优异的波长选择性，相干接收机可以使频分复用系统的频率间隔缩小，即容易达到密集波分复用，从而取代传统的稀疏波分复用，具有以频分复用实现更高传输速率的潜在优势。

（4）支持多种调制方式

在相干光通信中，除了可以对光进行幅度调制外，还可以使用 PSK、DPSK、QAM 等多种调制格式，利于灵活的工程应用。

相干光通信目前尚未进入实用阶段，主要原因是本振光源的频率稳定性要求很高，谱线宽度很难达到技术要求，调制技术和光波偏振匹配技术也需要进一步改进。

4.4.3　光孤子通信

光孤子是一种特殊的、短至皮秒（ps）数量级的超短光脉冲。光孤子通信就是利用光孤子作为载体实现长距离、无畸变的通信。理论上，在零误码的情况下传输距离可达几千公里，具有高容量、长距离、误码率低、抗噪声能力强等优点。

早在 1834 年，就有人观察到孤立波现象：在一条平静的窄河道内，快速向前拉动一条船。当船突然停下时，船头会形成一个孤立的水波继续以某个恒定的速度前行，波的形状不变，前行约 2 ~ 3km 消失。人们称此为孤立波或孤子。此后不少人曾对这种现象进行过深入研究，先后发现了声波、无线电波和光波等都存在孤立波现象，于是就有了声孤子、电孤子和光孤子等名称。从物理学的观点来看，孤子是物质非线性效应的一种特殊产物。从数学上看，它是某些非线性偏微分方程的一类稳定的、能量有限的非弥散解。

在光纤通信系统中，光孤子是一种能在光纤中传输，并且长时间保持形态、幅度和速度不变的光脉冲。因为它很窄，所以可使邻近光脉冲间隔很小而不至于发生重叠干扰，从而实现超长距离、超大容量光通信。

要理解光纤中光孤子的产生原理，首先需要了解反常色散区和光纤折射率的非线性特性等概念。我们知道，色散是传输媒介折射率 n 随光波长 λ 变化的一种现象，图 4-14 是石英折射率随光波波长变化的曲线。在正常线性色散区 P、Q、R 区段，折射率随波长下降，正常色散使光脉冲在传输中出现逐渐展宽现象。但在反常色散区（吸收带附近），光纤的折射率明显偏离正常线性色散规律，出现折射率随波长增加而增加的现象。这种非线性（自相位调制）效应导致光脉冲的压缩现象。当两种现象作用达到平衡时，光脉冲就会像一个一个孤立的粒子那样形成光孤子，在一定条件下（光纤的反常色散区及脉冲光功率密度足够大时），光孤子能够长距离不变形地在光纤中传输，从而实现超长距离、超大容量的通信。

图 4-14 石英折射率随波长变化曲线

近年来，光孤子通信取得了突破性进展。美国贝尔实验室已经利用光纤环成功地实现了 5Gbit/s、15000km 的单信道孤子通信系统，以及 10Gbit/s、11000km 的双信道波分复用孤子通信系统。我国光孤子通信技术的研究也有一定的成果，国家"863"项目成功地进行了 OTDM 光孤子通信关键技术的研究，实现了 20Gbit/s、105km 的传输。近年来，时域上的亮孤子、正色散区的暗孤子、空域上展开的三维光孤子等备受国内外研究人员的重视。

光孤子通信的未来发展前景是：在传输速率方面采用超长距离的高速通信，时域和频域的超短脉冲控制，以及超短脉冲的产生和应用，使现行速率 10 ~ 20Gbit/s 提高到 100Gbit/s 以上；使传输距离提高到 100000km 以上。光孤子通信在超长距离、高速、大容量的全光通信中，尤其在海底光通信系统中可能会有不错的发展前景。

4.4.4 光交换技术

随着光纤通信系统逐步向全光网发展的趋势，网络的优化、路由、保护和自愈功能在光通信领域中越来越重要。光交换技术是实现全光网通信必不可少的核心技术。采用光交换技术不但可以克服电子交换的容量瓶颈问题，实现网络的高速率和协议透明性，而且可以提高网络的重构灵活性和生存性，大量节省建网和网络升级成本。

光交换是指不经过任何光/电转换，把输入端光信号直接交换到不同输出端。图 4-15 示出了光交换系统的组成框图，主要包括输入模块、光交换矩阵、输出模块和控制单元四部分。

图 4-15　光交换系统的组成框图

由于光交换不涉及电信号，所以不会受到电子器件处理速度的制约，可以实现与高速光纤传输网相匹配的目的。光交换还可以根据波长来对信号进行路由选择，与通信采用的协议、数据格式和传输速率无关，从而实现透明的数据传输。此外，光交换可以保证网络的稳定性，提供灵活的信息路由手段。

与电路交换中的具有通断功能的接线器相类比，光开关是完成光交换的最基本的功能器件。把一系列光开关组成一个阵列，构成一个多级互联的受控网络，就可以完成光信号的交换。目前，光开关器件主要有耦合波导开关、波长转换器等，如图 4-16 所示。前者可以把输入/输出的光路接通或断开，后者可以把波长 λ 转换为波长 λ'。

图 4-16　光开关器件
a）耦合波导开关　b）波长转换器

光交换技术可分成光路交换技术（OCS）和光分组交换技术（OPS）两种类型。光路交换又可分成空分、时分和波分/频分交换，以及由这些交换形式组合而成的结合型。光分组交换类似于电的分组交换。通过包头携带源和目的信息在各个光的传输节点存储转发信息。

1. 光路交换

光路交换类似于现有电路交换技术，采用光开关等光器件设置光通路，中间节点不需要使用光缓存，目前对 OCS 的研究已经较为成熟。

空分光交换的基本原理就是利用光开关组成开关矩阵，通过对开关矩阵进行控制，建立任一输入光纤到任一输出光纤之间的物理通路连接，如图 4-17a 所示。

时分光交换是在时间轴上将复用的光信号的时间位置 t_1 转换成另一个时间位置 t_2，如图 4-17b 所示。

波分光交换根据光信号的波长来进行通路选择。它通过改变输入光信号的波长，把某个

图 4-17 空分、时分和波分光交换

a）空分光交换 b）时分光交换 c）波分光交换

波长的光信号变换成另一个波长的光信号输出，如图 4-17c 所示。

2. 光分组交换

光路交换在光子层面的最小交换单元是整条波长通道上数 Gbit/s 流量的交换，很难按照用户的需求灵活地进行带宽的动态分配和资源的统计复用。光分组交换系统则根据对控制包头处理及交换粒度的不同，可以分为一般光分组交换（OPS）、光突发交换（OBS）和光标记分组交换（OMPLS）等。

目前光的电路交换技术的发展已较为成熟，进入实用化阶段。光分组交换作为更加高速、高效、高度灵活的交换技术，能够支持各种业务数据格式，包括数据、语音、图表、视频数据和高保真音频数据的交换。自 20 世纪 70 年代以来，分组交换网经历了从 X.25 网、帧中继网、信元中继网、ISDN 到 ATM 网的不断演进，到现在的 OPS 网成为被广泛关注和研究的热点。超大带宽的 OPS 技术易于实现 10Gbit/s 速率以上的操作，且对数据格式与速率完全透明，更能适应当今快速变化的网络环境。

光交换技术的发展将会对未来全光通信网起到决定性的作用。

4.4.5　全光通信网

全光通信网简称全光网，是指信号在网络传输和交换的过程中始终以光的形式出现的一种通信网。全光网的需求源自于当代通信网中出现的"电光瓶颈"现象。在以光信号传输为基础的现有通信网中，网络的各个节点要完成光 – 电 – 光的转换，仍以电信号处理信息的速度进行交换，而其中的电子器件在适应高速、大容量的需求上，存在着诸如速率和带宽限制、时钟偏移、高功耗等缺陷。为了解决这些问题，人们提出了基于波分复用的全光网概念。

全光网络具有良好的透明性、开放性、兼容性、可靠性和可扩展性，并能提供巨大的带宽、超大的容量、极高的处理速度、较低的误码率，且网络结构简单、组网非常灵活，可以随时增加新节点而不必安装信号的交换和处理设备。全光网的主要优点详解如下。

（1）传输速率高

全光网中光信号的流动不再有光电转换的障碍，克服了"电光瓶颈"，同时可节省大量电子器件。

（2）提供多种协议业务

全光网采用波分复用技术，以波长选择路由，可方便地提供多种协议业务。

（3）组网灵活性高

全光网在任何节点可以抽出或加入某个波长，因此组网灵活性高。

（4）可靠性高

由于沿途没有变换和存储过程，全光网中许多光器件都是无源的，因此可靠性高。

全光网中的关键技术主要有光交换、光放大和光分插复用等。特别是光纤放大器是建立全光通信网的核心技术之一。

目前，光纤通信虽然已成为一种最主要的宽带大容量信息传输技术，但全光网络的发展仍处于初期阶段。从发展上看，形成一个真正的、以密集波分复用技术与光交换技术为主的光网络层，建立纯粹的全光网络，消除电光瓶颈，已成为未来光通信发展的必然趋势。

4.5 习题

1. 什么是光纤通信？它有哪些特点？
2. 光纤的结构是怎样的？
3. 从不同的角度来看，光纤有哪些分类？
4. 简述阶跃型光纤中光的传输原理。
5. 光纤有哪些传输特性？
6. 导致光纤损耗的原因有哪些？
7. 简述光纤通信系统的工作过程。
8. 什么是光波分复用技术？
9. 什么是相干光通信？
10. 什么是光孤子通信？
11. 全光通信系统有哪些特点？关键技术是什么？

第 5 章　数字微波通信系统

摘要：

微波通信是指利用微波无线频率作为载波，进行中继接力传输的一种通信方式。微波通信具有频带宽、传输容量大、天线增益高、方向性强、投资少、建设快、通信灵活性大等特点。微波具有似光性，电波在自由空间进行的是直线视距传播。

一条数字微波中继通信线路的主干线可长达几千千米。除了线路两端的终端站外，中间还有大量的中继站、分路站，可设若干条支线线路。数字微波中继站的中继方式可以分为基带中继（再生转接）、外差中继（中频转接）和直接中继（射频转接）等。一条微波线路有多个波道，因此频率的选择和分配比较复杂。

收、发信机是数字微波通信系统的重要组成部分，是用来接收、发射或转发微波信号的设备。目前，中大容量的数字微波通信系统采用的发信机是变频式发信机，其数字基带信号的调制是在中频上实现的，可以得到较好的调制特性和设备兼容性。衡量发信机性能的主要指标有工作频段、输出功率和频率稳定度等。数字微波收信机一般采用超外差接收方式，衡量收信机性能的主要指标有工作频段、收信本振的频率稳定度、噪声系数、通频带、选择性、收信机的最大增益和自动增益控制范围。

天馈线系统由馈线、双工器和天线组成，微波通信系统常用的天线基本形式有抛物面天线、喇叭抛物面天线和潜望镜式天线等。

5.1　数字微波通信概述

ITU 对无线电波各应用频段都做出了划分，其中，微波是指波长在 1nm ~ 1m（300MHz ~ 300GHz）的电磁波，是一种在可见距离内沿地面进行传播的视距波。微波通信则是以微波频段的频率作为载波，通过中继接力传输方式实现的一种通信，主要解决城市、地区之间宽带大容量的信息传输。

5.1.1　微波通信发展简史

19 世纪 30 年代中期出现了工作在 VHF 频段的第一个商用模拟无线通信系统，该系统采用调幅技术传输 12 路模拟语音信号。

二战期间，由于军事需求出现了 UHF 频段的军用无线中继通信系统，为了降低对功放的线性性能要求，系统采用调频（FM）方式和脉位调相（PPM）技术。但限于该时期无线中继通信系统的频段低、带宽窄，系统的容量和规模还很小。

1951 年，美国纽约到旧金山之间成功开通了商用微波通信线路，该线路途经 100 多个接力站，工作在 4GHz 频段，带宽为 20MHz，能承载 480 路的模拟语音，初步实现了远距离、中容量通信。在随后的二三十年间，半导体器件逐步取代了电子管，工作在 2 ~ 12GHz

频段，基于 FM 技术的中、大容量模拟微波通信系统迅速发展，形成了覆盖全球地面长途通信容量约 1/2 的规模。

我国从"七五"期间开始引入微波通信系统建设长途通信线路，由于当时光纤通信技术、卫星通信技术尚未成熟，长途通信传输主要靠微波接力通信来完成。

随着长途微波通信干线的建设，频率资源越来越紧张，促进了对高频带利用率的微波通信系统的研究，如采用单边带技术。20 世纪 60 年代，PCM 技术和时分复用技术的出现促进了数字交换技术的发展，促进了数字微波通信的研究。20 世纪 70 年代末出现了采用简单 QPSK、8PSK 等的商用数字微波通信系统，这个时期，虽然数字微波通信系统比模拟微波通信系统的频带利用率低，但由于数字再生技术能消除中继通信中的噪声积累，因此数字微波通信系统还是得到了很好的发展。

20 世纪 80 年代，随着数字信号处理技术和大规模集成电路的发展，更高频带利用率的调制技术（如 16QAM、64QAM、256QAM）使得数字微波通信系统的传输效率大大提高，系统容量达到 90 ~ 400Mbit/s，微波通信系统得到迅速发展。

20 世纪 90 年代出现了容量更大的数字微波通信系统，如 512QAM、1024QAM 等，并且出现了基于 SDH 的数字微波通信系统。除了传统的传输领域外，数字微波通信技术在固定宽带接入领域也越来越引起人们的重视。工作在 28GHz 频段的本地多点分配业务（LMDS）已开始大量应用，预示着数字微波通信技术仍然有良好的市场前景。

5.1.2 微波通信的特点

1. 频带宽，传输容量大

微波频段大约有 300GHz 的带宽，是全部长、中、短波频带总和的 10000 多倍。

2. 适于传送宽频带信号

与短波、甚短波通信设备相比，在相同的相对通频带（即绝对通频带与载频的比值）条件下，载频越高，绝对通频带越宽。例如，相对通频带为 1%，当载频为 4MHz 时绝对通频带为 40kHz；当载频为 4GHz 时，绝对通频带为 40MHz。因此，一套短波通信设备一般只能容纳几条话路同时工作，而一套微波通信设备则可以容纳上千条甚至上万条话路同时工作，或用于传送电视、图像等宽频带信号。

3. 天线增益高，方向性强

由于微波的波长短，因此很容易制成高增益的天线，天线增益可达几十分贝。另外，在微波频段的电磁波具有近似光波的特性，因而可以利用微波天线把电磁波聚集成很窄的波束，制成方向性很强的高增益天线，减少通信中的相互干扰。

4. 外界干扰小，通信线路稳定可靠

天电干扰、工业噪声干扰和太阳黑子的变化对短波及频率较低的无线电波段影响较大，而微波频段频率较高，不易受上述外界干扰的影响，因此通信的稳定性和可靠性得到了保证。

5. 投资少，建设快，通信灵活性大

在通信容量和通信质量基本相同的条件下，微波线路的建设费用只有同轴电缆线路的 1/3 ~ 1/2，可以节省大量有色金属，而且建设微波线路所需的时间也比有线电缆线路短。由于微波通信不需要架设明线或电缆，因此它在跨越沼泽、江河、湖泊、高山等复杂地理环境

方面以及抵抗水灾、台风、地震等自然灾害时具有较大的灵活性。

6. 中继通信方式

在微波频段，电磁波的传播是直线视距的传播方式。考虑到地球表面的弯曲，通信距离一般只有几十公里，要进行远距离通信，必须采用中继通信方式，即每隔50km左右设置一个中继站，将前站的信号接收下来，经过放大后再传给下一站。因此微波通信系统多采用接力中继通信方式。

5.1.3 微波通信系统的分类

根据所传基带信号的不同，微波通信系统可以分为以下两大类：

1. 模拟微波通信系统

模拟微波通信系统采用频分复用（FDM）方式来实现多个话路信号的同时传输，合成的多路信号再对中频进行调频（FM），因此，最典型的模拟微波通信系统的制式为FDM - FM。模拟微波通信系统主要传输电话信号与电视信号，它较广泛地应用于除电信部分以外的石油、电力、铁道等部门，主要用来建立专线，传送本部门内部的遥控、遥测信号和各种业务信号。

2. 数字微波通信系统

在数字微波通信系统中，模拟的语音或视频信号首先被数字化，然后采用数字调制的方式，通过微波载波进行传输。为了扩大传输容量和提高传输效率，数字微波通信系统通常要将若干个低次群低速数字信号以时分复用（TDM）的方式合成为一路高速数字信号，然后再通过宽带信道传输。

本章将重点围绕数字微波通信系统进行介绍。

5.1.4 微波通信的应用

1. 作为干线光纤传输的备份和补充

如点对点的SDH微波、PDH微波等，主要用于干线光纤传输系统在遇到自然灾害时的紧急修复，以及由于种种原因不适合使用光纤的地段和场合。

2. 边远地区和专用通信网中为用户提供基本业务

在农村、海岛等边远地区和专用通信网等场合，可以使用微波点对点、点对多点系统为用户提供基本业务，微波频段的无线用户环路也属于这一类。

3. 市内的短距离支线连接

微波通信也广泛应用于移动通信基站之间、基站控制器与基站间的互连、LAN之间的无线联网等环境，既可使用中小容量点对点微波，也可使用无需申请频率的数字微波扩频系统。例如，基于IEEE 802.11系统标准的无线局域网工作在微波频段，其中，802.11b工作于2.4GHz、802.11a/g工作于5.8GHz。

4. 无线宽带业务接入

无线宽带业务接入以无线传播手段来替代接入网的局部甚至全部，从而达到降低成本、改善系统灵活性和扩展传输距离的目的。

多点分配业务（MDS）是一种固定无线接入技术，包括运营商设置的主站和位于用户处的子站，可以提供数十兆赫甚至数吉赫的带宽，该带宽由所有用户共享。MDS主要为个人用户、宽带小区和办公楼等设施提供无线宽带接入，其优点是建网迅速，缺点是资源分配不够灵活。

MDS 包括两类业务：一类是多信道多点分配业务（MMDS），其特点是覆盖范围大；另一类是本地多点分配业务（LMDS），其特点是覆盖范围小，但提供带宽更为充足。MMDS 和 LMDS 的实现技术类似，都是通过无线调制和复用技术来实现宽带业务的点对多点接入；二者的区别在于工作频段不同，以及由此带来的可承载带宽和无线传输特性不同。

5.2 微波的视距传播特性

5.2.1 天线高度与传播距离

微波在自由空间是直线视距传播的，图 5-1 给出了视距与天线高度的关系。地球表面在理想情况下可以看做是一个球面，若在 A、B 两地的天线之间没有任何障碍物，则天线架得越高，A、B 两点的可视距离就越远，即两点间的可通信距离就越远。一旦确定了天线高度 h，则最大视距传播距离 d' 也就确定了。

图 5-1 视距与天线高度的关系

根据图 5-1 中的几何关系可以求出两点之间的最大通信距离 d，由于地球半径和天线高度相比要大得多，因此可认为最大通信距离 d 就等于最大视距传播距离 d'。图中发射和接收天线的高度分别为 h_1 和 h_2，它们之间的直视路径与地球表面的最小距离为 h_c，称为余隙。由图 5-1 可知

$$d = d_1 + d_2$$

式中，$d_1 = R\theta_1$，$R \approx 6378 \text{km}$ 为地球半径，θ_1 为弧长 d_1 所对应的地心角，可表示为

$$\theta_1 = \arctan\left[\frac{\sqrt{(R + h_1)^2 - (R + h_c)^2}}{R}\right]$$

由于 $R \gg h_1$，$R \gg h_c$，故有

$$\theta_1 = \arctan\left[\sqrt{\frac{2(h_1 - h_c)}{R}}\right] \approx \sqrt{\frac{2(h_1 - h_c)}{R}}$$

则

$$d_1 = R\theta_1 = \sqrt{2R(h_1 - h_c)}$$

同理

$$d_2 = R\theta_2 = \sqrt{2R(h_2 - h_c)}$$

因此最大通信距离为

$$d = d_1 + d_2 = \sqrt{2R}(\sqrt{h_1 - h_c} + \sqrt{h_2 - h_c}) \tag{5-1}$$

5.2.2 自由空间传播损耗

即使电磁波在自由空间传播时不产生反射、折射、吸收和散射等现象，但电波的能量还是会随着传播距离的增加而逐渐衰耗。假设天线是各向同性的点辐射源，当电波由天线发出后便向周围空间均匀扩散传播，到达接收地点的能量仅是总能量中的一小部分，而且距离越远，这部分能量就越小。这种电波扩散损耗就称为自由空间传播损耗。

在半径为 d 的球面上（面积为 $4\pi d^2$）的功率（电通量）密度为

$$F = \frac{P_t}{4\pi d^2}$$

式中，P_t 为辐射源发出的总辐射功率。F 可以理解为在与辐射源相距 d 的位置单位面积所接收的功率，将 $P_t/F = 4\pi d^2$ 称为传播（或扩散）因子。这里参数 d 表示辐射源与接收天线之间的直线距离，不是图 5-1 中沿地球表面的通信距离。但是，由于 d 远小于地球半径，因此可以近似地认为直线距离就是通信距离。

实际微波通信中采用的天线均是有方向性的，也就是说有天线增益的问题。对于发射天线而言，天线增益 G_t 表示天线在最大辐射方向上单位立体角的发射功率与无方向天线单位立体角的发射功率的比值。此时，与发射源相距 d 的单位面积所接收的功率为

$$P_r' = \frac{P_t G_t}{4\pi d^2}$$

对于接收天线而言，天线增益 G_r 表示天线接收特定方向电波功率的能力。根据天线理论，天线的有效面积为

$$A = \frac{\lambda^2}{4\pi}$$

若接收机与发射机的距离为 d，接收天线的有效面积为 A，发射天线的增益为 G_t，接收天线的增益为 G_r，则接收到的信号载波功率为

$$P_r = P_r' G_r A = \frac{P_t G_t}{4\pi d^2} G_r \frac{\lambda^2}{4\pi} = \frac{\lambda^2}{(4\pi d)^2} G_t G_r P_t \tag{5-2}$$

若不考虑发射天线增益 G_t 和接收天线增益 G_r（即假设 G_t 和 G_r 均为 1），电波的自由空间损耗定义为发射功率与接收功率之比，记作 L_f，即

$$L_f = \frac{P_t}{P_r} = \frac{(4\pi d)^2}{\lambda^2} = \left(\frac{4\pi}{c}\right)^2 d^2 f^2 \tag{5-3}$$

式中，c 为电波传播速度，近似等于光速；f 为电波频率。

通常用分贝表示自由空间传播损耗，即

$$L_f = 92.44 + 20\lg d + 20\lg f \tag{5-4}$$

式中，L_f 的单位为 dB；d 的单位为 km；f 的单位为 GHz。

若考虑发射天线增益 G_t 和接收天线增益 G_r，则将这种有方向性的传播损耗称为系统损耗，通常用 L 表示，其分贝形式为

$$L = L_t - G_t - G_r \tag{5-5}$$

式中，L_t 为空间传播损耗，它包括自由空间传播损耗以及大气等引起的附加损耗。

在微波通信系统中，通常采用卡塞格伦天线，其增益为

$$G = \eta \left(\frac{\pi D}{\lambda} \right)^2 \tag{5-6}$$

式中，η 为天线效率，一般取值为 $0.6 \sim 0.7$；D 为天线直径；λ 为电波波长。对于 2GHz 的 3m 天线，η 取 0.6 时，天线增益大约为 33dB。

5.2.3 地面效应和大气效应

1. 地面效应

由于天线高度有限，微波传播的路径距离地面较近，因此电波的传播特性受地面影响较大。地面对电波传播的影响主要表现在以下两个方面：

1）传播路径上障碍物的阻挡或部分阻挡引起的损耗。

2）电波在平滑地面（如水面、沙漠、草原等）的反射引起的多径传播，进而产生接收信号的干涉衰落。

在电波传播中，当波束中心线刚好擦过障碍物时（即图 5-1 中 $h_c = 0$），电波会由于部分阻挡而产生损耗，这种损耗称为复交损耗。因此在设计电波传播路径时，必须考虑使电波与障碍物顶部保持足够的距离，也就是称为"余隙"的参数。

2. 地面反射

电波在比较平滑的地表面上传播时还会产生强烈的镜面反射，这样就会形成多径传播。直射波和反射波的信号在接收端发生干涉叠加，合成信号的场强与地面的反射系数有关，也和由不同路径到达的波的相位差有关。

3. 大气效应

大气对微波传输所产生的影响主要有大气损耗、雨雪天气引起的损耗以及大气折射引起的损耗。

大气在频率为 12GHz 以下的电波的吸收损耗很小，与自由空间传播损耗相比可以忽略不计，在 12GHz 以上的较高频率，大气吸收损耗影响较大，特别是在 22GHz 和 60GHz 处必须予以特别的考虑。

雨、雪或浓雾天气会使电波产生散射，从而产生附加损耗，通常称为"雨衰"。在 10GHz 以下的频段，雨衰不是很严重，工程设计中主要考虑 10GHz 以上频段的雨衰，这需要根据微波通信所经过的地区的气象环境的差异特别考虑。

5.3 数字微波通信系统

5.3.1 中继通信线路与设备组成

数字微波传输线路的组成形式可以是一条主干线，中间有若干分支，也可以是一个枢纽站向若干方向的分支。图 5-2 给出的是一条数字微波通信线路的示意图，其主干线可长达几千千米，另有若干条支线线路，除了线路两端的终端站外，还有大量中继站和分路站，构成了一条数字微波中继通信路由。

—主干线 ---支线 ◎微波终端站 ⊛微波枢纽站 ◈微波分路站 ○微波中继站

图 5-2　数字微波通信线路示意图

数字微波通信系统组成框图如图 5-3 所示。

图 5-3　数字微波通信系统组成框图

1. 用户终端

用户终端是直接被用户所使用的终端设备，如电话机、传真机、计算机、调度电话机等。

2. 交换机

用户可通过交换机进行呼叫连接，建立暂时的通信信道或电路。这种交换可以是模拟交换，也可以是数字交换。目前，大容量干线绝大部分采用数字程控交换机。

3. 数字终端机

数字终端机实际上是一个数字电话终端复用/分接设备，其基本功能是把来自交换机的多路信号进行复接，复接信号送往数字微波传输信道。同时把来自微波终端站的复接信号进行分接，分接信号送往交换机。对于 SDH 系统，一般采用 SDH 数字终端复用设备（简称SDH 设备）作为其数字终端机，图中的数字分路终端机采用分插复用器（ADM）。

4. 微波站

微波站按工作性质不同可以分成数字微波终端站、数字微波中继站、数字微波分路站和数字微波枢纽站。各站内的主要设备是收信、发信设备和天馈线系统。

（1）数字微波终端站

数字微波终端站指的是位于线路两端或分支线路终点的微波站。在 SDH 微波终端站设备中包括发信端和收信端两大部分。

SDH 微波终端站的发信端主要负责完成主信号的发信基带处理（包括 CMI/NRZ 变换、SDH 开销的插入与提取、微波帧开销的插入和旁路业务的提取等）、调制（包括纠错编码、扰码和差分编码等）、发信混频和发信功率方法等。

SDH 微波终端站的收信端主要负责完成主信号的低噪声接收（根据需要可含分集接收和分集合成）、解调（含中频频域均衡、基带或中频时域均衡、收信差分译码、解扰码和纠错译码等）以及收信基带处理（含旁路业务的提取、微波帧开销的插入与提取、SDH 开销的插入与提取，以及 NRZ/CMI 变换等）。

在公务联络方面，微波终端站具有全线公务和选站公务两种能力。在网络管理方面，微波终端站可以通过软件设定为网管主站或主站，收集各站汇集过来的信息，监视线路运行质量，执行网管系统配置管理和遥控、遥测指令，需要时还可以通过维护管理接口（Q3 接口）与电信管理网（TMN）连接。微波终端站基带接口与 SDH 复用设备连接，用于上、下低阶支路信号。微波终端站还具有备用倒换功能，包括倒换基准的识别、倒换指令的发送和接收、倒换动作的启动和证实等。

（2）数字微波中继站

数字微波中继站指的是位于线路中间的微波站。根据对信号的处理方式不同，又可将中继站分为中间站和再生中继站，再生中继站又包括上、下话路和不上、下话路两种结构。由于 SDH 数字微波能实现大容量的微波传输，因此一般只采用再生中继站，即仅对接收到的已调信号进行解调、判决和再生处理，并转发到下一个调制器。由此可见，信号经过中继站之后将会去掉传输中引入的噪声、干扰和失真，而且不需要在这种设备上配置倒换设备，但应有站间公务联络和无人职守功能。

数字微波中继站的中继方式可以分为基带中继（再生转接）、外差中继（中频转接）和直接中继（射频转接）三种。

1）基带中继（再生转接）方式：基带中继（再生转接）方式如图 5-4 所示。载波为 f_1 的接收信号经天线、馈线和微波低噪声放大器放大后与接收机的本振信号混频，混频输出为中频调制信号，然后经中频放大器放大后送往调制器，解调后的信号再经判决再生电路还原出信码脉冲序列。该脉冲序列又对发射机的载频进行数字调制，再经变频和功率放大后以 f_1' 的载频经由天线发射出去。基带中继（再生转接）方式采用数字接口，可消除噪声积累，也可直接上、下话路，是目前数字微波通信中最常用的一种转接方式。采用这种转接方式时，微波终端站和中继站的设备可以通用。

图 5-4　基带中继（再生转接）方式

2）外差中继（中频转接）方式：外差中继（中频转接）方式如图 5-5 所示。载波为 f_1 的接收信号经天线、馈线和微波低噪声放大器放大后与接收机的本振信号混频，得到中频调制信号，经中频放大器放后到一定的信号电平，然后再经功率中放放大到上变频器所需的功率电平，然后和发射机本振信号经上变频得到频率为 f_1' 的微波调制信号，再经微波功率放大器放大后经天线发射出去。外差中继（中频转接）方式采用中频接口，是模拟微波中继通信常用的一种中继转接方式。由于省去了调制解调器，故而设备比较简单，电源功率消耗较少。但外差中继（中频转接）方式不能上、下话路，不能消除噪声积累，因此在实际的应用中只起到增加通信距离的作用。

图5-5　外差中继（中频转接）方式

3）直接中继（射频转接）方式：直接中继（射频转接）方式与外差中继（中频转接）方式类似，二者的区别是直接中继（射频转接）方式在微波频率上进行放大，而外差中继（中频转接）方式则是在中频上进行放大，直接中继（射频转接）方式如图5-6所示。为了使本站发射的信号不干扰本站的接收信号，需要有一个移频振荡器将接收信号的频率 f_1 变换为 f_1' 发射出去，移频振荡器的频率是 f_1 和 f_1' 两个频率之差。此外，为了克服传播衰落引起的电平波动，还需要在微波放大器上采取自动增益控制措施。这些电路技术实现起来比在中频上要困难些，但总体来说，直接中继（射频转接）的方案比较简单，设备体积小，中继站的电源消耗也较小，当不需要上、下话路时，该方式是一种较为实用的方案。

图5-6　直接中继（射频转接）方式

（3）数字微波分路站

数字微波分路站指的是位于线路中间的微波站，既可以上、下某收、发信波道的部分支路，也可以沟通干线上两个方向之间的通信。由于在此站上能够完成部分波道信号的再生，因此该站应配备有SDH微波传输设备和SDH分插复用设备（ADM）。

（4）数字微波枢纽站

数字微波枢纽站指的是位于干线上的、需要完成多个方向通信任务的微波站。在系统多波道工作的情况下，此类站应能完成对某些波道STM－4信号或部分支路的转接和话路的上、下功能，同时也能完成对某些波道STM－4信号的复接和分接操作，如果需要，还能对某些波道的信号进行再生处理后的再继续传播。

5.3.2　微波波道及其频率配置

在微波通信中，通常一条微波线路提供的可用带宽非常宽，如2GHz微波通信系统的可用带宽达400MHz，而一般收发信机的通频带较之小得多，大约为几十兆赫，因此，如何充分利用微波通信的可用带宽是一个十分重要的问题。

为了使微波通信线路的可用带宽得到充分利用，可以考虑将其划分成若干个频率小段，并在每个频率小段上设置一套微波收发信机，构成一条微波通信的传输通道。这样，一条微波线路可以容纳若干套微波收发信机同时工作，我们把每个这样的微波传输通道称为波道，通常一条微波通信线路可以设置6、8或12个波道。因此，必须对各波道频率进行分配。微波通信频率配置的基本原则是使整个微波传输系统中的相互干扰最小，频率利用率最高。一般应考虑的因素有以下几点：

1）整个频率的安排要紧凑，使得每个频段尽可能获得充分利用。

2）在同一中继站中，一个单向传输信号的接收和发射必须使用不同的频率，以避免自调干扰。

3）在多路微波信号传输频率之间必须留有足够的频率间隔，以避免不同信道间的相互干扰。

4）由于微波天线和天线塔建设费用很高，多波道系统要设法共用天线，因此选用的频率配置方案应有利于天线共用，达到既能使天线建设费用降低又能满足技术指标的目的。

5）避免某一传输信道采用超外差式接收机的镜像频率传输信号。

1. 单波道的频率配置

单波道的频率配置主要有二频制和四频制两种方案。

二频制是指一个波道的收发只使用两个不同的微波频率，如图5-7所示，图中f_1、f_2分别表示收、发对应的频率。二频制的优点是占用频带窄、频谱利用率高。由于在微波线路中站距一般为30～50km，因此反向干扰比较严重。由图5-7可以看到，这种频率配置方案的干扰还包括越站干扰。

图5-7　二频制频率分配

四频制是指每个中继站方向收发使用四个不同的频率，间隔一站的频率又重复使用，如图5-8所示。四频制的优点是不存在反向接收干扰，但占用频带要比二频制多一倍。四频制中也同样存在越站干扰。

图5-8　四频制频率分配

无论二频制还是四频制，它们都存在越站干扰。解决越站干扰的有效措施之一是在微波路由设计时使避免相邻的第四个微波站站址选择在第1、2两个微波站的延长线上，如图5-9所示。

图5-9 越站干扰示意图

2. 多波道的频率配置

多波道的频率配置一般有两种排列方案：收发频率相间排列和收发频率集中排列。

图5-10a所示为一个微波中继系统中6个波道收发频率相间排列方案。每个波道采用二频制，其中收信频率为$f_1 \sim f_6$，发信频率为$f_1' \sim f_6'$。这种方案的收发频率间距较小，导致收发往往要分开使用天线，一般不宜采用。

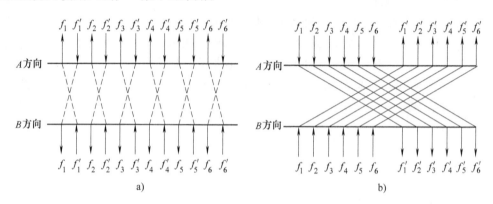

图5-10 多波道频率设置

a）收发频率相间排列方案　b）收发频率集中排列方案

图5-10b是一个微波中继系统中6个波道收发频率集中排列方案，每个波道采用二频制，收信频率为$f_1 \sim f_6$，发信频率为$f_1' \sim f_6'$。这种方案中的收发频率间隔大，发信对收信的影响很小，因此可以共用一副天线，目前的微波通信多采用这种方案。

频率再用是一种提高频道利用率的常用技术。由微波的极化特性可知，利用两个相互正交信号的极化方式（如水平极化和垂直极化）可以减少它们之间的干扰，由此可以对微波波道实行频率再用。在微波通信系统中，频率再用就是在相同和相近的波道频率位置，借助不同的极化方式来增加射频波道数量。通常有两种可行方案：一种是同波道型频率再用，如图5-11a所示；另一种是插入波道型频率再用，如图5-11b所示。

需要说明的是，采用极化方式的频率再用要求接收端具有较高的交叉极化分辨率。

微波线路的通信距离一般都很长，通常容量较大，因此保证微波通信线路的畅通、稳定和可靠是微波通信必须考虑的问题，而采用备份则是解决上述问题切实可行的一种方法。微波通信中有以下两种备份方式。

图 5-11　频率再用方式

a）同波道型频率再用　b）插入波道型频率再用

（1）设备备份

设备备份指的是设置一套专用的备用设备，当主用设备发生故障时，立即由备用设备替换。

（2）波道备份

波道备份指的是将 n 个波道中的某几个波道作为备用波道，当主用波道因传播的影响而导致通信质量下降到最小允许值以下时，自动将信号切换到备用波道中进行传输。对于 n 个主用波道、一个备用波道的情况，通常称之为 $n:1$ 备用。

一般来讲，主用波道和备用波道都同时在工作，如 1:1 备份时，主用波道和备用波道同时传输的是同一个信号，只是在接收端，正常情况下，接收主用波道传来的信号，只有当主用波道出现问题时才切换到备用波道，这种备份方式称为热备份方式。切换的执行可以是人工的，但随着微型计算机在通信中的应用，目前大都采用自动切换。

在微波通信系统中，除了有用于传输信号的设备和通道外，还包括一些用于保证通信系统正常运行和为运行人员提供维护手段的辅助设备，如监控系统、勤务联络系统等。

（1）监控系统

监控系统实现对组成微波通信线路的各种设备进行监视和控制，其作用是将各微波站上的通信设备、电源设备的工作状态、机房环境情况，以及传输线路的情况实时地报告给工作人员，以便于日常维护和运行管理。监控系统的任务主要有以下两个方面：

1）对本站的通信状况进行实时监测和控制，一旦发现通信中断，立即将恶化波道上的信号切换到备用波道。

2）对远方站的监视和控制。

（2）勤务联络系统

勤务联络的作用是为线路中各微波站上的维护人员传递业务联络电话，以及为监控系统提供监控数据的传输通道。勤务联络系统提供的传输通道有三种途径：

1）配置独立的勤务传输波道。

2）在主通道的信息流中插入一定的勤务比特来传输勤务信号。

3）通过对主信道的载波进行附加调制来传送勤务信号，如通过浅调频的方式实现勤务电话的传输。

5.3.3 发信设备

1. 发信设备的组成

从目前所使用的数字微波通信设备来看,数字微波发信机有直接调制式发信机和变频式发信机两种。

（1）直接调制式发信机

直接调制式发信机的组成框图如图5-12所示。来自数字终端机的数据信码经过码型变换后直接对微波载频进行调制,然后经过微波功率放大和微波滤波器馈送到天线振子,由天线发射出去。这种发信机的结构简单,但当发射频率处于较高频率时,其关键设备——微波功放比变频式发信机的中频功放设备的制作难度大,而且在一个系列产品多种设备的场合下,这种发信机的通用性差。

图5-12 直接调制式发信机组成框图

（2）变频式发信机

一种典型的变频式发信机的组成框图如图5-13所示。由调制器或收信机送来的中频（70MHz）已调信号经发信机的中频放大器放大后送到上变频器,上变频器将中频已调信号变为微波已调信号。由单向器和滤波器取出变频后的一个边带（上边带或下边带）,然后微波功放把微波已调信号放大到额定电平,经定向耦合器和分路滤波器送往天线。

图5-13 变频式发信机组成框图

微波功放多采用场效应晶体管功率放大器。为了保证功放的线性工作范围,避免过大的非线性失真,常采用自动电平控制方法使输出维持在一个合适的电平上。定向耦合器的作用就是从发信通道耦合出一个电平很小的微波信号,提供给自动电平控制电路。

勤务信号是采用复合调制方式传送的,这是目前数字微波通信中常采用的一种勤务信号传送方式,它是把勤务信号通过变容管实现对发信本振浅调频,这种调制方式设备简单,在没有复用设备的中继站也可以上传、下传勤务信号。

2. 发信机的主要性能指标

（1）工作频段

目前数字微波通信使用的频率范围为1~40GHz。工作频率越高,越能获得较宽的通频带和较大的通信容量,也可以得到更尖锐的天线方向性和天线增益。但是,当频率较高时,雨、雾及水蒸气对电波的散射或吸收衰耗增加,造成电波衰落和收信电平下降。这些影响对12GHz以上的频段尤其明显,甚至随频率的增加而急剧增加。当频率接近22GHz时,即水蒸气分子谐振频率时，大气传播衰减达到峰值，衰减量最大。

目前我国的数字微波通信基本使用 2GHz、4GHz、6GHz、8GHz、11GHz、13GHz、15GHz、18GHz 频段，其中，2GHz、4GHz、6GHz 频段因电波传播比较稳定，被用于干线微波通信，而支线或专用网微波通信常用 2GHz、7GHz、8GHz、11GHz、13GHz 频段。对频率的使用需要申请，并由上级主管部门和国家无线电管理委员会批准。

（2）输出功率

输出功率是指发信机输出端口处功率的大小。输出功率的确定与设备的用途、站距、带宽、衰减影响以及抗衰落方式等因素有关。由于数字微波通信比模拟微波通信有更好的抗干扰能力，因此在要求同样的通话质量时，数字微波的输出功率可以小一些。当用场效应晶体管功率放大器作末级输出时，输出功率一般在几十毫瓦到几瓦之间。

（3）频率稳定度

发信机的每个工作波道都有一个标称的射频中心工作频率，用 f_0 表示。工作频率的稳定度取决于发信本振源的频率稳定度。假设实际工作频率与标称工作频率的最大偏差值为 Δf，则频率稳定度 K 的定义为

$$K = \frac{\Delta f}{f_0} \tag{5-7}$$

微波通信对频率稳定度的要求取决于所采用的通信制式以及对通信质量的要求。数字微波通信系统常采用 PSK 调制方式，发信机频率漂移将使解调过程产生相位误差，致使有效信号幅度下降、误码率增加。因此，采用数字调相的数字微波发信机比模拟微波发信机具有更高的频率稳定度。对于 PSK 调制方式，频率稳定度可以取 $5 \times 10^{-6} \sim 1 \times 10^{-5}$。

发信本振源的频率稳定度与本振源的类型有关。近年来，由于微波介质材料性能提高，介质稳频振荡源正被广泛应用。这种振荡器可以直接产生微波振荡，具有电路简单、杂频干扰及噪声较小等优点，其频率稳定度可达到 $2 \times 10^{-6} \sim 1 \times 10^{-5}$。当用公务信号对振荡源进行浅调频时，其频率稳定度会略有下降。对频率稳定度要求较高或较严格时（如 $2 \times 10^{-6} \sim 2 \times 10^{-5}$），可采用石英晶体控制的脉冲抽样锁相振荡源等形式的本振源。

5.3.4 收信设备

1. 收信设备的组成

数字微波收信机的组成与其收信方式有关，如有空间分集与没有空间分集的组成是不同的，但收信机的基本组成主要包括低噪声放大、混频、本振、前置中放、中频滤波和主中放等电路，一般采用超外差接收方式，其组成为图 5-14 所示的数字微波收信机框图中线框内的设备。

来自空间的微波信号由天线馈线系统传输到分波道系统，然后进入数字微波收信机。微波信号经过微波低噪声放大、混频、中频放大、滤波以及各种均衡电路后，变成符合一定质量指标的中频信号，再从主中放电路输出到解调终端。

从收信机的基本组成来看，微波低噪声前置放大器并不是必备的单元，但它对改善收信信道的噪声系数有很大作用。由于噪声系数是通信系统的主要指标之一，因此，在器件能正常工作的频段，几乎都有低噪声微波放大单元。至于较高频段，目前仍采用直接混频方式。

中频单元承担着收信信道的大部分放大量，同时还起着决定整个收信信道的通频带、选

图 5-14 数字微波收信机组成框图

择性和各种特性均衡的作用。目前，数字微波收信机中的中频单元多采用宽带放大器和集中滤波器的组合方式，即由前置中频放大器和主频放大器完成信号的放大任务，而由中频滤波器完成其滤波功能。

本振源是超外差接收设备中必不可少的部件，其频率稳定度也是收信信道的一个主要指标。一般情况下，收、发信机的本振源的性能指标是接近的，结构和设计方法也基本相同，只是发信本振源有时还需考虑勤务信号的附加调制问题。

2. 收信机的主要性能指标

（1）工作频率

收信机是与发信机配合工作的，对于一个中级段而言，前一个微波站的发信频率就是本收信机同一波道的收信频率。

（2）收信本振的频率稳定度

接收的微波射频的频率稳定度是由发信机决定的，但是收信机输出的中频是收信本振与收信微波射频进行混频的结果，因此若收信本振偏离标称值较多，就会使混频输出的中频偏离标称值，这样就使中频已调信号频谱的一部分不能通过中频放大器，造成频谱能量的损失，导致中频输出信噪比下降，引起信号失真，使误码率增加。

对收信本振频率稳定度的要求与发信机基本一致，通常为 $1 \times 10^{-5} \sim 2 \times 10^{-5}$，要求较高者为 $1 \times 10^{-6} \sim 5 \times 10^{-6}$。

收信本振和发信本振常采用同一方案，是两个独立的振荡源，收信本振的输出功率往往比收信本振小一些。

（3）噪声系数

数字微波收信机的噪声系数一般为 $3.5 \sim 7dB$，比模拟微波收信机的噪声系数小 $5dB$ 左右。噪声系数是衡量收信机热噪声性能的一项指标，其基本定义如下：

在环境温度为标准室温（17℃）、网络（或收信机）输入端与输出端匹配的条件下，噪声系数 N_F 等于输入端的信噪比与输出端的信噪比的比值，记为

$$N_F = \frac{P_{si}/P_{ni}}{P_{so}/P_{no}} \tag{5-8}$$

设网络的增益系数为 $G = P_{so}/P_{si}$，因输出端的噪声功率由输入端的噪声功率（被放大 G 倍）与网络本身产生的噪声功率两部分组成，可写为

$$P_{no} = P_{ni}G + P_{网} \tag{5-9}$$

根据式（5-9）可将式（5-8）改写为

$$N_F = \frac{P_{no}}{P_{ni}G} = \frac{P_{ni}G + P_{网}}{P_{ni}G} = 1 + \frac{P_{网}}{P_{ni}G} \tag{5-10}$$

由式（5-10）可以看出，网络（或收信机）的噪声系数最小值为 1（即 0dB）。$N_F = 1$ 说明网络本身不产生热噪声，即 $P_{网} = 0$，其输出端的噪声功率仅由输入端的噪声源决定。

实际的收发信机不可能有 $N_F = 1$，而是 $N_F > 1$。式（5-10）说明，收信机本身产生的热噪声功率越大，N_F 值就越大。收信机本身的噪声功率要比输入端的噪声功率经放大 G 倍后的值还要大很多。根据噪声系数的定义，可以说 N_F 是衡量收信机热噪声性能的一项指标。

在工程上，微波无源损耗网络（如馈线和分路系统的波导元件）的噪声系数在数值上近似于其正向传输损耗。对于图 5-14 所示的收信机（由多级网络组成），在场效应晶体管放大器增益较高时，其整机的噪声系数可近似为

$$N_F(dB) \approx L_0(dB) + N_{F场}(dB) \tag{5-11}$$

式中，L_0（dB）为输入带通滤波器的传输损耗；$N_{F场}$（dB）为场效应晶体管放大器的噪声系数。

假设分路带通滤波器的传输损耗为 1dB，场效应管放大器的噪声系数为 1.5 ~ 2.5dB，则数字微波收信机噪声系数的理论值仅为 3.5dB。考虑到使用时的实际情况，较好的数字微波收信机的噪声系数为 3.5 ~ 7dB。

（4）通频带

收信机接收的已调波的一个频带信号，即已调波频谱的主要成分要占有一定的带宽。收信机要使这个频带信号不失真地通过，就要具有足够的频带宽度，这就是通频带。通频带过宽，信号的主要频谱成分会无失真地通过，但也会使收信机收到较多的噪声；反之，通频带过窄，噪声自然会减小，但却造成了有用信号频谱成分的损失，因此要合理地选择收信机的通频带和通带的幅频衰减特性等。经过分析可认为，一般数字微波收信机的通频带可取传输码元速率的 1 ~ 2 倍。对于码元速率为 8.448Mbit/s 的二相调相数字微波通信设备，可取通频带为 13MHz，这个带宽等于码元速率的 1.5 倍。通频带的宽度是由中频放大器的集中滤波器予以保证的。

（5）选择性

对某个波道的收信机而言，要求它只接收本波道的信号。对邻近波道的干扰、镜像频率的干扰以及本波道的收、发干扰等要有足够大的抑制能力，这就是收信机的选择性。

收信机的选择性使用增益 - 频率（G - f）特性来表示。要求在通频带内增益足够大，而且 G - f 特性平坦，通频带外的衰减越大越好，通带与阻带之间的过渡区越窄越好。

收信机的选择性是靠收信混频之前的微波滤波器和混频后中频放大器中的滤波器予以保证的。

（6）收信机的最大增益

天线收到的微波信号经馈线和分路系统到达收信机。由于受衰落的影响，收信机的输入电平随时变动。要维持解调器正常工作，收信机中的主中放输出应达到所要求的电平，例如要求主中放在 75Ω 负载上输出 250mV（相当于 - 0.8dBm）。但是收信机的输入端信号是很微弱的，假设其门限电平为 - 80dBm，则此时收信机输出与输入的电平差就是收信机的最大增益。对于上面给出的数据，其最大增益为 79.2dB。这个增益值要被分配到场效应晶体管低噪声放大器、前置中放和主中放各级放大器，即此值等于它们的增益之和。

（7）自动增益控制范围

以自由空间传播条件下的收信电平为基准，当收信电平高于基准电平时，称为上衰落；

低于基准电平时，称为下衰落。假定数字微波通信的上衰落为 + 5dB，下衰落为 – 40dB，其动态范围（即收信机输入电平变化范围）为 45dB。当收信电平变化时，若仍要求收信机的额定输出电平不变，就应在收信机的中频放大器内设有自动增益控制电路，使得收信电平下降时，中放增益随之增大；收信电平增大时，中放增益随之减小。

5.3.5　天馈线系统

天馈线系统由馈线、双工器和天线组成。高功率的微波射频信号经馈线传送到双工器并经天线发送出去。微波通信中的馈线有同轴电缆和波导管两种形式。一般在分米波段可以采用同轴电缆，而在厘米波段采用波导管可以降低馈线损耗。双工器把来自发信机的信号发送至天线，把来自天线的信号接收到本站的收信机，这样收发双向仅需要一副天线。

对天馈线系统的总体要求是：足够的天线增益、良好的方向性、低传输损耗馈线系统、极小的电压驻波比。整个天馈线系统应该具有较高的极化去耦度和足够的机械强度。

微波通信系统常用的天线基本形式有抛物面天线、喇叭抛物面天线和潜望镜式天线等。例如一种具有双反射器的称为卡塞格林式的抛物面天线，其主反射面呈抛物状，外形像一口大锅，抛物面中心设置初级辐射器。抛物面正方的焦点处有一个双曲面状的金属副反射器。当电波由初级圆锥形喇叭辐射器射出后，其射线经副反射器反射到主反射面（抛物面），再经其聚焦作用成为平面波发射出去。

5.4　习题

1. 什么是微波通信？微波通信具有哪些特点？
2. 根据所传基带信号的不同可将微波通信系统分为几类？
3. 微波的自由空间传播损耗是如何产生的？
4. 地面对电波传播有何影响？
5. 数字微波通信线路是如何构成的？
6. 数字微波通信系统由哪几部分组成？
7. 数字微波中继站的中继方式有几种？
8. 在对微波通信频率进行配置时应考虑哪些因素？
9. 如何对单个波道和多波道进行频率配置？
10. 微波通信系统中的监控系统和勤务联络系统各有何作用？

第 6 章　卫星通信系统

摘要：

卫星通信是利用人造地球卫星做中继站转发无线电波，在两个或多个地球站之间所进行的通信。因卫星通信所用频率处于微波频段，所以它属于微波通信的一种特殊形式。卫星通信系统自诞生之日起便得到了迅猛发展，与光纤通信、移动通信并称为当代三大主力通信系统，成为当今通信领域最重要的通信方式之一。

卫星通信具有覆盖面广、通信容量大、距离远、不受地理条件限制、性能稳定可靠等优点，但是也存在着通信时延较长、易受外部条件影响，以及星蚀、日凌中断等现象。

卫星通信系统主要由空间段和地面段两大部分组成。空间段主要以空中的通信卫星为主体。通信卫星由通信分系统、天线分系统、跟踪遥测和指令分系统、姿态和轨道控制分系统，以及电源分系统五个部分组成。地面段包括所有的地球站，这些地球站通常通过一个地面网络连接到终端用户设备，或者直接连接到终端用户设备。地球站一般由天线系统、发射系统、接收系统、通信控制系统、终端系统和电源系统六部分组成。

卫星围绕地球运动的轨迹称为卫星运动轨道。按卫星轨道的高度、形状、倾角、运转周期等的不同，可把卫星轨道作不同分类。卫星在轨道上运动时会受到一些外力的影响，从而使其轨道发生摄动。引起卫星轨道发生摄动的因素主要有地球引力场的不均匀性、地球大气层阻力、太阳和月球引力的作用、太阳光压，以及地磁场对带电卫星的作用、磁流体力学效应、地球辐射和卫星本身的高速自转等。

多址方式对卫星通信系统的效率和转发器的容量有直接影响。卫星通信中常用的多址方式主要有 FDMA、TDMA、CDMA 和 SDMA 等。

VSAT 是一种小天线地面站卫星通信系统，典型的 VSAT 网主要由主站、卫星和大量的远端小站（VSAT）组成，通常采用星状网络结构。

卫星导航定位系统是以人造卫星作为导航台的星基无线电定位系统，其基本作用是向各类用户和运动平台实时提供准确、连续的位置、速度和时间信息。典型的卫星导航定位系统有美国的 GPS、俄罗斯的 Galileo 和中国的北斗导航定位系统。

6.1　卫星通信概述

卫星通信是指设置在地球上（包括地面、水面和低层大气中）的无线电通信站之间利用人造地球卫星做中继站转发或反射无线电波，在两个或多个地球站之间进行的通信。卫星通信是在地面微波中继通信和空间电子技术的基础上发展起来的一种通信方式，它是宇宙无线通信的主要形式之一，也是微波通信发展的一种特殊形式。卫星通信自诞生之日起便得到了迅猛发展，成为当今通信领域最为重要的一种通信方式。

6.1.1 卫星通信发展简史

卫星通信发展的历史最早要追溯到1945年10月，当时的英国空军雷达军官阿瑟·克拉克（Arthur C·Clarke）在《无线电世界》杂志上发表了《地球外的中继站》（Extra－Terrestrial Relays）一文。克拉克提出在圆形赤道轨道上空、高度为35786km处设置一颗卫星，每24小时绕地球旋转一周，旋转方向与地球自转方向相同，该卫星与地球以相同的角速度绕太阳旋转，因此，对于地球上的观察者来说，这颗卫星是相对静止的。克拉克在文中还提到，用太阳能做动力，在赤道上空360°空间的同步静止轨道上配置3颗静止卫星，即可实现全球通信，如图6-1所示。

图6-1　三颗静止卫星实现全球通信示意图

1957年10月，前苏联成功发射了世界上第一颗低轨人造地球卫星Sputnik。

1958年，美国宇航局发射了"SCORE"卫星，并通过该卫星广播了美国总统圣诞节祝词。人类首次通过卫星实现了语音通信。

1962年，美国电话电报公司（AT&T）发射了"电星"（TELSAT），它可进行电话、电视、传真和数据的传输。

1964年8月，美国发射了首颗静止轨道的通信卫星"辛康姆3号"（SYNCOM－3），并利用它成功地进行了电话、电视和传真的传输试验。同年，国际电信卫星组织（International Telecommunication Satellite Organization, INTELSAT）成立。至此，卫星通信完成了早期的试验阶段而转向实用阶段。

1965年4月，INTELSAT把原名为"晨鸟"（EARLY BIRD）的第一代"国际电信卫星"（INTELSAT－I，简记为S－I）射入地球同步轨道。该卫星是一颗商用通信卫星，它首先在大西洋地区开始进行商用国际通信业务，由美国通信卫星公司（COMSAT）负责管理。两周后，前苏联成功地发射了第一颗非同步通信卫星"闪电"（MOLNIYA）1号，对其北方、西伯利亚、中亚地区提供电视、广播、传真和其他的一些电话业务。卫星通信由此进入了实用阶段。

1970年4月24日，我国在酒泉卫星发射中心成功地发射了第一颗人造地球卫星"东方红一号"。

1976年，第一代移动通信卫星发射（三颗静止卫星MARISAT），开始了移动卫星业务阶段。

1979年，国际海事卫星组织（International Maritime Satellite，INMARSAT）宣告正式成立，它是一个提供全球范围内移动卫星通信的政府间合作机构。

1982年，国际海事卫星通信进入运行阶段。

1984年4月8日，我国首次成功发射了由中国空间技术研究院研制的"东方红二号"卫星，该卫星是一颗静止轨道卫星，是中国国内用于远距离电视传输的主要卫星。"东方红二号"卫星的成功发射翻开了中国利用本国的通信卫星进行卫星通信的历史，使中国成为世界上第5个独立研制和发射静止轨道卫星的国家。

1988～1990年，中国相继成功发射了3颗"东方红二号甲"（DFH-2A）卫星，这种卫星是"东方红二号"卫星的改型星，主要为国内的通信、广播、交通、水利、教育等部门提供各种服务。

1990年，INMARSAT启用了第一个商用航空地球站航空系统。

1997年5月12日，中国成功发射了第三代通信卫星："东方红三号"（DFH-3）卫星，主要用于电视传输、电话、电报、传真、广播和数据传输等业务。

1998年，通过LEO星座引入手机通信业务，非静止轨道卫星进入实用运行阶段。

近10年来，卫星通信技术及其推广应用获得了长足的进步。卫星宽带个人移动通信业务逐渐得到认可；高频频段（Ka段）系统获得迅速发展；多个低轨道和中轨道星座系统投入运行。与此同时，卫星通信的发展也面临着一系列的问题，例如卫星残骸问题、可用空间拥挤问题等。

6.1.2　卫星通信的特点

与其他通信手段相比，卫星通信具有覆盖面广、距离远、不受地理条件限制、性能稳定等优点。卫星本身具有独特的广播特性，组网灵活，易于实现多址联接等，作为陆地移动通信的扩展、延伸、补充和备用，卫星通信系统对广大的航空、航海用户和缺乏地面通信基础设施的偏远地区用户，以及对网络实时性要求较高的特殊用户都具有很大的吸引力。卫星通信能够提供直接到户的因特网服务，是解决"最后一公里"问题的上佳方案之一。但因受自然环境的影响，卫星通信也有其不足之处主要表现在以下几方面。

1. 通信时延较长

对于地球同步卫星而言，星地距离大约为36000km，发送端信号经过卫星转发到接收端地球站，传输时延可达270ms。如果再经星—星转接传输的话，则时延更长。虽然中、低轨道卫星的传输时延较小，但也有100ms左右。

2. 通信链路易受外部条件影响

由于卫星通信的电波要穿过大气层，所以其通信链路易受外部条件，如通信信号间的干扰。大气层微粒（雨滴等）的散射/吸收、电离层闪烁、太阳噪声、宇宙噪声等也会产生一定的影响。

3. 存在星蚀和日凌中断现象

每当卫星运行到太阳和地球站之间时，例如，每年春分（3月21日或20日）或者秋分（9月23日或24日）前后数日，太阳、地球和卫星三者将运行到一条直线上。这时地球站的抛物面天线不仅对准卫星，也正好对着太阳，如图6-2a所示。地球站在接收卫星下行信号的同时，也会接收到大量的频谱很宽的太阳噪声，造成对卫星信号的干扰，从而使接收信噪比大幅下降，严重时甚至噪声完全淹没信号，导致通信完全中断，这种现象称为日凌中断。

每当地球运行到太阳和卫星之间时，卫星进入地球的阴影区，如图6-2b所示。此时，卫星的太阳能电池无法正常使用，卫星只能靠自带蓄电池供电，通信能力下降。这种现象称为星蚀。

图6-2　北半球日凌中断和星蚀现象
a) 日凌中断现象　b) 星蚀现象

无论是星蚀还是日凌中断，都会导致卫星通信系统不能稳定、正常地工作，因此，需要有适当的措施。

6.1.3　卫星通信的工作频段

卫星通信工作频段的选择将直接影响到整个卫星通信系统的通信容量、质量、可靠性、卫星转发器和地球站的发射功率、天线口径的大小以及设备的复杂程度和成本的高低等。一般来说，在选择卫星通信的工作频段时，必须考虑下列几个因素：

1）工作频段的电磁波应能轻易穿透电离层。

2）电波传播损耗应尽可能地小。

3）天线系统引入的外部噪声要小。

4）有较宽的可用频带，与地面现有通信系统的兼容性要好，且相互间的干扰要小。

5）星上设备重量要轻，消耗的功率要小。

6）尽可能地利用现有的通信技术和设备。

7）与其他通信、雷达等电子系统或电子设备之间的相互干扰要小。

据此，卫星通信的频率范围一般选在微波频段（300MHz ~ 300GHz）。该频段的特点是：有较宽的频谱，可以获得较大的通信容量；天线增益高、尺寸小；现有的微波通信设备稍加改造就可以利用。此外，考虑到卫星处于电离层之外的外层空间，而微波频率恰恰能够较容易地穿透电离层。

表4-1已对微波频段进行了划分。若进一步细分，可得到表6-1所示的微波频段的细分结果。

表 6-1　微波频段的细分结果

微波频段	频率范围/GHz	微波频段	频率范围/GHz	微波频段	频率范围/GHz
L	1 ~ 2	K	18 ~ 26	E	60 ~ 90
S	2 ~ 4	Ka	26 ~ 40	W	75 ~ 110
C	4 ~ 8	Q	33 ~ 50	D	110 ~ 170
X	8 ~ 12	U	40 ~ 60	G	140 ~ 220
Ku	12 ~ 18	V	50 ~ 75	Y	220 ~ 325

早期卫星通信所用的频段大多是 C 和 Ku 频段,但随着卫星通信业务量的急剧增加,这两个频段都已显得过于拥挤,所以必须开发更高的频段。早在 20 世纪 70 年代末、80 年代初,西方发达国家就已经开始有关 Ka 频段的开发工作。Ka 频段的工作带宽是 3 ~ 4GHz,远大于 C 频段和 Ku 频段。一颗 Ka 频段卫星提供的通信能力能够达到一颗 Ku 卫星通信能力的 4 倍以上。虽然系统的成本会高一点,但随着潜在用户数量的增加,会达到规模化程度,从而降低单位线路的实际成本。到目前为止,国际上大多数建议采用的宽带卫星系统都运行在 Ka 频段上,应用范围正从发达国家向发展中国家和地区扩展。

Ka 频段成功开发后,不少技术先进的国家正向更高的频段 Q、V 频段发展。Q、V 频段的频率范围是 36 ~ 51.4GHz,可用带宽将更宽。

6.1.4　卫星通信系统的组成

卫星通信系统因传输的业务不同,组成也不尽相同。一般的卫星通信系统主要由空间段和地面段两大部分组成,如图 6-3 所示。图 6-3 中,上行链路是指从地球站到卫星之间的通信链路;下行链路是指从卫星到地球站之间的通信链路。如果空中有多个通信卫星,则卫星之间还存在着星间链路,利用微波频段实现多颗卫星直接链路的连接。

1. 空间段

空间段主要以空中的通信卫星(单颗或多颗)为主体,包括所有用于卫星控制和监测的地面设施,即卫星控制中心(Satellite Control Center, SCC),跟踪、遥测和指令(TT&C, Tracking Telemetry and Command)装置,以及能源装置等,如图 6-4 所示。

图 6-3　卫星通信系统的基本组成

图 6-4　空间段的组成

一般情况下，通信卫星由通信分系统，天线分系统，跟踪、遥测和指令分系统，姿态和轨道控制分系统，以及电源分系统5部分组成，如图6-5所示。

图6-5 通信卫星的组成

（1）通信分系统

卫星上的通信分系统又称为转发器，它实际上是一个提供卫星发射天线和接收天线之间链路连接的设备，是构成卫星通信的中枢，其功能是使卫星具有接收、处理并重发信号的能力。转发器是卫星有效载荷的两个主要组成部分之一，对它的基本要求是以最小的附加噪声和失真，并以足够的工作频带和输出功率来为各地球站有效而可靠地转发无线电信号。

转发器按照变频方式和传输信号形式的不同可分为单变频转发器、双变频转发器和星上处理转发器三种。

单变频转发器是先将输入信号进行直接放大，然后变频为下行频率，经功率放大后，通过天线发给地球站。图6-6给出的是单变频转发器的组成框图。一次变频方案适用于载波数量多、通信容量大的多址连接系统。

双变频转发器是先把接收信号变频为中频，经限幅后，再变换为下行发射频率，最

图6-6 单变频转发器的组成框图

后经功放由天线发向地球站。图6-7所示为双变频转发器的组成框图。双变频方式的优点是转发增益高（达80～100dB），电路工作稳定；缺点是中频带宽窄，不适于多载波工作。双变频转发器适用于通信容量不大、所需带宽较窄的通信系统。

图 6-7 双变频转发器的组成框图

星上处理转发器除了进行转发信号外，还具有信号处理的功能。在数字卫星通信系统中，常采用处理式转发器。星上处理转发器的组成框图如图 6-8 所示。对于接收到的信号，先经过微波放大和下变频后，变为中频信号，再进行解调和数据处理后得到基带数字信号，然后再经调制，上变频到下行频率上，经功放后通过天线发回地面。

图 6-8 星上处理转发器的组成框图

星上的信号处理主要包括三类：一类是对数字信号进行解调再生，以消除噪声积累；另一类是在不同的卫星天线波束之间进行信号变换；第三类是进行其他更高级的信号变换和处理，如上行频分多址方式（FDMA）变为下行时分多址方式（TDMA），解扩、解跳抗干扰处理等。

（2）天线分系统

天线分系统是卫星有效载荷的另一个主要组成部分，它承担了接收上行链路信号和发射下行链路信号的双重任务。

卫星天线分为遥测指令天线和通信天线两类。遥测指令天线通常使用全向天线，以便可靠地接收地面指令，并向地面发送遥测数据和信标。卫星接收到的信标信号送入姿态控制设备，以使卫星天线精确地指向地球上的覆盖区。通信天线是地面上许多地球站与卫星上各种卫星分系统之间的接口，它的主要功能是提供成形的下行和上行天线波束，在工作频段发送和接收信号。按照通信天线波束覆盖区的大小，又可以将其分为点波束天线、区域（赋形）波束天线和全球波束天线，如图 6-9 所示。

图 6-9 点波束、区域波束和全球波束示意图

（3）跟踪、遥测和指令（TT&C）分系统

跟踪设备用来为地球站跟踪卫星发送信标。卫星信标（Beacon）的作用包括：向地面测控系统提供卫星遥测信息、转发卫星测距音信号实现地面天线对卫星的自动跟踪。

遥测部分用来对所有的卫星分系统进行监测，获得有关卫星姿态及星内各部分工作状态等的数据，经放大、多路复用、编码、调制等处理后，通过专用的发射机和天线发给地面的

TT&C 站。TT&C 站接收并检测出卫星发来的遥测信号，转送给卫星监控中心进行分析和处理，然后通过 TT&C 站向卫星发出有关姿态和工作状态等的控制指令信号。

指令部分专门用来接收和译出 TT&C 站发给卫星的指令，控制卫星的运行。它还产生一个检验信号发回地面进行校对，待接收到 TT&C 站核对无误后发出的"指令执行"信号后，才将存储的各种指令送到控制分系统，使有关的执行机构正确地完成控制动作。

（4）姿态和轨道控制分系统

控制分系统（Control Subsystem，CS）由一系列机械的或电子的可控调整装置组成，如各种喷气推进器、驱动装置、加热和散热装置，以及各种转换开关等，在 TT&C 站的指令控制下完成对卫星轨道位置、姿态、工作状态等的调整与控制。

CS 需要完成两种控制，即姿态控制和位置控制。姿态控制主要是保证天线波束始终对准地球，同时确保太阳能电池帆板始终对准太阳。位置控制用来消除天体引力产生的摄动影响，使卫星与地球的相对位置保持固定。

（5）电源分系统

通信卫星的电源除要求体积小、重量轻、效率高之外，最主要的还应在其寿命期内保持输出足够的电能。在宇宙空间，阳光是最重要的能源，在有光照时，主要使用光伏电池产生功率；当卫星处于发射状态或处于地球阴影区时，使用蓄电池来保证电源功率。

2. 地面段

地面段包括所有的地球站，这些地球站通常通过地面网络连接到终端用户设备。地球站一般由天线系统、发射系统、接收系统、通信控制系统、终端系统和电源系统六部分组成，如图 6-10 所示。

图 6-10　标准地球站的总体框图

首先，地面网络或在某些应用中直接来自用户的信号，通过适当的接口送到地球站，经基带处理器变换成所规定的基带信号，使它们适合于在卫星线路上传输；然后，送到发射系统，进行调制、变频和射频功率放大；最后，通过天线系统发射出去。通过卫星转发器转发下来的射频信号，由地球站的天线系统接收下来，首先经过其接收系统中的低噪声放大器放大，然后由下变频器变换到中频，解调之后发给本地地球站基带信号，再经过基带处理器通过接口转移到地面网络（或直接送至用户家中）。控制系统用来监视、测量整个地球站的工作状态，并迅速进行自动或手动转换（将备用设备转换到主用设备），及时构成勤务联络等。

在图 6-3 所示的卫星通信系统中，上行链路指的是从发送地球站到卫星之间的链路；下行链路指的是从卫星到接收地球站之间的链路。如果空中有多个通信卫星，则从一个卫星到另一个卫星之间还存在着星间链路，利用电磁波或光波将多颗卫星直接连接起来。

6.1.5 卫星通信系统的分类

卫星通信系统可以从不同的角度来分类，以反映它们的特点、性质和用途。

1）按照卫星的运动状态（制式），可分为静止卫星通信系统和非静止卫星通信系统，非静止卫星通信系统又可进一步分为随机运动卫星通信系统和相位运动卫星通信系统。

2）按照卫星的通信覆盖区范围，可分为全球卫星通信系统、国际卫星通信系统、国内卫星通信系统和区域卫星通信系统。

3）按照卫星的结构（或转发无线电信号的能力），可分为无源卫星通信系统（被动卫星通信系统）和有源卫星通信系统（主动卫星通信系统）。

4）按照多址方式，可分为频分多址卫星通信系统、时分多址卫星通信系统、码分多址卫星通信系统、空分多址卫星通信系统、混合多址卫星通信系统等。

5）按照所传输信号的体制，可分为模拟卫星通信系统和数字卫星通信系统。

6）按照用户性质，可分为商用卫星通信系统、专用卫星通信系统和军用卫星通信系统。

7）按照通信业务种类，可分为固定业务卫星通信系统、移动业务卫星通信系统、广播电视卫星通信系统，科学实验卫星通信系统，以及教学、气象、导航、军事等卫星通信系统。

8）按照工作频段，可分为特高频（UHF）卫星通信系统、超高频（SHF）卫星通信系统、极高频（EHF）卫星通信系统和激光卫星通信系统。

6.2 卫星运动轨道

6.2.1 卫星运动的基本规律

如果把地球看成一个均质的球体，它的引力场即为中心力场，其质心为引力中心。要使人造地球卫星在这个中心力场中作圆周运动，就要使卫星飞行的离地加速度所形成的力（离心惯性）$f_{离}$，正好抵消（平衡）地心引力 $F_{引}$。

根据万有引力定律

$$F_{引} = \frac{GMm}{r^2} \tag{6-1}$$

式中，G 为万有引力常数或重力常数，其值约等于 $6.668462 \times 10^{-20} \, \text{km}^3 / (\text{kg} \cdot \text{s}^2)$，它最初是由英国物理学家亨利·卡文迪许在 1798 年通过扭秤实验测得的；M 是地球质量；m 是卫星质量；r 是卫星到地球中心的距离。

卫星以速度 v 环绕地球运行所产生的离心力 $f_{离}$ 为

$$f_{离} = \frac{mv^2}{r} \qquad (6\text{-}2)$$

当 $F_{引} = f_{离}$ 时，二者达到平衡，卫星以线速度 v 不需要再加动力就可以环绕地球飞行。此时可通过等式

$$v = \sqrt{\frac{GM}{r}}$$

计算得到 $v \approx 7.9 \text{km/s}$。卫星飞行的水平速度 v 称为第一宇宙速度，即环绕速度。

根据万有引力定律，可以导出卫星运动规律的开普勒三定律，这三个定律揭示出了卫星受重力吸引而在轨道平面上运动的规律。

1. 开普勒第一定律（轨道定律）

卫星运动的轨道一般是一个椭圆，一个椭圆有两个焦点，双体系统的质量中心称为质心，它始终处在其中一个焦点上。质心与地球中心是重合的，即地球的中心始终位于该椭圆的一个焦点上。

这一定律表明，在以地球质心为中心的引力场中，卫星绕地球运行的轨道面是一个通过地球中心的椭圆平面，称为开普勒椭圆，其形状和大小不变。在椭圆轨道平面上，卫星离地心最远的一点称为远地点，而离地心最近的一点称为近地点，它们在惯性空间的位置也是固定不变的。卫星绕地心运动的轨道方程为

$$r = \frac{a_{s}(1 - e_{s}^2)}{1 + e_{s}\cos V_{s}} \qquad (6\text{-}3)$$

式中，r 为卫星的地心距离；a_s 为轨道椭圆的半长轴；e_s 为轨道椭圆的偏心率；V_s 为其近地点角，它描述了任意时刻卫星在轨道上相对于近地点的位置。

2. 开普勒第二定律（面积定律）

在单位时间内，卫星的地心向径 r，即地球质心与卫星质心间的距离向量，扫过的面积相等。此定律的数学表示式导出为

$$|r \times \mathrm{d}r/\mathrm{d}t| = \sqrt{\mu p} \qquad (6\text{-}4)$$

3. 开普勒第三定律（轨道周期定律）

卫星围绕地球运动一圈的周期为 T，其平方与轨道椭圆半长轴 a 的立方之比为一常数，而该常量等于地球引力常数 GM 的倒数。

这一定律的数学表达式为

$$\frac{T_{s}^2}{a_{s}^3} = \frac{4\pi^2}{GM} \qquad (6\text{-}5)$$

式中，T_s 为卫星运动的周期，即卫星绕地球运动一周所需的时间。

假设卫星的平均角速度为 $n = \dfrac{2\pi}{T_s}$（单位：rad/s），则得 $n = \sqrt{\dfrac{GM}{a_{s}^3}}$。

由上式看出，当卫星运动轨道椭圆的半长轴确定后，就可确定出卫星运行的平均角速度。

6.2.2 卫星轨道分类

卫星围绕地球运动的轨迹称为卫星运动轨道。不同用途的卫星都有一个共同的特点，即它们的轨道位置都在通过地球重心的一个平面内，卫星运动所在的轨道面称为轨道平面。按

卫星轨道的高度、形状、倾角、运转周期等的不同，可把卫星轨道分为不同的类型。

1. 按轨道高度分类

根据卫星运行轨道距离地球表面的高度，通常可以将卫星轨道分为以下四类，图6-11示出了这几种卫星轨道的分类情况。

1）低轨道（Low Earth Orbit，LEO）：距离地球表面为700～1500km。

2）中轨道（Medium Earth Orbit，MEO）：距离地球表面10000km左右。

3）高椭圆轨道（Highly Elliptic Orbit，HEO）：距离地球表面的最近点为1000～21000km，最远点为39500～50600km。

4）同步轨道（Geostationary Earth Orbit，GEO）：距离地球表面35786km。

图6-11　按轨道高度分类的卫星运动轨道

2. 按轨道形状分类

按照卫星轨道的形状（偏心率e），可以将卫星轨道划分为圆形轨道（$e = 0$）和椭圆形轨道（$0 < e < 1$）两类。

3. 按轨道平面倾角分类

卫星轨道平面与地球赤道平面的夹角，称为卫星轨道平面的倾角，记为i。按照卫星轨道平面倾角i的大小不同，通常把卫星轨道分为图6-12所示的三类。

1）赤道轨道：$i = 0°$，轨道面与赤道面重合。静止卫星的轨道就位于此轨道平面内，称为静止轨道。

2）倾斜轨道：$0° < i < 90°$，轨道面与赤道面成一个夹角，倾斜于赤道面。

图6-12　倾角不同的卫星轨道

3）极轨道：$i = 90°$，轨道面穿过地球的南、北两极，与赤道面呈垂直状。在极轨道上运行的卫星是非静止卫星，这种卫星不能对地球表面上任一点的相对位置保持固定不变，通常需要数量较多的运行在极轨道上的卫星才能覆盖全球（包括南、北两极地区），提供不间断的通信服务。

6.2.3　卫星的摄动

卫星在轨运动时，由于地球、太阳、月球引力的相互作用以及大气阻力等的影响会造成卫星轨道运行参数的变化，导致卫星逐渐偏离轨道、产生漂移的现象，称为摄动。

具体来看，引起卫星轨道发生摄动的主要力学因素如下：

1. 地球引力场的不均匀性

这是由于地球质量分布不均匀造成的。因为地球并不是一个十分均匀的球体，而是略呈椭球状，地球的赤道半径（约6378km）要比极半径（南、北极到地心）长21km左右。另外，由于地形、地貌的不同，地球表面是起伏不平的，而且地球内部的密度分布也不是完全均匀的，所有这些都使得地球的质量分布不均匀，地球四周等高处的引力不能保持常数。即使在静止轨道上，地心引力仍然有微小的起伏。地心引力的这种不均匀性，导致卫星瞬时速度偏离理论值，产生摄动。

2. 地球大气层阻力

虽然卫星运动空间中大气密度很低，但由于运动速度非常快，大气层的阻力还是会对卫星产生一定的影响。对于高轨道卫星来说，由于它处于高度真空的环境中，故大气层阻力的影响可不考虑。而对于较低轨道的卫星，大气层阻力的影响不容忽略，它将使卫星的机械能受损，轨道逐渐下降。卫星轨道高度越低，遭受的大气层阻力越大。

3. 太阳、月球引力的作用

卫星绕地球运动时，除受到地球的引力影响外，还受到太阳和月球等其他天体的引力影响。对于低轨卫星，地球的引力占绝对优势，太阳和月球的引力影响可以不予考虑。但随着轨道高度的提高，虽然地球的引力仍占主导地位，但太阳和月球的引力对卫星运动的影响已不能再忽略。轨道越高，这种影响就越明显。

4. 太阳光压

对于一般的小卫星来说，太阳光对卫星产生的压力影响是可以忽略的；但对于需要产生大量电功率的卫星而言，由于太阳能电池帆板的表面积比较大，在计算摄动力时就必须要考虑到太阳光压的影响。卫星接受太阳光照射的表面积越大、轨道高度越高，太阳光压的影响就越明显。对于新一代大功率通信和直播卫星，不得不考虑太阳光压所引起的摄动力。

此外，地磁场对带电卫星的作用、磁流体力学效应、地球辐射和卫星本身的高速自转等因素也会对卫星的运动产生一定的影响。

解决卫星摄动的方法通常是根据卫星姿态，在适当的时机通过跟踪遥控指令，利用星上的"位置保持喷射推进装置"作及时调整。

6.3 卫星通信的多址方式

在卫星通信系统中，多个地球站通过共用的卫星，同时建立各自的信道，实现相互间的通信，这种工作方式称为多址方式。卫星通信的多址方式要解决的基本问题是识别、区分各个地球站发出的信号，使多个信号源共享卫星信道。与其他通信系统一样，卫星通信系统中也使用频分多址（FDMA）、时分多址（TDMA）、码分多址（CDMA）、空分多址（SDMA）等方式来实现通信。

6.3.1 频分多址

频分多址（Frequency Division Multiple Access，FDMA）方式指的是在多个地球站共用卫星转发器的通信系统中，将卫星转发器的可用频带分割成若干互不重叠的部分，分配给各个地球站使用，如图6-13所示。

FDMA是卫星通信系统中普遍采用的一种多址方式。在这种卫星通信系统中，每个地球站向卫星转发器发射一个或多个载波，每个载波具有一定的频带，为了避免相邻载波间的互相重叠，各载波频带间要设置一段很窄的保护频带。卫星转发器接收其频带内所有的载波，将它们放大后，再发射回地面。被卫星天线波束覆盖的地球站，能够有选择地接收某些载波，这些载波携带着地球站所需的信息。

图 6-13　FDMA 不同信道
占用不同带宽

FDMA 方式具有以下特点：

1）设备简单，技术成熟。

2）系统工作时不需要网同步，且性能可靠。

3）在大容量线路工作时效率较高。

4）转发器要同时放大多个载波，容易形成多个交调干扰，为了减少交调干扰，转发器要降低输出功率，从而降低了卫星通信的有效容量。

5）各站的发射功率要求基本一致，否则会引起强信号抑制弱信号现象，因此，大、小站不易兼容。

6）灵活性小，要重新分配频率比较困难。

7）需要保护带宽以确保信号被完全分离开，频带利用不充分。

6.3.2　时分多址

时分多址（Time Division Multiple Access，TDMA）方式是一种按特定的或不同的时隙（时间间隔）来区分各地球站站址的多址方式，该方式分配给各地球站的不再是一个特定频率的载波，而是一个特定的时隙，如图 6-14 所示。

在 TDMA 方式中，共用卫星转发器的各地球站使用同一频率的载波，在基准站发出的定时同步信号（称为射频突发信号）的控制下，在指定的时隙内断续地向卫星发射本站信号，这些射频信号通过卫星转发器时，在时间上是严格依次排列、互不重叠的。

图 6-14　TDMA 不同信道占用不同时隙

TDMA 方式具有以下特点：

1）由于在任何时刻都只有一个站发出的信号通过卫星转发器，这样转发器始终处于单载波工作状态，因而从根本上消除了转发器中的交调干扰问题。

2）与 FDMA 方式相比，TDMA 方式能更充分地利用转发器的输出功率，不需要较多的输出补偿。

3）由于频带可以重叠，频率利用率比较高。

4）对地球站 EIRP 变化的限制不像 FDMA 方式那样严格。

5）易于实现信道的"按需分配"。

6）各地球站之间在时间上的同步技术较复杂，实现比较困难。

6.3.3　码分多址

在码分多址（Code Division Multiple Access，CDMA）方式中，通常采用扩频通信技术。

分别给各地球站分配一个特殊的地址码，以扩展频谱带宽，使各地球站可以同时占用转发器全部频带的发送信号，而没有发射时间和频率的限制（即在时间上和频率上可以相互重叠），如图 6-15 所示。在接收端，只有用与发射信号相匹配的接收机才能检出与发射地址码相符合的信号。

图 6-15　CDMA 不同信道
有不同的地址码

CDMA 方式中区分不同地址信号的方法是利用自相关性非常强而互相关性比较弱的周期性码序列作为地址信息（称为地址码），对被用户信息调制过的载波进行再次调制，大大展宽其频谱（称为扩频调制）；经卫星信道传输后，在接收端以本地产生的已知地址码为参考，根据相关性的差异对接收到的所有信号进行鉴别，从中将地址码与本地地址码完全一致的宽带信号还原为窄带信号而选出，其他与本地地址码无关的信号则仍保持或扩展为宽带信号而滤除（称为相关检测或扩频调制）。

CDMA 方式是建立在正交编码、相关接收等理论基础上的，也是扩展频谱通信技术在卫星通信中的重要应用，它把扩频通信中有选址能力的一些方式引用到卫星通信中来解决多址连接问题。CDMA 中目前最常用的直接序列方式与跳频方式都是来源于扩频通信，所以 CDMA 又被称为扩频多址（SSMA）。

与 FDMA、TDMA 方式相比，CDMA 方式的主要特点是所传送的射频已调载波的频谱很宽、功率谱密度很低，且各载波可共占同一时域和频域，只是不能共用同一地址码，因此，CDMA 具有以下几个突出优点：

1）在地址码相关性较理想和频谱扩展程度较高的条件下，CDMA 具有较强的抗干扰能力，直接表现在扩频解调器输出载波与干扰功率比相对于输入的载扰比有很大的改善。

2）具有较好的保密通信能力。

3）易于实现多址连接，灵活性大。

CDMA 方式的缺点是占用的频带较宽；频带利用率较低；选择数量足够的可用地址码较为困难；接收时，需要一定的时间对地址码进行捕获与同步。

6.3.4　空分多址

空分多址（Space Division Multiple Access，SDMA）是根据各地球站所处的空间区域的不同而加以区分的，其基本特性是卫星天线有多个窄波束（又称点波束），它们分别指向不同的区域地球站，利用波束在空间指向的差异来区分不同的地球站，如图 6-16 所示。卫星上装有转换开关设备，某区域中某一地球站的上行信号经上行波束送至转发器，由卫星上转换开关设备将其转换到另一个通信区域的下行波束，从而传送到该区域的某地球站。一个通信区域内如果有几个地球站，则它们之间的站址识别还要借助于 FDMA、TDMA 或 CDMA 方式。

SDMA 方式具有如下优点：卫星天线增益高；卫

图 6-16　SDMA 方式

星功率可得到合理有效的利用；不同区域地球站所发信号在空间上互不重叠，即使在同一时间用相同频率，也不会相互干扰，因此可以实现频率重复使用，这会成倍地扩大系统的通信容量。但是，SDMA 方式对卫星的稳定及姿态控制提出很高的要求；卫星的天线及馈线装置也比较庞大和复杂；转换开关不仅使设备复杂，而且由于空间故障难以修复，增加了通信失效的风险。

上述四种多址方式各有特点，实用中往往取其中两种或多种方式的组合来使用。表 6-2 对这四种基本的多址方式进行了比较。

表 6-2 四种基本多址方式比较

多址方式	特　　点	识别方法	主要优缺点	适用场合
FDMA	1. 各站发的载波信号在转发器内所占频带互不重叠（所发信号频率正交） 2. 各载波的包络恒定 3. 转发器工作于多载波	滤波器	优点：可沿用地面微波通信的成熟技术和设备；设备比较简单；不需要网同步 缺点：有互调噪声，不能充分利用卫星功率和频带；上行功率、频率需要监控；FDM/FM/FDMA 方式多站运用时效率低，大、小站不易兼容	FDM/FM/FDMA 方式适合站少、容量中、大的场合，TDM/PSK/FDMA 方式适合站少、容量中等的场合，SCPC 系统适合站多、容量小的场合
TDMA	1. 各站发的突发信号在转发器内所占时间互不重叠（所发信号时间正交） 2. 转发器工作于单载波	时间选通门	优点：没有互调问题，卫星的功率与频带能充分利用；上行功率不需严格控制；便于大、小站兼容，站多时通信容量仍较大 缺点：需要精确网同步；低业务量用户也需相同的 EIRP	中、大容量线路
CDMA	1. 各站使用不同的地址码进行扩展频谱调制（所发信号码型准正交） 2. 各载波包络恒定，在时域和频域均互相混合	相关器	优点：抗干扰能力较强；信号功率谱密度低，隐蔽性好；不需要网定时；使用灵活 缺点：频带利用率低，通信容量较小；地址码选择较难；接收时地址码的捕获时间较长	军事通信；小容量线路
SDMA	1. 各站发的信号只进入该站所属通信区域的窄波束中（所发信号空间正交） 2. 可实现频率重复使用 3. 转发器成为空中交换机	窄波束天线	优点：可以提高卫星频带利用率，增加转发器容量或降低对地球站的要求 缺点：对卫星控制技术要求严格；星上设备较复杂，需要交换设备	大容量线路

6.4 VSAT 系统

一般情况下，卫星通信系统用户必须要通过地面通信网汇接到地面站后才能进行通信，这对于某些用户（如航空公司、汽车运输公司、银行、饭店等）就显得很不方便。这些用户希望能自己组建一个更为灵活的卫星通信网络，甚至各自能够直接与卫星进行通信，把通信终端直接延伸到办公室和私人家庭，实现面向个人的通信，这样就产生了 VSAT 系统。VSAT 是 Very Small Aperture Terminal 的英文缩写，它是一种甚小口径天线（口径 < 2.5m）与数据终端组成的地面站卫星通信系统。主要用于分散、偏僻的边远地区或者个人用户、终

端分布广泛的专用或公用网，其特点是地面站小型化、便于移动、便于维修、造价低、功耗小、可直接安装在屋顶、阳台等空间。

VSAT 经过十多年的发展和完善已成为一种较为成熟的技术，可传输数据、语音、图像等多种综合业务并可与因特网联网。目前，已建成几百个 VSAT 系统，遍布全球的 VSAT 终端多达几十万台。VSAT 系统代表了卫星通信向着多功能、智能化、小型化发展的一个十分重要的方向。

6.4.1 VSAT 网的组成

典型的 VSAT 网主要由主站、卫星和大量的远端小站（VSAT）组成，通常采用星状网络结构，如图 6-17 所示。

图 6-17　VSAT 网组成示意图

1. 主站（中心站）

主站又称中心站（中央站）或枢纽站（hub），它是 VSAT 网的重要组成部分。与普通地球站一样，主站使用大型天线，其天线直径一般为 3.5 ~ 8 m（Ku 波段）或 7 ~ 13 m（C 波段），并配有高功率放大器（HPA）、低噪声放大器（LNA）、上/下变频器、调制解调器及数据接口设备等。主站通常与主计算机放在一起或通过其他（地面或卫星）线路与主计算机连接。

为了对全网进行监测、管理、控制和维护，一般在主站内（或其他地点）设有一个网络控制中心，对全网运行状况进行监控和管理，如实时监测、诊断各小站及主站本身的工作情况、测试信道质量、负责信道分配、统计、计费等。由于主站涉及整个 VSAT 网的运行，其故障会影响全网的正常工作，故其设备皆设有备份。为了便于重新组合，主站一般采用模块化结构，设备之间采用高速局域网的方式互联。

2. 小站（VSAT）

小站（VSAT）由小口径天线、室外单元和室内单元组成。VSAT 天线有正馈和偏馈两种形式，正馈天线尺寸较大，而偏馈天线尺寸小、性能好（增益高、旁瓣小），且结构上不易积冰雪，因此常被采用。室外单元主要包括 GaAsFET 固态功放、低噪声场效应管放大器、上/下变频器和相应的监测电路等。整个单元可以装在一个小金属盒子内直接挂在天线反射器背面。室内单元主要包括调制解调器、编译码器和数据接口设备等。室内、外两单元之间以同轴电缆连接，传送中频信号和供电电源，整套设备结构紧凑、造价低廉、全固态化、安装方便、环境要求低，可直接与其数据终端（计算机、数据通信设备、传真机、电传机等）相连，不需要地面中继线路。

3. 空间段

VSAT 网的空间部分是 C 频段或 Ku 频段同步卫星转发器。C 频段电波传播条件好、降雨影响小、可靠性高、小站设备简单、可利用地面微波成熟技术、开发容易、系统费用低。但由于有与地面微波线路干扰问题，功率通量密度不能太大，限制了天线尺寸进一步小型化，而且在干扰密度强的大城市选址困难。C 波段通常采用扩频技术降低功率谱密度，以减小天线尺寸，但采用扩频技术限制了数据传输速率的提高。通常 Ku 频段与 C 频段相比具有以下优点：

1）不存在与地面微波线路相互干扰的问题，架设时不必考虑地面微波线路而可随意安装。

2）允许的功率通量密度较高，天线尺寸可以更小，传输速率可更高。

3）天线尺寸一样时，天线增益比 C 频段高 6 ～ 10dB。

虽然 Ku 频段的传播损耗特别是降雨影响大，但实际上线路设计时都有一定的余量，线路可用性很高，在多雨和卫星覆盖边缘地区，使用稍大口径的天线即可获得必要的性能余量，因此目前大多数 VSAT 系统主要采用 Ku 频段。我国的 VSAT 系统工作在 C 频段，这是由于目前所拥有的空间段资源所决定的。

由于转发器造价很高，空间部分设备的经济性是 VSAT 网必须考虑的一个重要问题，因此可以只租用转发器的一部分，地面终端网可以根据所租用卫星转发器的能力来进行设计。

6.4.2　VSAT 的工作过程

在图 6-17 所示的 VSAT 网中，小站和主站通过卫星转发器连成星形网络结构，所有的小站可直接与主站互通。小站之间的通信以双跳方式来完成，即由小站首先将信号发送给主站，然后由主站转发给其他小站。在 VSAT 网中，一般采用分组传输方式，任何进入网络的数据在网内发送之前首先要进行格式化，即每份较长的数据分解成若干固定长度的"段"，每"段"再加上必要的地址和控制信息并按规定的格式进行排列作为信息传输单位，通常称之为"分组"。下面简要介绍 VSAT 的工作过程。

1. 出站（Outbound）**传输**

在 VSAT 网中，主站向外方向发送的数据，也即从主站通过卫星向小站方向传输的数据称为出站传输。出站信道通常采用时分复用（TDM）或统计时分复用（STDM）技术组成 TDM 帧，通过卫星以广播方式发向所有远端小站。TDM 帧结构如图 6-18 所示。在 TDM 帧中，每个分组报文包含一个地址字段，标明接收的小站地址。所有小站接收 TDM 帧并从中选出符合该站地址的分组数据。利用适当的寻址方案，一个报文可以送给一个特定的小站，也可发给一群指定的小站或所有小站。当主站没有数据分组要发送时，它可以仅发送同步码组。

图 6-18　TDM 帧结构

2. 入站（Inbound）传输

各远端小站通过卫星向主站传输的数据称为入站传输数据。在 VSAT 网中，各用户终端可以随机地产生信息。由此入站数据一般采用随机方式发射突发性信号。采用信道共享协议，一个入站信道可以同时容纳许多小站。所能容纳的最大站数主要取决于小站的数据率。许多分散的小站，以分组的形式，通过具有延迟 τ_s 秒的随机联接时分多址（RA/TDMA）卫星信道向主站发送数据。由于 VSAT 本身一般收不到经卫星转发的小站发射信号，不能用自发自收的方法监视本站发射信号的传输情况，因此，利用争用协议时需要采用确认应答（ACK）方案以防数据的丢失，即主站成功收到小站信号后，需要通过 TDM 信道回传一个 ACK 信号，宣布已成功收到数据分组。如果由于误码或分组碰撞造成传输失败，小站收不到 ACK 信号，则失败的分组需要等待一定时间后重传。

RA/TDMA 信道是一种信道争用模式，可以利用争用协议（如 S – ALOHA）由许多小站共享 TDMA 信道。TDMA 信道分成一系列连续性的帧和时隙，每帧由 N 个时隙组成，如图 6-19 所示。各小站只能在时隙内发送分组，一个分组不能跨越时隙界限，即分组的大小可以改变，但最大长度绝不能大于一个时隙的长度。各分组要在一个时隙的起始时刻开始传输，并在该时隙结束之前完成传输。在一个帧中，时隙的大小和数量取决于应用情况，时隙周期可用软件来选择。在网中，所有共享 RA/TDMA 信道的小站都必须与帧起始（SOF）时刻及时隙起始时刻保持同步。

图 6-19　TDMA 信道帧结构

TDMA 突发信号由前同步码开始，前同步码由比特定时，载波恢复信息、FEC（前向纠错）、译码器同步和其他开销（当需要时）组成。接下去是起始标记、地址字段、控制字段、数据字段、CRC（循环冗余校验）和终止标记。如果需要，后同步码可包括维持比译码器删除移位比特（Viterbi decoder flushing outbit）。小站可以在控制字段发送申请信息。

由此可见，VSAT 网与一般卫星网不同，它是一个典型的非对称网络，即链路两端设备不相同，执行的功能不相同，入站和出站业务量不对称，入站和出站信号强度不对称，主站发射功率大得多，以便适应 VSAT 小天线的要求。VSAT 发射功率小，主要利用主站高的接收性能来接收 VSAT 的低电平信号。在设计系统时必须考虑到 VSAT 网的上述特点。

6.5 卫星导航定位系统

卫星导航定位系统是以人造卫星作为导航台的星基无线电定位系统，该系统的基本作用是向各类用户和运动平台实时提供准确、连续的位置、速度和时间信息。目前卫星导航定位技术已基本取代了无线电导航、天文测量和传统大地测量技术，成为人类活动中普遍采用的导航定位技术。拥有这样的技术和能力就会在军事、外交和经济上占据主动地位，获得巨大的利益，因此，世界大国和商业集团不惜巨资发展卫星导航系统。

全球卫星导航定位系统能够全天候地、连续地、实时地提供导航、定位和定时，具有全能性（陆地、海洋、航空和航天）和全球性等特点。在信息、交通、公安、农业、渔业、防灾、救灾、环境监测等建设方面具有其他手段所无法替代的重要作用，发展和应用前景十分广阔。

6.5.1 全球定位系统

1. GPS 系统构成

全球定位系统（Global Positioning System，GPS）是美国从 20 世纪 70 年代开始研制的新一代卫星导航与定位系统，历时 20 余年，耗资 200 亿美元，于 1994 年全面建成。GPS 主要由空间部分（GPS 卫星星座）、控制部分（地面监控系统）和用户部分（GPS 信号接收机）三大部分构成，如图6-20所示。

GPS 的空间部分（空间段）是由运行在 20200km 高空的 24 颗 GPS 工作卫星组成的卫星星座，其中包括 21 颗用于导航的卫星和 3 颗在轨备用卫星。24 颗卫星均匀分布在 6 个轨道平面内，轨道倾角为 55°，各个轨道平面之间夹角为 60°，每颗卫星的正常运行周期为 11h58min，若考虑地球自转等因素，将提前 4min 进入下一个周期。每颗 GPS 工作卫星都向空间发射精确的、经过译码的时间导航信号，GPS 用户正是利用这些信号来进行工作的。地球上任何地方的用户在任何时候都能看到至少 4 颗卫星，因此，GPS 是一个全天候、实时性的导航定位系统。

图 6-20　GPS 系统构成图

控制部分（控制段）由分布在全球的若干个跟踪站组成的监控系统构成，具有跟踪、计算、更新及监视功能，用于控制系统中所有的卫星。根据跟踪站作用的不同，又可将其分为主控站、监控站和注入站。主控站有一个，位于美国科罗拉多（Colorado）的法尔孔

（Falcon）空军基地，其作用是根据各监控站对 GPS 的观测数据计算出卫星的星历和卫星钟的改正参数等，并将这些数据通过注入站注入到卫星中去；同时，它还对卫星进行控制，向卫星发布指令，当工作卫星出现故障时，调度备用卫星，替代失效的工作卫星工作；另外，主控站也具有监控站的功能。监控站有五个，除了主控站外，其余四个分别位于夏威夷（Hawaii）、阿松森群岛（Ascencion）、迪哥加西亚（Diego Garcia）、卡瓦加兰（Kwajalein），监控站的作用是接收卫星信号，监测卫星的工作状态。注入站有三个，它们分别位于阿松森群岛（Ascencion）、迪哥加西亚（Diego Garcia）、卡瓦加兰（Kwajalein），注入站的作用是将主控站计算出的卫星星历和卫星钟的改正数等注入到卫星中去。

GPS 用户部分（用户段）是所有用户装置及其支持设备的集合。典型的用户设备包括一部 GPS 接收机/处理器、一部天线、计算机和 CDU（控制和显示单元）4 个主要部件。这些设备捕获并跟踪视野内的至少四颗卫星或更多颗卫星的导航信号，测出无线射频转接次数和多普勒频移，并把它们转换成伪距和伪距率，得到用户的三维参数——位置、速度和系统时间。用户设备可以是相对简单、轻便的手持式或背负式接收机，也可以与其他导航传感器或系统集成在一起，在高度动态的环境下仍具有足够精确的、复杂的接收机。

GPS 系统能够提供全球性的全天候实时的时间、位置、速度、方向等多种高精度的信息，在各种共用设施，如航空、航海、导航、车辆指挥、调度、监控、报警等的管理中得到广泛应用，已经发展成为目前应用最为成功的卫星定位系统，被誉为人类定位技术的一个里程碑。

2. GPS 定位原理

GPS 的定位原理就是利用空间分布的卫星以及卫星与地面点的距离交会得出地面点位置，简言之，GPS 定位原理是一种空间的距离交会原理。GPS 卫星任何瞬间的坐标位置都是已知的。一颗 GPS 卫星信号传播到接收机的时间只能决定该卫星到接收机的距离，但并不能确定接收机相对于卫星的方向，在三维空间中，GPS 接收机的可能位置构成一个以该 GPS 卫星为中心、以卫星到接收机的距离为半径的球面，称为定位球；当测到两颗卫星的距离时，接收机的可能位置被确定于两个球面相交构成的圆上；当测到第三颗卫星的距离后，第三个定位球面与该圆相交得到两个可能的点；第四颗卫星确定的定位球便得出接收机的准确位置。因此，如果接收机能够同时得到四颗 GPS 卫星的测距信号，就可以进行瞬间定位；当接收到信号的卫星数目多于四颗时，可以优选四颗卫星计算位置，或以信噪比最高的卫星数据作为平差标准与其他多颗卫星数据进行平差计算，以消除公共误差提高定位精度。

GPS 定位的方法有很多种，用户可以根据不同的用途采用不同的定位方法。

1）根据定位模式的不同，可将定位方法分为绝对定位和相对定位。绝对定位又称为单点定位，这是一种采用一台接收机进行定位的模式，它所确定的是接收机天线的绝对坐标。这种定位模式的特点是作业方式简单，可以单机作业。绝对定位一般用于导航和精度要求不高的应用中。相对定位又称为差分定位，这种定位模式采用两台以上的接收机，同时对一组相同的卫星进行观测，以确定接收机天线间的相互位置关系。

2）根据用户接收机在定位中的运动状态不同，可将定位方法分为静态定位和动态定位。静态定位就是在进行 GPS 定位时，认为接收机的天线在整个观测过程中的位置是保持不变的，即在数据处理时，将接收机天线的位置作为一个不随时间的改变而改变的量。动态定位就是在进行 GPS 定位时，认为接收机的天线在整个观测过程中的位置是变化的，即在数据处理时，将接收机天线的位置作为一个随时间的改变而改变的量。

6.5.2　GPS 伪距单点定位方法

这里介绍一种 GPS 伪距单点定位方法。

GPS 系统的构成使其具备了进行被动式定位所必需的三大基本条件（见图 6-21）：

（1）导航卫星及其导航定位信号

导航卫星星座由若干颗导航卫星组成，每颗导航卫星同时连续不断地向全球用户发送频率高度稳定的导航定位信号，以供用户接收使用。导航定位信号是一种利用伪随机噪声码传送导航电文的调相信号，GPS 卫星采用了两种类型的伪噪声码，即 C/A 码和 P 码。

（2）导航电文

每颗导航卫星用导航电文的形式实时地报告自己目前所处的位置，以便用户获取用于位置解算的动态已知点。这个工作是由地面监控系统测定的，并定期地注入到各颗卫星中。

（3）卫星信号接收设备

该设备不但能够接收、跟踪、变换和测量来自导航卫星的导航定位信号，而且还能够实时地计算和显示出用户所需要的时间、位置和速度测量值。

1. GPS 伪距测量

GPS 被动式定位是基于被动式测距原理完成的。依据该原理测量用户到 GPS 卫星的距离（简称为站星距离）时，GPS 信号接收机只接收来自 GPS 卫星的导航定位信号，不发射任何信号，因此，存在下面三种时间系统：

1）各颗 GPS 卫星的时间标准。

2）各台 GPS 信号接收机的时间标准。

3）统一上述两种时间标准的 GPS 时间系统，简称为 GPS 时系。

当使用 C/A 码或 P 码进行 GPS 站星距离测量时，GPS 测距信号在上述三种时间系统中的收发时元如图 6-22 所示。根据该图，可以求得伪噪声码（C/A 码或 P 码）从 GPS 卫星到 GPS 信号接收天线的传播时间为

$$\tau = T(\tau_R) - t(\tau_S) \tag{6-6}$$

式中，$T(\tau_R)$ 是伪噪声码从 GPS 卫星到达 GPS 信号接收天线的时元；$t(\tau_S)$ 是伪噪声码在其所在的 GPS 卫星的发射时元。

图 6-21　被动式定位的基本条件　　　　图 6-22　三种时间系统之间的相互关系

将式(6-6)改写为

$$\tau = T(\tau_R) - t(\tau_S) + (\tau_R - \tau_S) - (\tau_R - \tau_S)$$
$$= (\tau_R - \tau_S) + [\tau_S - t(\tau_S)] - [\tau_R - T(\tau_R)]$$
$$= (\tau_R - \tau_S) + (dt - dT) \tag{6-7}$$

式中，$dt = \tau_S - t(\tau_S)$ 是 GPS 卫星时钟相对于 GPS 时间系统的时间偏差，dt 可以根据卫星导航电文给出的星钟 A 系数求得，故可将其视为已知值；$dT = \tau_R - T(\tau_R)$ 是 GPS 信号接收机时钟相对于 GPS 时间系统的时间偏差，简称为接收机钟差。

从式(6-7)可得到以下结论

1) $(\tau_R - \tau_S) = \tau_d$ 是伪噪声码的真实传播时间，它相应于 GPS 信号接收天线和 GPS 卫星之间的真实距离 ρ，即

$$\rho = C(\tau_R - \tau_S) = C\tau_d \tag{6-8}$$

2) GPS 信号接收机只能测得一个带时钟偏差 $(dt - dT)$ 的传播时间 τ，而不能测得真实的传播时间 τ_d。也就是说，GPS 信号接收机只能测得带有距离偏差的站星距离，这个距离是以传播时间 τ 求得的距离，叫做"伪距"，其值为 $P = C\tau$。GPS 信号通过电离层/对流层到达地面，如果考虑到电离层/对流层引起的距离偏差，那么就可以知道用伪噪声码测得的伪距是

$$P = C\tau = \rho + C(dt - dT) + d_{ion} + d_{trop} \tag{6-9}$$

式中，P 是 GPS 信号接收机测得的伪距；ρ 是卫星在轨位置和用户位置的函数；$C(dt - dT)$ 是时钟偏差引起的距离偏差；d_{ion} 是电离层效应引起的距离偏差，相对于载波 L_1 来说，其最大值可达 160m，相对于载波 L_2 来说，其最大值可达 270m；d_{trop} 是对流层引起的距离偏差，它随着用户高度及其气象要素的不同而变换。

由此可知，利用第 j 颗 GPS 卫星测得的伪距可写为

$$P^j = \{[X^j(t) - X_u(t)]^2 + [Y^j(t) - Y_u(t)]^2 + [Z^j(t) - Z_u(t)]^2\}^{1/2} +$$
$$C(dt - dT) + d_{ion}^j + d_{trop}^j \tag{6-10}$$

式中，$X^j(t)$、$Y^j(t)$ 和 $Z^j(t)$ 是第 j 颗 GPS 卫星在时元 t 的三维坐标，这三个量的值可以根据导航电文提供的 GPS 星历算得，因此可以作为已知数；$X_u(t)$、$Y_u(t)$ 和 $Z_u(t)$ 是用户的 GPS 信号接收天线在时元 t 的三维坐标，这三个量是待求解的未知数；接收机钟差 dT 也是一个待求解的未知数。因此，根据式(6-10)计算用户位置时，需要求解四个未知数，这就要求至少要观测四颗 GPS 卫星才能列出四个观测方程。

2. 伪距单点定位

所谓"单点定位"就是用户只用一台 GPS 信号接收机测得自己目前所处的位置，如图 6-23 所示。通常采用 GPS 卫星所发送的导航定位信号作为测距信号，测得用户至 GPS 卫星的距离，进而求解出用户的三维坐标。

单点定位时，用户三维位置的测算如图 6-24 所示。由图可知，用户在时元 t 的位

图 6-23 用一台 GPS 信号接收机作单点定位

置为

$$R_u(t) = R_j(t) - \rho_j(t) \qquad (6\text{-}11)$$

式中，$R_u(t)$ 是 GPS 用户在时元 t 的位置矢量；$R_j(t)$ 是第 j 颗 GPS 卫星在时元 t 的位置矢量；$\rho_j(t)$ 是 GPS 用户和第 j 颗 GPS 卫星在时元 t 的矢径。

如果用 e 表示用户到第 j 颗 GPS 卫星的单置矢量（方向余弦），并考虑到

$$e\rho_j(t) = \rho_j(t) \qquad (6\text{-}12)$$

则有

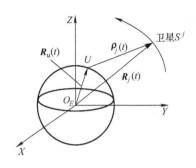

图 6-24 被动式定位的基本原理

$$e_j R_u(t) = e_j R_j(t) - \rho_j(t) \qquad (6\text{-}13)$$

上式中的站星距离 $\rho_j(t)$ 可写为

$$\rho_j(t) = P_j(t) - (B_j - B_u) \qquad (6\text{-}14)$$

式中，$P_j(t)$ 是 GPS 信号接收机所测得的用户天线和第 j 颗 GPS 卫星之间的伪距；B_u 是接收机时钟相对于 GPS 时系的偏差所引起的距离偏差；B_j 是第 j 颗 GPS 卫星时钟相对于 GPS 时系的偏差所引起的距离偏差。

由式(6-13)和式(6-14)可知，用户的位置为

$$e R_u(t) + B_u = e R_j(t) - P_j(t) + B_j \qquad (6\text{-}15)$$

式(6-15)中的三个矢量可以用下列三个方程式来表述：

$$\left. \begin{array}{l} R_u(t) = iX_u(t) + jY_u(t) + kZ_u(t) \\ R_j(t) = iX_j(t) + jY_j(t) + kZ_j(t) \\ e_j = ie_{j1} + je_{j2} + ke_{j3} \end{array} \right\} \qquad (6\text{-}16)$$

如果考虑到两个矢量之积等于对应项之数积，则有

$$e_{j1}X_u(t) + e_{j2}Y_u(t) + e_{j3}Z_u(t) + B_u = e_{j1}X_j(t) + e_{j2}Y_j(t) + e_{j3}Z_j(t) + B_j - P_j(t) \quad (6\text{-}17)$$

式(6-17)就是被动式定位的基本方程。从该式可以看出，为了解出用户在时元 t 的三维坐标和钟差，用户接收机至少需要观测 4 颗在视导航卫星。也就是说，当 $j = 1$，2，3，4 时，则有式(6-17)所示的 4 个线性方程，其矩阵形式如下：

$$\begin{bmatrix} e_{11} & e_{12} & e_{13} & 1 \\ e_{21} & e_{22} & e_{23} & 1 \\ e_{31} & e_{32} & e_{33} & 1 \\ e_{41} & e_{42} & e_{43} & 1 \end{bmatrix} \begin{bmatrix} X_u(t) \\ Y_u(t) \\ Z_u(t) \\ B_u(t) \end{bmatrix} = \begin{bmatrix} E_1 & 0 & 0 & 0 \\ 0 & E_2 & 0 & 0 \\ 0 & 0 & E_3 & 0 \\ 0 & 0 & 0 & E_4 \end{bmatrix} \begin{bmatrix} S_1(t) \\ S_2(t) \\ S_3(t) \\ S_4(t) \end{bmatrix} - \begin{bmatrix} P_1(t) \\ P_2(t) \\ P_3(t) \\ P_4(t) \end{bmatrix}$$

上式中的矩阵

$$E_j = \begin{bmatrix} e_{j1} & e_{j2} & e_{j3} & 1 \end{bmatrix}$$

$$S_j(t) = \begin{bmatrix} X_j(t) & Y_j(t) & Z_j(t) & B_j \end{bmatrix}^T$$

如果令

$$G_u = \begin{bmatrix} e_{11} & e_{12} & e_{13} & 1 \\ e_{21} & e_{22} & e_{23} & 1 \\ e_{31} & e_{32} & e_{33} & 1 \\ e_{41} & e_{42} & e_{43} & 1 \end{bmatrix} = \begin{bmatrix} \sin E_1 & \sin A_1 \sin E_1 & \cos A_1 \cos E_1 & 1 \\ \sin E_2 & \sin A_2 \sin E_2 & \cos A_2 \cos E_2 & 1 \\ \sin E_3 & \sin A_3 \sin E_3 & \cos A_3 \cos E_3 & 1 \\ \sin E_4 & \sin A_4 \sin E_4 & \cos A_4 \cos E_4 & 1 \end{bmatrix}$$

式中，E_j 是第 j 颗卫星的高度角；A_j 是第 j 颗卫星的方位角。

$$A_u = \begin{bmatrix} E_1 & 0 & 0 & 0 \\ 0 & E_2 & 0 & 0 \\ 0 & 0 & E_3 & 0 \\ 0 & 0 & 0 & E_4 \end{bmatrix}$$

$$X(t) = \begin{bmatrix} X_u(t) & Y_u(t) & Z_u(t) & B_u(t) \end{bmatrix}^T$$

$$S(t) = \begin{bmatrix} S_1(t) & S_2(t) & S_3(t) & S_4(t) \end{bmatrix}^T$$

$$P(t) = \begin{bmatrix} P_1(t) & P_2(t) & P_3(t) & P_4(t) \end{bmatrix}^T$$

则可知在时元 t 时伪距测量的用户位置矩阵为

$$G_u(t)X(t) = A_u(t)S(t) - P(t) \tag{6-18}$$

根据矩阵平差原理，式(6-18)两端同乘以转移矩阵 G_u^T，则有

$$G_u^T G_u(t)X(t) = G_u^T[A_u(t)S(t) - P(t)]$$

式(6-18)两端同乘以逆矩阵 $(G_u^T G_u)^{-1}$，且 $(G_u^T G_u)(G_u^T G_u)^{-1} = 1$，则可以求得用户在时元 t 时的位置矩阵为

$$X(t) = (G_u^T G_u)^{-1} G_u^T[A_u(t)S(t) - P(t)] \tag{6-19}$$

式(6-19)是 GPS 伪距单点被动式定位的三维位置方程。根据该方程可以求解出用户在时元 t 的三维坐标和用户时钟偏差。但却需要进行若干次的迭代解算，直到第 $(n+1)$ 次解算的 $X(t)_{(n+1)}$ 等于第 n 次解算的 $X(t)_n$。或者，根据用户的定位精度要求，规定 $[X(t)_{(n+1)} - X(t)_n]$ 达到某一个额定值，此时所求得的 $X(t)_{(n+1)}$ 便可以作为求解结果。

当进行迭代计算时，如果所给定的用户位置初始值越接近实际值，迭代次数就越少，因此，对于动态用户，特别是高动态用户来说，选取适宜的初始值是很重要的。

为了进一步说明被动式测距在卫星导航中的作用，图 6-25 给出了用三颗 GPS 卫星测定用户位置的距离交会法，用第 j 颗 GPS 卫星在时元 t 的点位为圆心，以用户所测得的伪距 P_j（途中 $j = a, b, c$）为半径做出三个定位球，它们相交可得到用户位置。由于所测得的伪距 P_j 存在一个公有偏差 B_u，故交会出一个"位置区"（如图 6-25 中所示的 abc 三角形），而不是一个"位置点"（它到 GPS 卫星的距离为真实距离 $P_j(t)$），因此，用三颗 GPS 卫星只能测定用户的二维位置，不能求出点位高程。

图 6-25 距离交会法确定用户二维位置

6.5.3 Galileo 全球卫星导航定位系统

Galileo 系统是由欧盟与欧空局合作开发的新一代民用卫星导航定位系统，该系统具有高精度和优异的可靠性、安全性。

Galileo 系统的发展分为三个阶段：

1）研究和在轨验证阶段，任务与需求明确，研制 2~4 颗卫星和地面设备，进行在轨运

行验证。

2）工程展开阶段，制造并发射系统剩余 26 ~ 28 颗卫星，地面设备建设完毕。

3）商业运营阶段。

Galileo 系统体系结构的建立主要考虑了以下四个因素：

1）适应用户和市场的需求。

2）开发和运行成本最小。

3）系统本身固有风险最小。

4）与其他系统（主要是 GPS 系统）的可互操作性。

基于以上因素的考虑，Galileo 系统由全球设施部分、区域设施部分、局域设施部分和用户接收机及终端组成。

全球设施部分是 Galileo 系统基础设施的核心，又可分为空间段和地面段两大部分。Galileo 系统的空间段由 30 颗中地球轨道（MEO）导航星组成，距离地面约 23616km，分布在三个轨道倾角为 56°的等间距的轨道上，每颗卫星的重量约 650kg，卫星寿命 20 年。每条轨道上均匀分布 10 颗卫星，其中包括 1 颗备用卫星，卫星约 14 小时 22 分钟绕地球一周，这样的布设可以满足全球无缝导航定位。卫星上携带导航用有效载荷和搜救（SAR）用收发异频通信设备，有效载荷在卫星上负责生成所有的时间和导航信号的任务，包括授时、信号发生器和信号发射部分。地面段的两大基本功能是卫星控制和任务控制，卫星控制通过使用遥测遥控跟踪指控站（TT&C）上行链路进行监控来实现对星座的管理；任务控制是指对导航任务的核心功能（如定规、时钟同步），以及通过 MEO 卫星发布完好性消息进行全球控制。地面段由 Galileo 控制中心、Galileo 上行链路站、Galileo 监测站网络和 Galileo 全球通信网络组成。

区域设施部分由完好性监测站网络、完好性控制中心和完好性注入站组成。区域范围内服务的提供者可独立使用 Galileo 系统提供的完好性上行链路通道发布区域完好性数据，这将确保每个用户能够收到至少由两颗仰角在 25°以上的卫星提供的完好性信号。全球最多可设 8 个区域性地面设施。在欧洲以外地区由专门对该地区 Galileo 系统进行完好性监测的地面段组成独立区域设施，区域服务供应商负责投资、部署和运营。

Galileo 区域设施部分将根据当地的需要增强系统的性能，例如在某些地区（如机场、港口、铁路枢纽和城市市区）提供特别的精确性和完好性，以及为室内用户提供导航服务。区域设备需要确保完好性检测，数据的处理和发射。将数据传输至用户接收机既可以通过特制的链路，也可以不通过 Galileo 系统。

区域设施部分应包括本地精确导航设备、本地高精度导航设备、本地导航辅助设备和本地扩大可用性导航设备。

用户接收机及终端的基本功能是在用户端实现 Galileo 系统所提供的各种卫星无线导航服务。

与现有的卫星导航系统相比，Galileo 系统具有非常多的扩展功能，根据 2000 年 WRC 会议精神，Galileo 系统将使用四个频段（如表 6-3 所示），各种服务在这四个频率上共频复用。

表 6-3 中的带宽在系统的实施过程中随着码速率选择的不同而会有所改变。

在 Galileo 拟订的四个工作频率中，用于公共导航的 1575.42MHz 与 GPS 现在正在使用

表 6-3 Galileo 系统

中心频率/MHz	带宽/MHz	用　途
1176.45	30	导航、生命安全
1196.91 ~ 1207.14	30	受控公共事业、商业服务
1278.75	22	受控公共事业
1575.42	28	导航、生命安全

的民用导航信号频率重合，1176.45MHz 与 GPS 即将投入使用的第三工作频率点重合，这表明 Galileo 系统的用户终端在导航功能上可与 GPS 完全兼容，今后世界上的导航接收机将既能接收 Galileo 信号，又能接收 GPS 信号，Galileo 只能通过导航精度的优势和附加服务来表现其独立性。

Galileo 系统与 GPS 系统的各种参数比较如表 6-4 所示。

表 6-4 Galileo 与 GPS 系统参数比较表

系　　统	Galileo	GPS
卫星总数	27	24
轨道高度/km	23616	20230
轨道平面数	3	6
轨道仰角	56°	55°
轨道形状	圆轨道	圆轨道
定位载波	L_1、L_2、L_3	L_1、L_2
使用频段/MHz	1164 ~ 1215 1260 ~ 1300 1559 ~ 1591	$f_1 = 1575.42$ $f_2 = 1227.6$

6.5.4 "北斗一号"卫星导航定位系统

"北斗一号"卫星导航定位系统是我国自行研制的导航定位系统，也称为双星区域导航定位系统，它是一个全天候、全天时提供卫星导航信息的区域性导航系统，该系统覆盖范围为东经 70° ~ 145°，北纬 5° ~ 55°，可以无缝覆盖我国全部本土和周边海域，在中国全境范围内具有良好的导航定位可用性。

"北斗一号"卫星导航定位系统由三个部分组成：空间部分、地面中心控制系统和用户终端。空间部分由两颗地球静止轨道卫星和一颗备用卫星组成，卫星不发射导航电文，也不配备高精度的原子钟，只是用于在地面中心站与用户之间进行双向信号中继。地面中心控制系统是北斗导航系统的中枢，包括一个配有电子高程图的地面中心站、地面网管中心、测轨站、测高站和数十个分布在全国各地的地面参考标校站。地面中心控制系统主要用于对卫星定位、测轨，调整卫星运行轨道、姿态，控制卫星的工作，测量和收集校正导航定位参量，以形成用户定位修正数据并对用户进行精确定位。用户终端是仅带有定向天线的收发器，用于接收中心站通过卫星转发来的信号和向中心站发射通信请求，不含定位解算处理器。

"北斗一号"卫星导航系统的定位原理与 GPS 系统不同，GPS 采用的是被动式伪码单向测距三维导航，由用户设备独立解算自己的三维定位数据，而"北斗一号"卫星导航定位系统则采用主动式双向测距二维导航，由地面中心控制系统解算供用户使用的三维定位数据。

"北斗一号"卫星导航系统的工作过程如下：地面中心站定时向两颗工作卫星发送载波，载波上调制有测距信号、电文帧、时间码等询问信号。询问信号经其中一颗工作卫星转发器变频放大转发到用户机器。用户终端接收询问信号后，立即响应并向两颗工作卫星发出应答信号，这个信号中包括了特定的测距码和用户的高程信息。两颗工作卫星将收到的用户终端应答信号经变频放大下传到地面中心站，地面中心站处理收到的应答信息，将其全部发送到地面网管中心。地面网管中心根据用户的申请服务内容进行相应的数据处理，对于定位申请，计算出信号经中心控制系统—卫星—用户之间的往返时间，再综合用户机发出的自身高程信息和存储在中心控制系统的用户高程电子地图，根据其定位的几何原理，算出用户所在点的三维坐标。地面网管中心将处理的信息加密后送至地面中心站，再经卫星传到用户端。另外，也可以由中心站主动进行指定用户的定位，定位后不将位置信息发送给用户，而由中心站保存，这样调度指挥和相关单位就可获得用户所在位置。对于通信申请，将通信以同样的方式发给收信用户。

北斗卫星导航定位系统综合了卫星导航和无线电导航定位的优点，相当于把无线电导航台设置在围绕地球同步旋转"静止"的卫星上，从而为军事导航、公路交通、铁路运输、海上作业等提供全天候 24h 连续的导航定位服务。北斗卫星导航定位系统在国际电信联盟（ITU）登记的频段为卫星无线电定位业务（RDSS）频段，上行为 L 频段（频率 1610 ～ 1626.5MHz），下行为 S 频段（频率 2483.5 ～ 2500MHz）；登记的卫星位置为赤道面 80°E、140°E 和 110.5°E（最后一个为备份星星位）。

北斗卫星导航定位系统的成功研制解决了中国自主卫星导航定位系统的有无问题，它是一个成功的、实用的、投资很少的初级起步系统。此外，该系统的建设并不排斥国内民用市场对 GPS 的广泛使用。相反，在该系统的基础上，还能建立我国的 GPS 广域差分系统，使受选择可用性（Selective Availability，SA）技术干扰的 GPS 民用码接收机的定位精度由百米级改正至米级，从而更好地促进 GPS 在民间的利用。目前，卫星运行正常，系统调试与试运行表明，北斗卫星导航定位系统在国内及周边服务区的定位精度是很好的，简短双向数据很正常，满足系统预定要求。北斗卫星导航定位系统尤其适合于同时需要导航与移动数据通信的场所，例如交通运输、调度指挥以及有关地理信息系统的实时查询等。该系统的正式运行进一步促进了中国导航应用市场的快速发展，刺激了大批量用户机的迫切需求。

北斗卫星导航定位系统需要中心站提供数字高程图数据和用户机发上行信号，因而使系统用户容量、导航定位维数和隐蔽性等方面受到限制，在体制上不能与国际上的 GPS 和 Galileo 卫星导航定位系统兼容。因此，中国需要在第一代卫星导航系统的基础上发展第二代卫星导航系统，以满足今后国家对卫星导航应用和长远经济发展的需求。

6.6　习题

1. 什么是卫星通信？卫星通信具有哪些特点？
2. 什么是日凌中断和星蚀？
3. 为何将卫星通信的工作频段选在微波频段？

4. 试说明卫星通信系统的组成及其工作过程。

5. 通信卫星由几个部分组成？

6. 按照变频方式和传输信号形式的不同可将转发器分为几种？各有何特点？

7. 简述卫星运动三定律。

8. 什么是卫星运行轨道？引起卫星轨道摄动的因素有哪些？

9. FDMA、TDMA、CDMA 和 SDMA 四种多址方式各有哪些优缺点？

10. 典型的 VSAT 网由几部分组成？通常采用哪种网络结构？

11. 简述 GPS 系统的组成及其定位原理。

12. Galileo 系统由几个部分组成？将 Galileo 系统与 GPS 系统进行比较。

13. "北斗一号"卫星导航定位系统由几个部分组成？其定位原理与 GPS 有何不同？

第7章 移动通信系统

摘要：

随着时代的发展，移动通信逐渐成为人类社会经济发展中越来越重要的通信手段之一。与此同时，人们对移动通信系统的需求也不断提升，正是这种需求促进了移动通信关键技术的不断突破，使其得以持续发展和演进。

本章首先介绍蜂窝移动通信系统的组成、演进趋势以及典型的数字业务，随后分析目前处于主导地位的第四代蜂窝通信系统（4G）以及尚处于试验阶段的第五代移动通信系统（5G）中涉及的关键技术。多输入多输出技术（MIMO）、正交频分复用技术（OFDM）是4G中使用到的两种主要技术，本章从原理、关键技术和性能评价三个方面对以上两种技术进行说明。随后，以大规模多MIMO、非正交多址、同时同频全双工、超密度多小区技术四方面为切入点，分析和讨论5G网络的关键技术挑战及标准化进程。

7.1 蜂窝移动通信系统演进

7.1.1 蜂窝移动通信系统及其组成

从20世纪60年代中期到70年代中期，美国推出了改进型移动电话系统，它使用150MHz和450MHz频段，采用大区制、中小容量，即在其覆盖区域的中心设置大功率发射机，使信号能覆盖整个地区（半径可达几十km），实现自动选择无线频道及自动接入公用电话网，但是它能同时为用户提供的信道数有限，远远不能满足移动通信业务需求的快速增长，为了更有效地利用有限的频谱资源，美国贝尔实验室提出了具有里程碑意义的小区制、蜂窝组网的理论，为移动通信系统的广泛应用开辟了道路。

现代蜂窝移动通信系统主要使用800/900/1800MHz频段，采用小区制，即把整个服务区划分成若干个较小的区域，每个至少有一个固定的基站服务，这些基站为小区提供可用于语音、数据等传输的网络覆盖。小区模式取决于地形和接收特性，可以由六边形、正方形、圆形或其他一些规则形状组成，通常采用六边形。

蜂窝的面积有大有小，根据用户密集的程度进行设计。蜂窝半径一般为1.5~15km，在用户相对密集的地方，半径可能小于1km，随着用户不断增加，当小区所支持的用户数达到饱和时，可以将这些小区进一步分裂，以适应持续增长的业务需求。

通常把若干个相邻的小区按一定的数目划分成区群，并把可提供使用的无线信道分成若干个（等于区群中的小区数）频率组，区群内各小区均使用不同的频率组，该频率组可以在其他小区中重复使用，即频率复用，它可以提高频谱利用率，扩大系统容量。但当相邻小区使用相同的频率时，会发生相互干扰，即同信道干扰。干扰的强弱与蜂窝间的距离与蜂窝半径的比值有关，蜂窝的半径取决于发射机的功率，它是由系统工程师控制的。一般来说，小区越小（频率组不变），单位面积可容纳的用户数越多，即系统的频率利用率越高，但相邻区群中使用相同频率的小区之间的同道干扰越强。如图 7-1 所示，一个区群由 7 个小区构成，并在覆盖区域内进行复制，标有相同字母的小区使用相同的频率组。为了减少同频小区，同频小区必须在物理上隔开一个最小的距离，为传播提供充分的间隔，即再用距离。

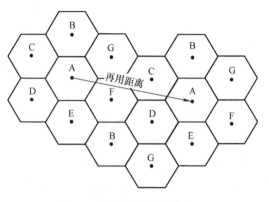

图 7-1　蜂窝系统的频率复用

在蜂窝系统中，当移动台从一个小区进入另一个相邻小区时，其工作频率及基站与移动交换中心所用的接续链路必须从它离开的小区转换到正在进入的小区，这一过程称为越区切换。控制机理如下：当通信中的移动台到达小区边界时，该小区的基站能检测出此移动台的信号正在逐渐变强，系统收集来自这些有关基站的检测信息，进行判决，当需要实施越区切换时，就发出相应的指令，使正在越过边界的移动台将其工作频率和无线链路从离开的小区切换到新的小区。

1. 蜂窝移动通信系统的组成

蜂窝移动通信系统主要是由移动台（MS）、基站（BS）、移动业务交换中心（MSC）和与固网相连的接口设备组成。

（1）移动台

移动台（Mobile Station，MS）是公用移动通信网中移动用户使用的设备，也是用户能够直接接触的整个系统中的唯一设备，一般有车载式、便携式和手持式（手机）。

（2）基站

基站（Base Station，BS）通过无线接口直接与移动台相连，在移动台和网络之间提供一个双向的无线链路（信道），负责无线信号的收发与无线资源管理，实现移动用户间或移动用户与固网用户间的通信连接。

（3）移动业务交换中心

移动业务交换中心（Mobile Service Switching Centre，MSC）是整个系统的核心，提供交换功能及面向系统其他功能实体和固定网的接口功能，它对移动用户与移动用户之间通信、移动用户与固定网络用户之间通信起着交换、连接与集中控制管理的作用。

图 7-2 为一个基本的蜂窝移动通信系统的组成图。MSC 通过相应小区的无线基站连接到网络，并且提供到公共交换电话网（Public Switched Telephone Network，PSTN）的连接，公共交换电话网将用户连接到更广泛的电话网络中。

2. GSM 数字移动通信系统

20 世纪 80 年代初，欧洲为统一 900MHz 频段的蜂窝系统，成立了特别移动通信组（Group Special Mobile，GSM），用来制定有关标准和建议书，并于 1990 年完成了 GSM900 规范。1991 年欧洲开通了第一个数字移动通信系统，同时将 GSM 更名为全球移动通信系统（Global System for Mobile communications，GSM），从此跨入了数字移动通信时代。

GSM 数字蜂窝移动通信系统由网络交换子系统（Network Switching Subsystem，NSS）、基站子系统（Base Station System，BSS）和移动台（Mobile Station，MS）组成。GSM 系统框图

图 7-2　蜂窝移动通信系统的组成

如图 7-3 所示，网络交换子系统（NSS）包括移动业务交换中心（Mobile service Switching Center, MSC）、归属位置寄存器（Home Location Register, HLR）、鉴权中心（Authentication Center, AUC）、移动设备识别寄存器（Equipment Identity Register, EIR）、拜访位置寄存器（Visitor Location Register, VLR）和操作维护中心（Operation and Maintenance Center, OMC）；基站子系统（BSS）包括基站控制器（Base Station Controller, BSC）和基站收发信台（Base Transceiver Station, BTS）；移动台（MS）包括移动终端设备（Mobile Terminal, MT）和用户识别模块（Subscriber Identification Module, SIM）。

图 7-3　GSM 系统的基本结构

7.1.2　蜂窝移动通信系统演进趋势

蜂窝移动通信系统从 20 世纪 80 年代开始商用以来，发展速度超乎寻常，相继发展了第一代（1G）、第二代（2G）、第三代（3G）、第四代（4G）移动通信系统，并正在融合第五代（5G）移动通信系统。其发展历程如图 7-4 所示。

1. 第一代蜂窝移动通信系统

20 世纪 80 年代初，美国高级移动电话服务模拟蜂窝移动电话通信系统（Advanced Mobile Phone System, AMPS）首联成功，随后英国建立全地址通信系统（Total Access Communications System, TACS），它们成为世界上第一代蜂窝移动通信系统（1G）的两种主要制式。

1G 系统是基于模拟技术，采用（单载波）窄带调频，基本面向模拟电话的通信系统，它是移动通信的第一个基本框架——包含了基本蜂窝小区架构、频分复用和漫游的理念，特

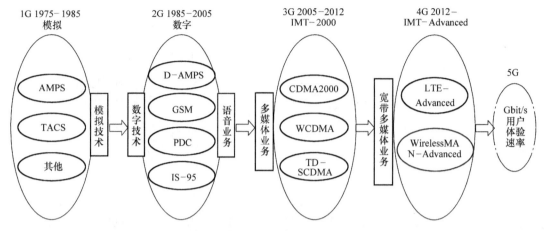

图 7-4 蜂窝移动通信系统发展历程

点是采用小区制蜂窝网的概念，初步解决了系统容量与频率资源有限的矛盾。随着微电子技术和计算机技术的发展，设备趋于小型化，移动网的管理与控制趋于智能化，但仍然缺乏统一标准、频率利用率较低、设备较复杂、业务功能仅限于语音通信，容量也满足不了日益增长的需求。

2. 第二代蜂窝移动通信系统

20 世纪 80 年代中期，第二代数字蜂窝移动通信系统（2G）开始发展，它引入了数字调制技术，标志着移动通信技术从模拟走向了数字时代。数字移动通信系统是当代主流移动通信系统，其特点是频谱利用率较高、系统容量较大、能提供语音和数据等多种通信业务。为了能够尽量扩大寻址空间，2G 通常采用频分多址（Frequency Division Multiple Access，FDMA）与时分多址（Time Division Multiple Access，TDMA）的混合多址连接或码分多址（Code Division Multiple Access，CDMA）的连接方式。其主导业务为语音和短信，此外，还可以传送中、低速率数据业务，如传真和分组数据业务等。

根据所使用的复用类型，2G 技术可以分为基于 TDMA 和 CDMA 的标准。全球商用的 2G 标准主要包括下面几种：1991 年美国提出的基于 TDMA 的数字移动电话系统（Digital Advanced Mobile Phone System，D-AMPS）；1992 年欧洲推出的基于 TDMA 的全球移动通信系统（GSM），它从 2G 的时代到现在都在被广泛使用；1993 年日本提出的基于 TDMA 的个人数字蜂窝系统（Personal Digital Cellular，PDC），用（单载波）窄带调制技术；1993 年美国提出的基于 CDMA 的 IS-95，即 N-CDMA（Narrowband-Code Division Multiple Access），采用了单载波扩频调制。各个标准的主要系统参数如表 7-1 所示。

表 7-1　2G 的主要系统参数

性能指标 ＼ 系统	D-AMPS	GSM	PDC	IS-95
上行频段/MHz	824~849	890~915	810~830 或 1429~1453	824~849
下行频段/MHz	869~894	935~960	940~960 或 1477~1510	869~894
调制方式	$\pi/4$-QPSK	GMSK	$\pi/4$-QPSK	OQPSK（上行） QPSK（下行）
载波带宽/kHz	25	200	30	1250

146

性能指标　　　系统	D – AMPS	GSM	PDC	IS – 95
语音编码方式	VSELP	RELP – LTP	VSELP	QCELP
信道编码方式	CRC + 卷积码	CRC + 卷积码	CRC + 卷积码	CRC + 卷积码
信道数据速率/(kbit/s)	48.6	270.833	42	1228.8
语音数据速率/(kbit/s)	8	13	6.7	8
多址方式	TDMA/FDMA	TDMA/FDMA	TDMA/FDMA	CDMA/FDMA

3. 第三代蜂窝移动通信系统

从 2000 年起，移动通信技术发展速度逐步加快。第三代数字移动通信系统（3G）采用宽带 CDMA 技术和微蜂窝结构、QPSK（Quadrature Phase Shift Keying）自适应调制、分组交换技术并支持多媒体业务。初步具备了统一的全球兼容标准和无缝服务的功能，支持全球漫游业务；支持多种语音和非语音业务，特别是多媒体业务；具备足够的系统容量、强大的多种用户管理能力、高保密性能和服务质量；该系统的技术走势是从电路交换到分组交换、高速数据化、与 Internet 结合、源源不断地增加新的业务服务。

在"国际移动通信 IMT – 2000 标准"框架基础上，3G 系统主流标准包括美国的 CD-MA2000、欧洲和日本的 W – CDMA（Wideband Code Division Multiple Access）以及中国的 TD – SCDMA（Time Division – Synchronous Code Division Multiple Access）。它们的主要技术特点如表 7-2 所示。

表 7-2　3G 主流标准的主要技术特点

性能指标　　　标准	CDMA2000	W – CDMA	TD – SCDMA
核心网	ANSI – 41	GSM MAP	GSM MAP
带宽/MHz	1.25	5	1.6
扩频类型	多载波和单载波直接序列扩频	单载波直接序列扩频	直接序列扩频
多址方式	CDMA	CDMA	CDMA/TDMA
码片速率/(Mchip/s)	1.2288	3.84	1.28
双工方式	FDD	FDD/TDD	TDD
帧长/ms	20	10	10
语音编码	可变速率声码器 IS – 733、IS – 127	自适应多速率语音编码器 AMR	自适应多速率语音编码器 AMR
信道编码	卷积码和 Turbo 码	卷积码和 Turbo 码	卷积码和 Turbo 码
功率控制	开环 + 闭环	开环 + 闭环	开环 + 闭环
切换	软切换	软切换	接力切换
调制方式	上行 HPSK 下行 QPSK	上行 HPSK 下行 QPSK	上行 QPSK 下行 QPSK 或 8PSK
基站同步	GPS 同步	同步/异步	同步

4. 第四代蜂窝移动通信系统

随着人们对移动通信业务的更高要求，有必要进行第四代移动通信系统（4G）的研究和开发工作。TD – SCDMA、WSCDMA 采用了 3GPP（3rd Generation Partnership Project）技术演进路线，逐渐发展成为第四代移动通信系统国际主流标准 TD – LTE（Time Division – Long

Term Evolution)。

2008 年 3 月，国际电信联盟 – 无线电通信部门（ITU – R）规定了一套 4G 标准，即 IMT – Advanced 规范，截至 2010 年 10 月，ITU – R 5D 工作组批准了两项业界开发的技术：LTE – Advanced 和 WirelessMAN – Advanced，已纳入国际电联的 IMT – Advanced 计划。

表 7-3 列出了 IMT – Advanced、LTE R8（3.9G）及 LTE R10（LTE – Advanced）的需求。由于 Mobile WiMAX 和 LTE 的首发版本支持远远低于 1 Gbit/s 的峰值比特率，因此它们不完全符合 IMT – Advanced 标准，2010 年 12 月 6 日，ITU – R 认识到，这两种技术以及不符合 IMT – Advanced 要求的其他超 3G 技术仍然可以被认为是 "4G"，因为它们代表了符合 IMT – Advanced 要求的先驱版本并且比起 3G 在性能和功能上有着实质性的显著提升。

表 7-3 IMT – Advanced、LTE R8（3.9G）及 LTE R10（LTE – Advanced）的需求

性能指标 \ 标准	IMT – Advanced	LTE – R8（3.9G）	LTE – R10（LTE – Advanced）
传输带宽/MHz	至少 40	最多 20	最多 100
峰值频谱效率/（bit·s^{-1}·Hz^{-1}）	上行 15 下行 6.75	上行 16 下行 4	上行 16（天线配置 4×4） 下行 8.1（天线配置 2×2）
控制平面延迟/ms	低于 100	50	50
用户平面延迟/ms	低于 10	4.9	4.9

4G 的目标要求和特点可以描述如下：

1）更高的数据速率和传输质量、更好的业务质量（QoS）、更高的频谱利用率和更高的安全性、智能性和灵活性。

2）可以容纳更多的用户，支持多种业务。

3）体现出移动网和 IP 网络不断融合的发展趋势。

4）能实现全球范围内无缝漫游。

5）将是多功能集成的宽带移动通信系统。

5. 第五代蜂窝移动通信系统

在 4G 普及发展阶段，又迎来了第五代移动通信系统（5G）。5G 愿景可描述如下。

- 一个超高效的移动网络，提供更好的性能，降低投资成本。它实现了移动网络运营商迫切需要看到数据传输的单位成本与数据需求量上升的速度大致相同的愿景。

- 一个超级快速的移动网络，包括下一代密集群集的小型小区，至少在城市地区提供连续的覆盖，使世界走向真正的 "广域流动性" 的最前沿。融合光纤无线网络首次使用毫米波段（20 ~ 60GHz）进行无线上网，以便无线电通道能够支持高达 10Gbit/s 的数据访问速率。

5G 概念由 "标志性能力指标" 和 "一组关键技术" 共同定义。其中，标志性能力指标为 "Gbit/s 用户体验速率"；关键技术包括大规模天线阵列、超密集组网、新型多址、全频接入和新型网络架构。下一代移动网络联盟定义了 5G 标准应满足的以下要求：成千上万用户的数据速率为数十 Mbit/s；大都市地区数据速率为 100Mbit/s；同一办公楼层的许多人同时达到 1Gbit/s；数十万个无线传感器同时连接；与 4G 相比，光谱效率显著提高、覆盖率提高、信号效率提高；与 LTE 相比，延迟明显下降。

5G 规划的目标除了更快的速度（增加的峰值比特率）之外，还允许更高密度的移动宽带用户、更高的系统频谱效率、较低的电池消耗、较低的中断概率和延迟、较低的基础架构部署成本、更高的通用性和扩展性、更高的数字支持的设备，并支持设备到设备、超可靠和大规模的机器通信。表7-4列出了5G主要场景与关键性能指标。

表7-4　5G主要场景与关键性能指标

场景	关键挑战
连续广域覆盖	用户体验速率100Mbit/s
热点高容量	用户体验速率1Gbit/s 峰值速率几十 Gbit/s 流量密度几十 Tbit/$(s \cdot km^2)$
低功耗、大连接	连接数密度$10^6/km^2$ 超低功耗、超低成本
低时延、高可靠	空口时延1ms 端到端时延 ms 量级 可靠性接近100%

新一代移动通信系统正努力向着全球统一兼容标准和无缝服务靠拢，推动当代移动通信系统的发展向着更高的阶段迈进。

7.1.3　蜂窝移动数字业务

蜂窝移动数字业务传输的是包括文字、图像、传真、计算机文件等在内的综合数字业务。典型的有短消息业务（Short Message Service，SMS）、通用分组无线业务（General Packet Radio Service，GPRS），移动 IP（Mobile IP，MIP），高速电路交换数据业务（High Speed Circuit Switched Data，HSCSD）。

1. 短消息业务（SMS）

SMS 起源于无线电备忘录寻呼机中的无线电通信，它使用标准化的通信协议来使手机设备能够交换短信息。虽然大多数 SMS 消息都是移动设备到移动设备的文本消息，但对该服务的支持已经扩展到其他移动技术，例如 CDMA 网络和数字高级移动电话系统。在移动带宽不够的情况下，SMS 得到了快速发展，在各个领域都得到了广泛应用。在 4G 时代，SMS 也得到了普遍应用，如话费查询、投票、验证码服务等。SMS 的优点是手机关机时，可将信息存在业务提供者处，手机打开时向其传送，同时能保证投送确认与收妥。

虽然 SMS 仍然是一个不断增长的市场，传统的短信正在越来越多地受到基于互联网协议的消息传递服务的挑战。据报道，在我国，超过 97% 的智能手机用户一天至少使用一次替代短信服务，但在美国这些基于互联网的服务并没有如此之多，而 SMS 仍然非常受欢迎。其中一个原因是，2010 年以来，美国三大运营商都提供了几乎所有手机捆绑的免费短信，这与欧洲短信成本昂贵的情况形成了鲜明对比。

2. 通用分组无线业务（GPRS）

GPRS 是在 2G 和 3G 蜂窝移动通信系统的 GSM 上的一种面向分组的移动数据业务。GPRS 最初由欧洲电信标准协会（ETSI）标准化，现在由 3GPP 维护。GPRS 通常根据传输的数据量来收费，不同于电路交换数据，后者通常每分钟结算一次。

GPRS 采用分组交换技术，它可以让多个用户共享某些固定的信道资源。如果把空中接口上的 TDMA 帧中的 8 个时隙都用来传送数据，那么数据速率最高可达 164kbit/s。GSM 空中接口的信道资源既可以被语音占用，也可以被 GPRS 数据业务占用。当然在信道充足的条件下，可以把一些信道定义为 GPRS 专用信道。

GPRS 采用异步传输方式，它将所需传输的数据打散，分组打包，每一个数据都会被标上最终目的地址并用以分别传输，GPRS 同时也是智能化的数据传输，每个数据也会自动选择最优的途径来传送，如果网络出现故障，数据也会绕过有故障的区域。这种传输方法使网络不同部份可以同时负载大量不同信息，经济高效。

GPRS 是一种尽力而为的服务，这意味着可变吞吐量和延迟取决于同时共享服务的其他用户的数量，而不是在连接期间保证一定的服务质量（QoS）的电路交换。在 2G 系统中，GPRS 提供的数据速率为 56 ~ 114kbit/s。结合 GPRS 的 2G 蜂窝技术有时被称为 2.5G，即 2G 和 3G 移动电话之间的技术。它利用未使用的 TDMA 信道来提供中速数据传输，例如 GSM 系统。

GPRS 技术在任何时间、任何地点都能快速方便地实现连接，同时费用又很合理，其主要特点包括：高速数据传输速度 10 倍于 GSM；永远在线；按数据流量计费。GPRS 是基于 GSM 系统的无线分组交换技术，提供端到端的、广域的无线 IP 连接。通俗地讲，GPRS 是一项高速数据处理的技术，方法是以"分组"的形式传送资料到用户手上。虽然 GPRS 是作为现有 GSM 网络向 3G 演变的过渡技术，但是它在许多方面都具有显著的优势。如果通过 GPRS 使用 SMS，则可以实现每分钟约 30 条 SMS 消息的传输速度。这比使用 GSM 的普通 SMS 快得多，其传输速度为每分钟 6 ~ 10 条 SMS 消息。

3. 高速电路交换数据（HSCSD）**业务**

高速电路交换数据（High Speed Circuit Switched Data）（HSCSD）业务是对 GSM 手机系统原始数据传输机制的电路交换数据（Circuit Switched Data，CSD）的增强，旨在通过更高效的信道编码和多个时隙提供更高的数据速率。它把 4 个信道（时隙）捆绑起来，同时传输数据，理论上可把 14.4kbit/s 的 WAP 速率提高到 57.6kbit/s。除了连接的全部分配带宽可用于 HSCSD 用户外，HSCSD 在 GSM 系统中还具有比 GPRS 更低的平均无线电接口延迟的优点。这是因为 HSCSD 连接的用户不必等待来自网络的许可来发送数据包。HSCSD 的一个创新是允许不同的纠错方法用于数据传输，GSM 中使用的原始纠错设计为 GSM 传输容量的很大一部分采用纠错码，而 HSCSD 提供了不同层次的纠错，可根据无线链路质量的应用。

HSCSD 属于一种过渡模式，对现有网络改进要求不大，只需更换手机就可完成从 CSD 到 HSCDS 的过渡。但是对 HSCSD 用户的收费通常是以分配的时隙数决定，比普通用户要高一些，这使得 HSCSD 在许多 GSM 网络中相对较贵，因此通常具有较低定价的 GPRS（基于传送的数据）比 HSCSD（基于连接的持续时间）更常见。

HSCSD 可广泛用于 Internet 浏览、收发 E - mail、LAN 接入等，它更适合实时应用，如高速传真等，HSCSD 也是增强数据速率的 GSM 演进（Enhanced Data rates for GSM Evolution，EDGE）和通用移动电信系统（Universal Mobile Telecommunications System，UMTS）的选择。

4. 移动 IP（MIP）

MIP 是在 GSM 网上引入 IP 电话的业务，在移动本地网和固定本地网接口处引入 IP 接口网关，IP 接入网关是 GSM 数据业务模块的升级产品，是入口移动交换中心的一个组成模块，MIP 是一种网络协议，其目的是在保持永久 IP 地址的情况下实现移动设备用户跨越不同网络的漫游功能。

MIP 指定移动节点如何向其归属代理注册，以及归属代理如何将数据路由报给移动节点，使移动节点接入 Internet 后在漫游中始终保持速率。具体的说，在 MIP 中，每个移动节点都有两种地址：归属 IP 地址（固定地址）和移动地址（随计算机移动而变化），归属 IP 地址是在归属子网上分配给移动节点的，当设备移动到其他地区时，它需要将其新地址发给归属代理，由此代理可以及时的将通信转发到其新地址。因此使用归属 IP 地址发送到移动节点的数据包时，首先到达归属代理，查找移动节点的注册信息，获得用户当前所在子网的外部代理地址，然后访问外部代理，从而最终找到移动节点，继续保持通信。

MIP 可解决许多应用（例如，VPN、VoIP）的网络连接和 IP 地址突然变化的问题。其最常见于有线和无线环境中，用户携带移动设备需要跨多个 LAN 子网，或在重叠的无线系统之间漫游，例如 DVB（Digital Video Broadcasting）。

另外还有许多不同的数字业务，包括：用于数字传真、可视图文、可视电话、计算机文件传输等多种业务的无线数据通信；无线数据广播；用于 E - mail，小体积用户设备的个人通信系统（Personal Communications Service，PCS）；无需建立额外无线连接的 WLAN（Wireless Local Area Network）等。

7.2 4G 技术需求

3G 技术在上世纪 80 年代提出时备受关注，但在其发展过程中也遇到了很多问题。仅仅在技术上就有很多需要改进的地方。比如，没有采用纯 IP 方式而是电路交换；最高速率只有 384kbit/s，无法满足用户对移动数据通信速率的要求，更无法满足对移动流媒体通信的完全需求，且也没有达成全球统一的标准。因此，由于 3G 技术存在诸多不足，在其没有大规模应用的情况下，就开始了 4G 技术的研究。4G 顺应了时代发展的需求，它的到来为人们的生活和工作带来了前所未有的改变。

从移动通信系统数据传输速率来做比较，1G 模拟技术仅提供语音服务；2G 数位式移动通信技术的传输速率也只有 9.6kbit，最高可达 32kbit；3G 移动通信技术的数据传输速率已经可达到 2Mbit；然而，4G 移动通信技术的传输速率可达到 20Mbit，甚至最高可以达到高达 100Mbit，是 3G 技术的 50 倍。

因此，使用 4G 技术能够给用户带来前所未有的快速数据服务体验，特别是对于流量充足的用户来说，可以观看视频，拨打视频电话，这是 3G 技术无法提供的优质服务。同时，随着网络的逐渐完善，运用商的 4G 资费将会不断降低，其带来的优势将满足用户的经济成本需求。

7.2.1 MIMO 技术

MIMO（Multiple - Input Multiple - Output，多入多出）技术最早是由 Marconi 于 1908 年提出的，但对无线移动通信系统的 MIMO 技术产生巨大推动的奠基工作则是由 AT&TBell 实验室在 20 世纪 90 年代完成的。该技术指的是在发射端和接收端分别使用多个发射和接收天线，多个发送天线各自独立发送信号，多个接收天线接收并恢复原始信息，从而抑制信道衰落，改善通信质量，且在不增加频谱资源和天线发射功率的情况下，成倍地提高系统信道容量。根据收发两端天线数量的不同，除了单发单收的 SISO（Single - Input Single - Output）系统，MIMO 系统还可以包括单发多收的 SIMO（Single - Input Multiple - Output）系统和多发单收的 MISO（Multiple - Input Single - Output）系统。目前，MIMO 技术是一项运用于 802.11n 的核心技术。

1. 原理

为了更深入地了解 MIMO 系统是如何对信号进行传输的，需要对其建立发送端到接收端的信道模型。本节首先总体介绍 MIMO 信道模型，然后再介绍基于 MIMO 实现的相关技术。

MIMO 系统在发射端和接收端均采用多天线（或阵列天线）和多通道，MIMO 的多入多出是针对多径无线信道而言的。图 7-5 所示为 MIMO 系统的原理图。传输信息流 b 经过空时编码形成 N_t 个信息子流，这 N_t 个子流由 N_t 个发射天线（TX1 到 TXN_t）发射出去，经空间信道后由 N_r 个接收天线接收。多天线接收机利用先进的空时编码处理能够分开并解码这些数据子流，得到接收数据流 b'，从而实现最佳的处理。

图 7-5　MIMO 系统原理

特别地，这 N_t 个子流同时发送到信道，各发射信号占用同一频带，并未增加带宽。若各发射接收天线间的信道响应相互独立，则 MIMO 系统就可以创造多个并行空间信道。通过这些并行空间信道独立地传输信息，提高数据传输速率。

系统容量是表征通信系统的最重要标志之一，表示了通信系统最大传输率。Foschini 在 1996 年提出，MIMO 系统的信道容量，即如果用于描述具有 N_t 个发射天线与 N_r 个接收天线的无线链路的信道矩阵的元素是完全独立衰落的，则该系统的容量随最小天线数目线性增长，即

$$C = \log_2 \left[\det \left(I_M + \frac{\rho}{N} HH^H \right) \right] \tag{7-1}$$

当天线数目较多时，平均容量为

$$C \approx \min(N_t, N_r) \cdot \log_2(1 + \rho) \tag{7-2}$$

式中，C 是香农信道容量（$bit \cdot s^{-1} \cdot Hz^{-1}$）；$\rho$ 是各接收天线的信噪比；H 表示复共轭转置；H 是 $N_t \times N_r$ 信道矩阵。上式表明，如果天线的空间和成本与射频通道不受限制，系统就能提供无限大的容量。即功率和带宽固定时 MIMO 的最大容量或容量上限随最小天线数的增加而线性增加。因此 MIMO 对于提高无线通信系统的容量具有极大的潜力。

可以看出，此时的信道容量随着天线数量的增加而线性增大。也就是说可以利用 MIMO 信道成倍地提高无线信道容量，在不增加带宽和天线发送功率的情况下，频谱利用率可以成倍地提高，同时也可以提高信道的可靠性，降低误码率。MIMO 的另一个关键技术是空时编码。空时码的主要思想是利用空间和时间上的编码实现一定的空间分集和时间分集，从而降低信道误码率。下文降针对空分复用和空间分集进行介绍。

2. MIMO 关键技术

MIMO 的关键技术有空分复用和空间分集。空分复用指的是用不同天线发的数据流个数

大于或等于2，就是说同时有多个数据流传送，主要获得复用增益，提高数据速率和频谱效率。空间分集指的是不同天线发送的是同一个数据流，只是通过编码，不同端口发送的数据的相位等信息不一样，但本质是同一个数据流，主要目的是为了获得分集增益，降低误码率，提高传输可靠性。

（1）空分复用

可以利用空间复用技术提高频带利用率。主要技术是分层空时编码（Bell Labs Layered Space - Time，BLAST），它是最早提出的一种空时编码方式。其是将信息比特流分解成多个比特流，独立地进行编码、调制，映射到多条发射天线上，再在接收端将天线上的信号分离，然后送到相应的解码器。它又可以细分为水平分层空时码（H - BLAST）、垂直分层空时码（V - BLAST）和对角分层空时码（D - BLAST）。

1）水平分层空时码：最早由 Foschini 提出，输入比特流经过串并转换后先在时域内进行编码/调制，然后第 i 路编码和调制模块输出的符号恒定地由第 i 根天线发射出去。虽然 H - BLAST 的译码简单，但是其空时特性太差，因此相应的研究与应用也较少。

2）垂直分层空时码：输入数据流被分为 N_t 个独立的子数据流，每个子数据流单独进行时域编码、交织，然后映射到星座点上，并在相应的天线上发送，这个过程可以看成是将串行的数据流编码为垂直向量，故称为 V - BLAST，同时，可以采用 SIC 技术来对空分复用数据流进行解调，从而大大降低译码复杂度。

3）对角分层空时码：D - BLAST 结构首先对各子数据流独立编码，但码字并不在一个天线发送，而是以旋转方式在所有天线上发送，从而使整个码字能利用信道的全部增益。它最大缺点在于开始和结束；两个码元存在速率上的损失。虽然这一损失可以通过增加发射的层数来弥补，但是存在差错传播的影响，如果一层译码不正确，后面所有的码字都会受到影响。所以，发射的层数不宜太多，速率的损失也需要考虑。

（2）空间分集

可以利用空间分集技术提高传输可靠性。主要包括空时分组码（Space - Time Block Coding，STBC）和空时网格码（Space Time Trellis Code，STTC）。

1）空时分组码：根据码字的正交设计原理来构造空时码字，最早由 Alamouti 提出。设计原则是要求设计出来的码字各行各列之间满足正交性。接收时采用最大似然检测算法进行解码，由于码字之间的正交性，在接收端只需做简单的线性处理即可。

2）空时网格码：最早由 V. Tarokh 等人提出，在该空时编码系统中，在接收端解码采用维特比译码算法。设计的码字在不损失带宽效率的前提下，可提供最大的编码增益和分集增益。最大分集增益等于发射天线数。

3. 评价

MIMO 中包含的技术可同时存在并相互配合应用，如既包含空间复用又有空间分集技术。在无线系统中，发射信号经过绕射、散射和反射后，产生多路信号分量。其中每路信号都是一个空间流。单输入单输出（SISO）系统每次仅能发送或接收一个空间流。MIMO 系统允许多个天线同时发送和接收多个空间流，并能够区分发往或来自不同空间方位的信号。MIMO 技术充分开发了空间资源，增加了无线系统的覆盖范围，提升了信道容量并提高了信道的可靠性。

（1）信道的容量

理论上当功率和带宽固定时，MIMO 系统的最大容量或容量上限随着发送和接收最小天线数的增加而线性增加。在不增加带宽和天线发送功率的情况下，频谱利用率可以成倍地提高。而同样的条件下，仅在接收端或发射端实现多天线或天线阵列，其容量仅正比于天线数的对数。因此，MIMO 技术对于提高系统容量具有极大潜力。

（2）可靠性与有效性

MIMO 技术可以同时实现发送分集和接收分集，同时获得分集增益和复用增益，通过分集技术获取空间分集以提高信息传输的可靠性；利用不同天线间的空间信道，采用空间复用技术同时传输多个数据流来获取空间复用增益以增加信息传输的有效性。

7.2.2 OFDM 技术

无线频谱资源日益紧张，因此需要有效利用信道频带。在实际无线通信系统中，信道带宽通常比单一的信号带宽要宽得多，因此仅传送一路信号是非常浪费的。多载波调制技术早在 20 世纪 50 年代末至 60 年代初就已经应用于军事高频无线电通信中，由于实现复杂，没有被广泛应用。早期的多载波调制中，各子载波上的信号的频谱是不重叠的。若两个信号的频谱不重叠，它们显然是正交的。但频谱不重叠不是正交的必要条件，只要频差合理，同样可以实现正交。20 世纪 70 年代，Weistein 和 Ebert 等人用离散傅里叶变换（Discrete Fourier Transform，DFT）和其逆变换（Inverse Discrete Fourier Transform，IDFT）实现了正交频分复用（Orthogonal Frequency Division Multiplexing，OFDM）系统。其应用 DFT 和 IDFT 方法解决了产生多个互相正交的子载波和从子载波中恢复原信号的问题。这就解决了多载波传输系统发送和传输的难题。DFT 和 IDFT 存在快速算法：快速傅里叶变换（Fast Fourier Transformation，FFT）和快速傅里叶逆变换（Inverse Fast Fourier Transformation，IFFT），使 OFDM 能够以低成本的数学方式实现，大大降低了系统的复杂度。在 20 世纪 80 年代，随着 OFDM 理论的进一步完善和数字信号处理及微电子技术的快速发展，大规模集成电路让 FFT 技术的实现不再是难以逾越的障碍，OFDM 技术开始实现实用化，逐步迈向高速数字移动通信的领域。20 世纪 90 年代起，OFDM 技术开始应用于各种有线及无线通信中。目前，OFDM 技术是长期演进（Long Term Evolution，LTE）的三大关键技术之一。

以 OFDM 技术实现多载波调制的主要思想是：将宽带信道分成若干并行的窄正交子信道，使每个子信道的带宽小于信道的相干带宽 B_C，从而每个子信道所经历的衰落近似是平坦衰落，有利于消除码间串扰。同时由于子信道带宽仅是信道带宽的一小部分，因此信道均衡变得相对容易。OFDM 技术将高速数据信号转换成并行的低速子数据流，调制到每个子信道上并行传输。正交信号在接收端采用相关技术进行分别解调，减少了子信道之间的相互干扰（Inter-Symbol Interference，ISI）。

单载波调制如 PSK、QAM 等易发生码间干扰而增加误码率，而且在多径环境中受瑞利衰落影响易造成突发误码。OFDM 多载波调制将输入的高速数据流通过串-并转换变成 N 个并行的子数据流，每个子数据流的数据速率是输入数据速率的 $1/N$。这 N 个并行数据流各自调制不同的中心频率子载波，在各自的子信道上并行传输，组成多个载波同时调制的并行传输系统。这样将信号带宽分成 N 个互不重叠的子信道，N 个子信道进行正交频分多载波调制，就可克服上述单载波串行数据系统的缺陷。

OFDM 技术广泛应用于具有较大时延扩展信道的高速无线通信中，可以结合分集、时空编码、干扰和信道间干扰抑制以及智能天线技术，最大限度的提高系统性能。OFDM 分类包含以下类型：V – OFDM、W – OFDM、F – OFDM、MIMO – OFDM 和多带 – OFDM。

1. 原理

OFDM 技术的基本原理是将高速的数据流通过串 – 并转换，分配到传输速率相对较低的若干子载波上进行传输，各个子载波相互正交，接收机可依靠正交性来解调信号。系统的基本模型如图 7-6 所示，其中 f_i 表示第 i 个子载波的载波频率。

图 7-6　OFDM 基带调制解调原理

一个 OFDM 符号内包括多个子载波，一个符号可以表示为

$$x(k) = \sum_{i=0}^{N_c-1} X(i) e^{j2\pi ik/N} \tag{7-3}$$

式中，$X(i)$ 为调制前的并行数据符号；N_c 为子载波个数，也就是 OFDM 符号长度。从上式可知，OFDM 调制可以使用 IDFT 实现，因此，可以在接收端利用 DFT 实现解调。使用 FFT/IFFT 则是更快速的方法。OFDM 系统框图如图 7-7 所示。

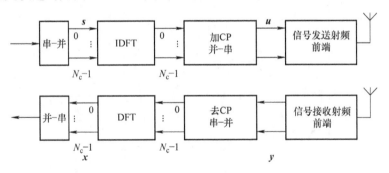

图 7-7　OFDM 系统框图

图 7-7 总结了基本的发送和接收 OFDM 的处理过程。首先基带处理被应用到输入比特流中，例如：交织、信道编码、插入和到符号的映射。当复信号进行串 – 并转换后，即进行离散傅里叶变换（IDFT），将 $N_c \times 1$ 个的信号矢量 s 转变到时域。随后，N_g 个采样点的 CP 被加到信号上，便得到了 $N_s \times 1$ 的发送端的基带矢量 u，这时总的符号长度 N_s 等于 $N_g + N_c$，即循环前缀（Cyclic Prefix, CP）+ 传输数据，这时信号被转换到模拟域并且上变频到 f_c，最后通过无线多径信道进行传输。

接收的信号通过接收端的射频前端被下变频到基带，得到了 $N_s \times 1$ 的矢量 y，模 – 数转

换（Analogue – to – Digital Converter，ADC）后进入基带处理部分。这个处理过程移去了CP，相当于去掉了 ISI 的影响。这时 DFT 处理将信号分离在不同的子载波上，得到了 $N_c \times 1$ 的矢量 x，接下来的并 – 串转换过程即将剩下的数据进行处理，包括删除信道的影响、解码和解交织。

使用 DFT 作为无线系统中发射接收端的数字调制解调部分的概念在 20 世纪 70 年代早期出现在 Weinstein 和 Ebert 的研讨论文中，其目的是实现并行的数据传输。由于 DFT 的属性，子信道就像 $\mathrm{sinc}(x)$ 函数。图 7-8 展示了三个 OFDM 子载波的频谱示意。很明显可以看出，载波的分离无法用带通滤波器来完成。因此，需要应用基带处理的方法，即利用子载波的正交属性。从图 7-9 中可以很明显可以看出这一属性，也即在某一个子载波的最大幅值处，其他子载波的幅度都为 0。

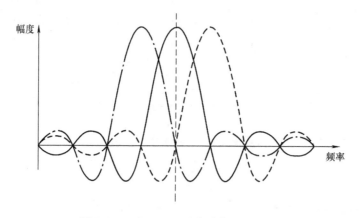

图 7-8　三个 OFDM 子载波信号的形成

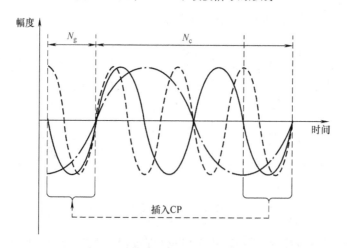

图 7-9　时域信号 OFDM 添加循环前缀（CP）

从图 7-9 中可以总结出，3 个符号的周期分别为 1、2、3。此处周期的数量依赖于 OFDM 频谱中子载波的位置。为了增加 OFDM 系统的鲁棒性来对抗多径，Weinstein 等人提出了增加循环前缀的方法。为此，将符号长度延长 N_g 个采样点作为保护间隔，即将最后的 N_g 个采样点重复加在 OFDM 符号的前面作为前缀。当 N_g 足够大以至于可以与信道长度相比时，ISI 被包含进符号的循环前缀中。由于这是冗余的信息，因此在接收端可以丢弃它们，这样便移去了 ISI 的影响。

2. 评价

由于 OFDM 信号的表达式形式如同离散傅里叶逆变换（IDFT），因此可以利用 IDFT 和 DFT 进行 OFDM 调制和解调。然而由于 DFT 运算的复杂度为 N^2，极大限制了 OFDM 的运用。基于 2 的快速傅里叶算法（FFT），能够将傅里叶变换的复杂度降低到 $(N/2)\log_2 N$，极大地降低了运算复杂度。得益于快速傅里叶变换芯片的快速发展，OFDM 系统才能迅速推广。

（1）调制技术

在 OFDM 系统中，若采用 BPSK、QPSK、QAM 等调制方式，由于只改变频谱的幅度和相位，各路频谱的位置和形状没有变化，故仍能保持正交性。因此，各路子载波的调制方式可以不同，这引入了"自适应调制"的概念。按照各路子载波所处的频段的信道特性可以采用不同的调制方式，并且可以随着信道特性的改变而改变，具有极大的灵活性。例如，在信道好的情况下可以采用高阶调制如 64QAM，在信道情况变差时采用低阶调制如 BPSK，这样能够在频谱利用率和信噪比之间取得最佳平衡。

（2）抗窄带干扰能力

OFDM 系统与身俱来的频率分集特性，能够规避窄带干扰部分的频段，或者使用低阶调制和采用前向纠错码等手段来解决。

（3）抗多径干扰能力

信号在无线信道中传播，经过环境的多次反射，在接收端信号波形前后重叠，形成多径干扰，严重影响着信号的接收。在宽带移动通信中，多径干扰更为显著。OFDM 系统将单路高速串行数据流转变为多路低速并行数据流，使得码元周期变长，从而削弱了多径干扰的影响。此外 OFDM 信号还采用了循环前缀（Cyclic Prefix, CP）作为码间保护间隔，进一步减少甚至是消除了码间干扰，并且保证了各路子载波间的正交性，大大减少了子载波间干扰。但是加入的 CP 增加了系统开销，降低了数据的传输效率，CP 长度越长，传输效率越低。

（4）频谱效率高

OFDM 系统允许子载波间频谱相互重叠，拥有很高的频谱效率，理论上可以接近奈奎斯特极限。同时，在 OFDM 符号积分周期内，各个子载波相互正交，从而有效地避免了用户间干扰，因此具有很高的系统容量。

（5）带宽扩展性强

OFDM 系统通过改变使用的子载波数目，能够灵活地改变系统带宽。通过载波聚合技术，包括连续和非连续载波聚合，能够将系统带宽增加到 100Mbit/s。

（6）资源分配颗粒度小

OFDM 系统可以通过选择使用合适的子载波，灵活分配频率资源。并且每个子载波可以使用不同的调制方式，通过自适应调制技术能够获得最佳的系统性能。

（7）实现 MIMO 技术简单

由于 OFDM 中子载波带宽内信道是平坦的，因此在子载波的 MIMO 检测中，只需要考虑单径传播，不需要考虑多径的影响，极大地简化了 MIMO 接收机的复杂度。

（8）对载波频偏十分敏感

由于 OFDM 的技术特性，要求子载波之间严格正交，任何细微的频偏都会破坏子载波间的正交性，引起子载波间干扰（Inter – Carrier Interference，ICI）。实际无线环境中，移动的物体会引起频偏。此外，由于硬件的不完美性引入的相位噪声，会造成信号星座图的旋转、扩散，进而引入 ICI。

（9）峰均功率比过高

OFDM 信号由多个载波叠加而成，各个载波的幅值、相位独立，当这些载波的相位相同或相近时，就会产生一个很高的瞬时功率。高峰均比要求功率放大器有很大的线性范围，否则会造成波形失真，引入非线性干扰。同时高峰均比也要求 D/A 和 A/D 有更高的无失真动态范围。

3. MIMO – OFDM 原理

MIMO 系统在一定程度上可以利用传播中多径分量，也就可以抗多径衰落，但是 MIMO 无法对抗频率选择性深衰落。目前一般的解决方法是使用均衡技术或 OFDM 技术。OFDM 技术是 4G 的核心技术，然而 4G 需要极高的频谱利用率，但 OFDM 提高频谱利用率的作用毕竟是有限的，因此在 OFDM 的基础上合理开发空间资源，即使用 MIMO 和 OFDM 结合，可以提供更高的数据传输速率。

MIMO – OFDM 系统框图如图 7-10 所示。在发送端，N_t 个符号流经过编码、插入、交织和调制进行串并转换，形成 $N_t N_c \times 1$ 的 MIMO – OFDM 符号向量 s，该向量经过 IDFT 并加入抗 ISI 的 CP，最后得到 $N_t N_s \times 1$ 的基带向量 u，该向量随后上变频至 f_c 并由 RF 发送前端发送至 MIMO 多径信道。

图 7-10　MIMO – OFDM 系统框图

在接收端，N_r 个接收天线将信号接收，并下变频至基带，取得 $N_r N_s \times 1$ 的接收信号 y。去除 CP 后，信号经过 DFT 变换至频域，取得 $N_r N_c \times 1$ 的频域向量 x。至此，对于每个子载波，应用 MIMO 技术分离了来自不同发射端的原始信号。得到的信号 $N_t N_c \times 1$ 向量 $\tilde{S}$ 再进行解调、解交织和解码，就得到估计出的发射信号。

4. MIMO – OFDM 关键技术

（1）同步技术

由于无线信道存在时变特性，信号传输中产生的频率偏移会使子载波的正交性遭到破坏，同时相位噪声也会对系统产生损害。从频域和时域两大方面考虑，同步问题可分为载波频率同步和时间同步，而时间同步又可以进一步分为采样同步、符号同步和帧同步。

载波频率同步：由于 OFDM 符号由多个正交子载波信号叠加构成，载波频率的偏移会导致子信道之间产生干扰，因此需要确保子载波的正交性。经典的同步算法有基于训练序列的同步算法和基于循环前缀的最大似然算法。基于训练序列的同步算法是在时域上将已知信息加入待发的 OFDM 符号，引入训练符号既可以完成系统对同步的要求，也可以完成对信道估计的要求。基于循环前缀的最大似然算法首先是为了消除多载波的符号间串扰（Inter – Symbol Interference，ISI），即在 OFDM 符号前插入循环前缀，基于此点可以考虑利用循环前缀所携带的信息来实现载波频率同步，这有效地改善了基于训练序列算法所带来的资源浪费。

采样同步：采样时钟同步用于在进行 A/D 转换时，确定接收端与发送端需要具有相同的采样时钟（抽样频率）。采样时钟频率误差会引起子载波间干扰（Inter – Carrier Interference，ICI）。

符号同步：用于确定 OFDM 符号数据部分的开始位置，以进行正确的 FFT 操作。值得注意的是，OFDM 的符号同步和载波同步是相互制约的。若增加 OFDM 系统总的子载波数，则子载波间隔变小，相对频偏增大，则提高了对载波同步精度的要求。但 OFDM 符号持续时间变大，符号误差变小，又降低了对符号同步精度的要求。

帧同步：用于确定数据分组的起始位置，是接收机首要完成的同步任务，即负责随时侦听无线信道内的数据并且从中找到发射机所发送的有用分组。帧同步最简单的算法为基于能量窗口累加算法，是通过检测在一定长度窗口内接收到的数据能量累计值的大小来判断分组的出现。

（2）信道估计

发送端编码和接收端信号检测都需要真实准确的信道状态信息，而信道状态信息的准确性将直接影响 MIMO – OFDM 系统的整体性能。然而对于 MIMO – OFDM 系统，不同的信号同时从不同的天线发射出去，经历不同的信道，因此需要对信道状态进行估计，以对接收的信号进行还原。根据是否利用训练序列或导频符号，可以将信道估计算法分为基于导频的信道估计和盲信道估计。

基于导频的信道估计：按照信道估计原理的不同，常见算法有：LS 算法、MMSE 算法、SVD – LMMSE 算法和 EM 算法等；按照不同的导频形式，又分为基于训练序列的信道估计方法和基于导频符号的信道估计方法。基于导频符号的信道估计方法最大的优点是计算复杂度低，但导频符号占据了一定的频谱资源。同时，确定导频的放置方案、最优导频符号的设计以及合理的信道估计器设计是影响数据辅助信道估计算法性能的关键因素。

盲信道估计：不需要专门发送训练序列或导频符号，主要利用接收信号和发射信号本身固有的一些统计特性来估计信道状态信息，因此它的频谱利用率最高，但是计算复杂度偏高，算法往往收敛慢。其中典型的方法有子空间法、蒙特卡洛方法、最大似然法、基于代价函数的梯度算法和利用空时编码技术的估计方法等。

（3）自适应技术

由于 MIMO – OFDM 系统将信号处理从时频分集扩展为空时频分集，各个信道又是相互正交的，因此需要针对每个信道的实际传输情况灵活合理地分配发送功率和数据比特，以最大化信道容量。因此，自适应技术的基本思想是根据传输信道的实际情况，改变发射功率、不同子信道的符号速率、QAM星座大小、编码等参数或这些参数的组合，在不牺牲误码率的情况下，在传输质量好的子信道采用高速传输，在传输质量不好的子信道通过降低传输速率等方式来提供较高的频谱使用效率。

7.3 第五代移动通信系统关键技术

在过去的30多年时间里，移动通信经历了从语音业务到移动宽带数据业务的飞跃式发展，给人们的生活方式、工作方式以及社会的政治、经济等各方面都带来了巨大的影响。同时，无线技术的发展日新月异，从1G大区制模拟通信、FDMA技术，发展到目前基于扁平化的网络结构，OFDM、MIMO和干扰协调等技术的4G网络，数据速率、用户体验以及业务时延均得到了较大的改善。

随着信息技术的发展与社会发展的需求，当前社会已经进入高效率的信息化时代，大数据时代以及万物互联的"物联网"时代已经到来，人们对移动网络的新需求将进一步增加：一方面，预计未来10年的移动网络数据流量将会面对1000倍的增长，尤其随着智能手机的普及，越来越多的新业务不断涌现，例如电子支付、网络学习、电子医疗及娱乐点播服务等；另一方面，在密集型住宅区、CBD、广场、地铁、高铁、大型购物中心等超高流量区域、超高链接区域、超高移动区域，都可为用户提供超高清视频、虚拟现实、增强现实、云业务等极致体验；同时，移动网络也将进一步完成与智能家居、智能城市、工业设施、医疗仪器、车联网等深度融合，大大推动移动物联网的爆炸式增长，到时数以千亿的设备将接入网络，实现真正意义上的"万物互联"。各行各业对海量数据的需求给传统通信网络带来了巨大挑战，与此同时，各个方面的业务应用需求呈现爆发式增长，给未来无线移动宽带系统在技术以及运营等各方面都带来了巨大的挑战。为了应对未来爆炸式的移动数据流量增长、海量的设备连接、不断涌现的各类新业务和应用场景，第五代移动通信（5th - Generation，5G）系统将应运而生。

本节将以大规模多MIMO、非正交多址、同时同频全双工、超密度多小区技术四方面为切入点，分析和讨论5G网络的关键技术挑战及标准化进程。

7.3.1 5G技术要求与路线

目前，3G与4G系统主要聚焦于移动宽带应用场景，提供增强型的系统容量以及更高的数据传输速率。与此不同，未来5G将应用于生活、工作、娱乐等各种领域，大力发展物联网（Internet of Things，IoT）应用、机器到机器（Machine - to - Machine，M2M）通信或以机器为中心的通信，面临着更加多样化的业务需求和极致的性能挑战。

1. 技术要求

综合未来移动互联网和物联网各类场景和业务需求，需求的爆炸性增长给未来无线通信系统在技术和运营等方面带来了巨大挑战，无线通信系统必须满足多样化需求，现有网络架构和功能无法很好地支持各场景中的能力指标要求，包括在吞吐量、传输速率、时延和连接数密度方面的要求，以及在成本、可靠性、复杂度和能量损耗等方面的要求，同时还要考虑人与物、物与物的连接要求。

ITU－R 确定了 5G 的三大应用场景：增强型移动宽带（enhanced Mobile Broadband，eM-BB）、大规模机器类通信（massive Machine Type Communication，mMTC）和超高可靠和低延迟通信（ultra－Reliable and Low Latency Communication，uRLLC）。按照未来移动互联网和物联网主要场景和业务需求特征，5G 网络的技术要求如下：连续广域覆盖、热点高容量、低时延高可靠、低功耗大连接以及高速移动性。5G 应用场景与技术要求如表 7-5 所示。

表 7-5　5G 网络的主要应用场景与技术要求

场景	应用领域	技术要求	解决方案
eMBB	三维立体视频、超高清视频、云工作与娱乐、增强现实等	1Gbit/s 用户体验速率、数十 Gbit/s 峰值速率、高频谱效率、低网络时延等	频谱接入、大规模/3D MIMO、新空口技术（先进多址接入）、内容分发网络、小小区、D2D、网络功能虚拟化、自组织网络、全双工等
mMTC	物联网、车联网、智慧城市、智能楼宇等	百万级连接密度、数十 Tbit/$(s \cdot km^2)$ 的流量密度、高速移动性、低时延等	频谱接入、自组织网络、D2D、新空口技术（先进多址接入）、全双工等
uRLLC	无人驾驶、远程医疗、工业自动化等	低功耗、低成本、低时延、高可靠性等	高效节能硬件、内容分发网络、D2D、新空口技术（先进多址接入）、自组织网络等

综上所述，与以往移动通信系统相比，5G 的概念将由无线向网络侧延伸，无线技术的创新来源将更加丰富。为了满足 5G 系统中关键能力指标、网络运营能力和网络演进的技术要求，面向 2020 年及未来的 5G 技术除了稀疏码分多址（Sparse Code Multiple Access，SC-MA）、图样分割多址（Pattern Division Multiple Access，PDMA）与多用户共享接入（Multi User Shared Access，MUSA）等新型多址技术以外，全双工（同时同频全双工）、大规模天线、超密集小区组网、新型调制编码、终端直通（Device－to－Device，D2D）以及全频谱接入等也是潜在的 5G 无线关键技术。

2. 技术路线

LTE/LTE－Advanced 技术可以看做是 4G 标准，已经在全球范围内大规模部署。由于受 4G 技术框架的制约，一方面，大规模天线、超密集组网等增强技术的潜力难以完全发挥；另一方面，全频谱接入、部分新型多址等先进技术难以在现有技术框架下采用，导致 4G 技术的演进无法满足 5G 网络中的性能需求。

为了满足 5G 网络的性能与技术需求，将以 LTE/LTE－Advanced 技术框架为基础，在传统移动通信频率段引入增强技术，进一步提升 4G 系统的传输速率、系统容量、连接数、时延等关键性能指标，4G 向 5G 演进的技术路线主要聚焦在无线接入和网络技术两个层面进行增强或革新，如图 7-11 所示。

1）无线接入技术：为了满足不同场景差异化的性能需求，可采取空间域的大规模扩展、地理域的超密集部署、频率域的高宽带获取，先进的多址接入技术等技术来实现。5G 需要突破向后兼容的限制，专门设计优化的技术方案即设计全新的空口，充分挖掘各种先进技术的潜力，以全面满足 5G 性能指标需求。5G 空口技术路线可由 5G 新空口（含低频空口与高频空口）和 4G 演进两部分组成。高频段覆盖能力弱，难以实现全网覆盖，需要与低频段联合组网。由低频段形成有效的网络覆盖，对用户进行控制、管理，并保证基本的数据传输能力；高频段作为低频段的有效补充，在信道条件较好的情况下，为热点区域用户提供高速数据传输。低频空口与高频空口的对比如表 7-6 所示。

图 7-11　5G 技术路线

a）无线接入技术　b）无线网络技术

表 7-6　低频空口与高频空口的对比

空口	场景	技术	目的
低频（6GHz 以下频段）	连续广域覆盖	大规模 MIMO、F－OFDM、TDD 双工等	提升用户体验速率，提升系统覆盖能力
	热点高容量	大规模 MIMO、F－OFDM、灵活双工或全双工、更高阶的调制方式和更高码率的编码方式	提高传输速率与流量密度
	低功耗大连接	SCMA、PDMA、MUSA 等多址技术；F－OFDM、FBMC 等新波形	增加接入设备数，并显著降低终端功耗和成本
	低时延高可靠	增强的 HARQ 机制；增强协作多点（Coordinated Multiple Points Transmission/Reception，CoMP）和动态 MESH 等	降低网络转发时延
高频（6GHz 以上频段）	热点高容量	大规模 MIMO、OFDM、单载波、支持快速译码且存储需求量小的信道编码方式等	极高传输速率，极高流量密度

2）无线网络技术：为满足网络运营的成本以及提升网络部署和运营效率等需求，可采用灵活的多网络融合、网络功能虚拟化（Network Function Virtualization，NFV）、软件定义网络（Software Defined Network，SDN）等技术来实现。

多网络融合是在多种接入网络（如 3G、4G、5G 等）中灵活地进行网络选择、切换与分流，提高频谱效率和提升服务质量等的技术；NFV 是利用虚拟化技术，将网络节点阶层的功能，分割成几个功能区块，分别以软件方式操作，不再拘限于硬件架构；SDN 是通过将网络设备控制面与数据面分离开来，从而实现了网络流量的灵活控制，为核心网络及应用的创新提供良好的平台。

7.3.2 大规模 MIMO

20 世纪 90 年代，Turbo 码的出现使信息传输速率几乎达到了理论上限，为了解决此瓶颈问题，引入大规模天线（Massive MIMO）技术，即在发射端与接收端部署多天线，在有限的时频资源内实现空间域的扩展，获得分集增益或复用增益，通过不同的维度提高无线传输系统的频谱利用效率和能量利用效率。

1. 大规模天线技术的特点

经过几十年的研究与发展，大规模天线技术已经被认为是 5G 的关键技术之一，相比于传统的单天线及 4G 广泛使用的 4/8 天线系统，除了能够提供更大的空间自由度、信道容量与分集增益以外，大规模天线技术还具有如下的优点。

（1）极低的单位天线发射功率

在理想情况下，总发射功率固定时，随着发射天线的数目从 1 增加到 n，单位天线的发射功率是原来的 $1/n$。如果只保证单根接收天线的信号接收强度，则使用 n 天线时总发射功率只需要原来的 $1/n$ 即可。很显然，采用大规模 MIMO，可以极大地降低单根天线的发射功率。

（2）较低的热噪声与非相干干扰的影响

利用相干接收机，可以降低不同接收天线间的非相干干扰部分，随着天线数目的增加，非相干的干扰信号明显降低，热噪声等非相干噪声不再是主要的干扰来源。

（3）降低小区内自干扰，提升空间分辨率

多维天线阵列提供了足够丰富的自由度用来对信号进行调整与加权，多天线阵子的动态组合利用波束赋型技术可以使发射信号形成更窄的波束，可以使信号能量较小的波束有效地汇集到空间中一个非常小的区域内，将信号强度集中于特定方向和特定用户群，一方面可以显著降低小区内自干扰、邻区干扰等；另一方面可以显著提高 MIMO 系统的空间分辨能力，以及提高用户信号载干比。

（4）信道"硬化"

当天线数目足够大时，将随机矩阵理论引入到大规模 MIMO 理论研究中，信道参数将趋于确定性，即信道矩阵的奇异值的概率分布情况将会呈现确定性，信道发生"硬化"，减小快速衰落的影响。

大规模 MIMO 技术在满足更高数据吞吐量需求的同时，能够有效地改善下一代多用户无线通信系统的服务质量（Quality of Service，QoS）。大规模 MIMO 技术能够将 SE 提高 1~2 个数量级，同时将能量效率（Energy Efficiency，EE）提升 3 个数量级。上述特性使得大规模 MIMO 有望成为下一代无线通信系统中的核心技术。

当然，大规模 MIMO 系统相比于传统 MIMO，随着天线数目的进一步增加不可避免地也会带来新的问题，除了增大误码率（Symbol Error Rate，SER）外，还存在如下的缺点。

（1）互耦效应

由于在给定阵列尺寸的大规模 MIMO 系统中，天线数量的增加必然减小天线单元之间的距离，从而导致了天线单元间更强的互耦效应，互耦效应将导致信道容量下降。有文献研究了线性阵列的互耦效应，表明随着固定阵列天线数量的增加，互耦效应会对系统容量产生巨大影响。

（2）导频污染

这是由于基站天线数量的增加，相邻小区的用户在上行信道估计中使用同一组（或非正交的）训练序列，从而导致基站端信道估计的结果并非本地用户和基站间的信道，而是被其他小区用户发送的训练序列所污染，受污染的信道估计的下行链路波束赋型将会对使用同一个导频序列的终端造成持续的定向干扰，从而降低系统容量。由于导频复用而造成的导频污染将成为大规模 MIMO 技术中的关键性限制因素之一。

大规模天线技术中天线阵列的增加会增加运营成本，此外，信道测量、建模与估计、波束赋型/预编码与检测设计、硬件复杂度等问题也将限制大规模 MIMO 系统的实现。

2. 大规模天线技术的应用场景

大规模 MIMO 技术通过在基站中部署大量天线单元来为多用户 MIMO 等场景提供足够的网络容量。表 7-7 归纳了大规模天线系统应用的可能场景。城区覆盖的几个场景对于容量需求较大，同时需要支持水平和垂直方向的覆盖能力，因此对大规模 MIMO 系统的研究较迫切，相比于郊区覆盖场景主要是解决偏远地区的无线传输问题，对容量需求要求不高，对该技术的研究优先级较低。

表 7-7　大规模 MIMO 应用场景描述

	场景类型	主要特点	解决方案
城区覆盖	宏覆盖	覆盖面积大、用户数量大	波束赋型使多流数据并行传输，小型化天线
	微覆盖	覆盖面积小、用户密度大	较高频段，3D 波束赋型
	高层覆盖	低基站到高层覆盖	垂直方向的提供信号波束赋型的自由度，提高覆盖能力
郊区覆盖		覆盖面积大，用户密度小、容量需求低	

3. 大规模天线的关键技术

工业界更加关注于集中在大规模天线的实际增益及其变化趋势上，对于大规模天线的理论特性主要在定性分析上。在学术界，大规模天线理论研究工作也逐渐从理想条件下以及极限条件下大规模天线的性质分析，逐渐过渡到非理想条件下，例如在天线数目受限、信道信息受限等条件下，大规模天线的实现方法和具体性能研究。大规模天线技术的研究内容主要包括以下几个方面。

（1）信道信息测量与建模技术

1）信道信息测量

在 TD－LTE 系统中，基站可通过上下行信道的互易性，根据对上行探询参考信号（Sounding Reference Signal，SRS）导频测量的结果获取下行信道的状态信息，即使用大规模天线后，信道信息的测量与获取方法与现有 4G 系统相同。大规模 MIMO 系统的理论信道模型可以通过实际传播环境中的信道测量加以验证。通过实际信道测量，整个系统性能可以得到有效发挥。

2.6GHz 微蜂窝环境下的分布式 MIMO 信道测量：为研究分布式 MIMO（由 4 个基站和 1 个移动台组成的场景）不同基站链路之间大尺度衰落的互相关特性，对 2.6GHz 微蜂窝环境下的信道进行了测量。在这 4 个基站中，3 个基站分别部署了 4 组空间高度同向极化的天线单元，另一个基站则只部署一个天线单元；移动台则部署了由64组双极化天线单元组成的圆柱形均匀阵列。利用上述测量方法，通过分析不同基站链路之间的大尺度衰落互相关特性，可得出不同位置的大尺度信道衰落值。

128单元线性阵列的测量方法：文献考虑26个不同的视距传播用户、10个非视线传播用户，系统工作在2.6GHz，基站装备有128个单元线性阵列。此外，将天线阵列长度和天线间距分别设置为7.3m和半个波长。该文献在上述场景下对大规模MIMO信道进行了研究，其中主要对Ricean K 因子、阵列的接收功率值、天线相关性和特征值分布等不同参数进行了分析。研究结果表明，由于存在某些不可见的散射，同时散射功率值可能发生很大变化，大规模天线阵列的传播信道不能看作是广义平稳过程。然而，阵列上的近场效应和非平稳性有助于消除不同用户的相关性，从而提供一个良好、稳定且低干扰的信道条件。

2）信道建模

在大规模多天线技术中相应的信道建模也呈现出新的特性：①要考虑用球面波取代平面波进行建模；②信道能量往往集中在有限的空间方向上，不满足信道独立同分布的条件；③随着天线阵列的增大，不同的散射体只对不同的天线单元可见，衰落表现出非静态特性。

多天线信道采用多种建模方法，用以简化无线链路时空随机性的表达。例如，在随机信道模型COST 2100和WINNER中，多径参数（功率、延迟、到达角、发射角等）是从全局或大规模参数分布中随机选取的。对大规模参数及其相关性建模的研究成果已被3GPP SCM、COST 2100和Winner信道模型所采纳。

大尺度衰落信道的MIMO Wiener模型：状态空间表示法可看作是MIMO信道的有效建模方法。基于状态空间的子空间识别算法，其效果优于标准卷积建模方法，并已用于无线信道的自适应估计。此外，子空间识别算法具有非线性特征，已应用于识别接收机的动态移动以及预测未来多径传播场强的移动通信框架。尽管上述识别技术未能完全解决收发机的移动性问题，扩展型Wiener系统技术的提出已经解决了MISO信道的建模问题，该技术通过将接收机的移动描述成一个状态空间的动态线性系统，以此来对无线移动通信链路的大尺度衰落进行建模。此外，借助于Wiener系统子空间识别算法与多项式回归的结合，该技术通过电场强度的时域估计实现了信道模型的建立。

大规模MIMO系统的随机几何建模与干扰分析：在基站和单天线移动台组成的大规模MIMO蜂窝系统中，随着基站天线数量趋向于无穷，假定准确信道的状态信息可知，则一个固定基站能够以任意高的数据速率服务于任意数量的移动用户。在大规模MIMO蜂窝系统中，上/下行性能完全由阴影衰落系数和移动台（基站）的位置决定，从而有力地证明了"在不同参数设置与方案下使用随机几何模型能够对系统性能指标进行准确分析"这一论断的正确性。

尽管学术界和工业界已经在大规模MIMO信道测量与建模方面进行了大量的研究，但对"理想传播条件及天线特性"的假设过于理想化，在实际系统中并不一定成立。例如，实际基站可能装配超过100根、但少于1000根天线单元，而不是无穷多个天线单元。此外，发射天线（接收天线）一般假设为各向同性且非偏振的电磁波辐射源（传感器），根据电磁学基本理论，这种各向同性且非偏振的天线在现实中并不存在。随着空间相关性的变化，大规模MIMO性能会受到各向异性天线的影响。

大规模MIMO系统的理论信道模型可以通过实际传播环境中的信道测量加以验证。

（2）信道信息传输、检测与反馈技术

1）传输与检测技术

在大规模天线系统中，通过大量天线阵元形成的多用户信道间的准正交特性保证性能增益。携带一个或多个天线的移动用户可能同时将信号发送到基站后，基站通过空间签名将接收到的上行信号加以区分，为了获得稳定的多用户传输增益，需要优化下行发送与上行接收算法从而有效地抑制用户间乃至小区间的干扰。

为了减小用户间的干扰，最大似然（ML）检测、下行链路 DPC（Density Parity Check Code，密度奇偶校验码）等先进的预编码/检测算法能够提供很好的解决途径。基于 MCMC（马尔可夫链蒙特卡罗，Markov Chain Monte Carlo）技术、Kronecker 运算的水平垂直分离算法、随机步长（Random Step，RS）法以及基于树形结构（Tree Based，TB）的算法等可以较为有效地降低大规模天线系统计算复杂度。

2）反馈技术

当采用大规模天线后，可以采用 4G 系统中的信道反馈方式：基于码本（Codebook）的和基于信道互易性的反馈机制，但所需开销随着天线振子数目的增加而增加。为了更好地平衡信道状态信息测量开销与精度，诸如基于 Kronecker 乘积反馈、混合 RS 测量 CSI 的反馈、基于虚拟扇区化反馈以及压缩感知以及预体验式等新型反馈机制值得考虑。

中兴通讯 Massive MIMO 采用波束导频和自适应码本反馈的创新理念，带来更宽的带宽，更大的通道数，更高的吞吐量，使网络容量得到大幅提升。

（3）覆盖增强技术以及高速移动解决方案

天线规模的扩展对于业务信道的覆盖将带来巨大的增益，但是对于需要有效覆盖全小区内所有终端的广播信道而言，则会带来诸多不利影响。在这种情况下，类似内外双环波束扫描的接入技术能够解决窄波束的广覆盖问题。除此之外，大规模天线还需要考虑在高速移动场景下，如何实现信号的可靠和高速率传输问题。对信道状态信息获取依赖度较低的波束跟踪和波束拓宽技术，可以有效利用大规模天线的阵列增益提升数据传输可靠性和传输速率。

（4）商业化部署的运营成本

随着 5G 基站端部署天线数目的增加，大规模有源天线阵列的构架、高效/高可靠性/小型化/低成本/模块化收发组件、高精度监测与校准方案等关键技术，将直接影响到大规模天线技术在实际应用环境中的性能与效率，以及系统设计、制造、工程、安装、人力等方面的运营成本，将会成为大规模天线技术能否最终进入实用化阶段的关键环节。因此需要在理论上解决不同场景下天线数量最优的问题，才能在商业化部署中不受制约。

大规模天线技术为系统频谱效率、用户体验、传输可靠性的提升提供了重要保证，同时也为异构化、密集化的网络部署环境提供了灵活的干扰控制与协调手段。随着一系列关键技术的突破以及器件、天线等技术的进一步发展，大规模天线技术必将在 5G 系统中发挥重大作用。结合 5G 技术试验的测试过程及结果，大规模多天线亟须突破的关键技术如下：信道估计的优化算法及建模、导频污染、多用户调度与资源管理技术、CSI 反馈增强及干扰控制，以及天线数目的优化算法等。

7.3.3 非正交多址

移动通信的升级换代都是以多址接入技术为主线，4G 以正交频分多址接入技术（Orthogonal Frequency Division Multiple Access，OFDMA）为基础，其数据业务传输速率达到百Mbit/s～千Mbit/s，在较大程度上满足了宽带移动通信应用需求。随着智能终端普及应用及移动新业务需求持续增长，无线传输速率需求呈指数增长，无线通信的传输速率仍然难以满足未来移动通信的应用需求。5G技术中，为了解决频谱效率以及海量设备连接的需求，诞生了一种新型多址接入复用方式，即非正交多址接入（Non Orthogonal Multiple Access，NOMA）。

与4G的正交多址技术（Orthogonal Multiple Access，OMA）相比，OMA只能为一个用户分配单一的无线资源（按频率分割或按时间分割）；而NOMA技术能够将一个资源分配给多个用户，在发送端采用非正交发送，主动引入干扰信息，在接收端通过SIC技术解调信号，从而提升系统的频谱效率。

2016年，3GPP RAN1确定了eMBB场景使用基于正交多址接入方式，如DFT－S－FD-MA和OFDMA，而非正交的多址技术只限于mMTC的上行场景。目前，一共有十多种NO-MA技术的候选方案在竞争，我国主要有三种：华为SCMA（Sparse Code Multiple Access）、大唐的PDMA（Pattern Division Multiple Access）和中兴MUSA（Multi－User Shared Access）。

（1）SCMA

SCMA是一种基于码域叠加的新型多址技术，它将低密度码和调制技术相结合，通过共轭、置换以及相位旋转等方式选择最优的码本集合，不同用户基于分配的码本进行信息传输。在接收端，通过MPA（Message Passing Algorithm）算法进行解码。由于采用非正交稀疏编码叠加技术，在同样的资源条件下，SCMA技术可以支持更多用户连接，同时，利用多维调制和扩频技术，单用户链路质量将大幅度提升。此外，还可以利用盲检测技术以及SCMA对码字碰撞不敏感的特性，实现免调度随机竞争接入，有效降低实现复杂度和时延，更适合用于小数据包、低功耗、低成本的物联网业务应用。

（2）PDMA

PDMA以多用户信息理论为基础，在发送端利用图样分割技术对用户信号进行合理分割，在接收端进行相应的串行干扰消除（Serial Interference Cancelation，SIC），可以逼近多址接入信道的容量界。用户图样的设计可以在空域、码域和功率域独立进行，也可以在多个信号域联合进行。图样分割技术通过在发送端利用用户特征图样进行相应的优化，加大不同用户间的区分度，从而有利于改善接收端串行干扰删除的检测性能。

（3）MUSA

MUSA是一种基于码域叠加的多址接入方案，对于上行链路，将不同用户的已调符号经过特定的扩展序列扩展后在相同资源上发送，接收端采用SIC接收机对用户数据进行译码。扩展序列的设计是影响MUSA方案性能的关键，要求在码长很短的条件下（4个或8个）具有较好的互相关特性。对于下行链路，基于传统的功率叠加方案，利用镜像星座图对配对用户的符号映射进行优化，提升下行链路性能。

以SCMA、PDMA和MUSA为代表的新型非正交多址技术通过多用户信息在相同资源上叠加传输，在接收侧利用先进的接收算法分离多用户信息，不仅可以有效提升系统频谱效率，还可成倍增加系统的接入容量。非正交多址技术需要通过结合串行干扰消除技术或类最大似然解调才能取得容量极限，因此设计低复杂度且有效的接收机算法是该技术的一个突破点。

1）在一些高热点场景中，连接设备数量极大，需要更复杂的 SIC 接收机，这就要求信号处理芯片信号处理能力更强，功耗更低。

2）功率域、空域、编码域单独或联合地编码传输，这就要求 SCI 技术的算法复杂度更低，可以快速地对用户的特征进行排序。

3）多级处理过程中，通过优化 SIC 技术算法，简化信令流程，并降低空口传输时延。

除了降低接收机的复杂度，功率复用技术也是 NOMA 技术的主要研究方向之一。

SIC 在接收端消除多址干扰（Multi – Address Interference，MAI），需要在接收信号中对用户进行判决来排出消除干扰的用户的先后顺序，而判决的依据就是用户信号功率大小。基站在发送端会对不同的用户分配不同的信号功率，来获取系统最大的性能增益，同时达到区分用户的目的，这就是功率复用技术。功率复用技术在其他几种传统的多址方案中没有被充分利用，其不同于简单的功率控制，而是由基站遵循相关的算法来进行功率分配。

7.3.4 同时同频全双工

传统的时分双工（Time Division Duplexing，TDD）和频分双工（Frequency Division Duplexing，FDD）已经在无线通信领域广泛使用，但时分双工与频分双工技术中对性能提升均存在着限制：时分双工是通信双方按照时间分时的收发数据，故时间利用率不高，影响通信效率，节点间的信道不一致也会引起性能下降；而频分双工使用频分复用技术，需要两倍的单向通信链路带宽，带宽资源占用太大，在固定带宽资源条件下，制约着系统中通信节点的数量。在传统技术的这些缺陷下，国外研究者提出无线通信设备在单一频段上的同时双向数据传输，即全双工（Full Duplex，FD）技术，而在国内，通常称之为同时同频全双工（Co – time Co – frequency Full Duplex，CCFD）技术。

为了解决半双工技术频谱利用率低下的问题，近几年学术界开始研究同时同频全双工技术（以下简称全双工）在无线通信领域的应用，以实现无线通信设备在单一频段上的同时双向数据传输，从而在理论上实现频谱利用率的倍增，也能有效降低端到端的传输时延和减小信令开销。

在同时同频全双工通信中，对于任一节点的发射信号必然会对接收信号造成干扰，由于两者之间存在着巨大的功率差（通常发送信号的功率比接收信号的功率高几个数量级），这一功率差别将引起严重的自干扰，从而使得接收信号完全淹没在自干扰功率中不能解调。学术界和工业界已经就此进行了多项研究探索。全双工技术的核心问题是如何有效地抑制和消除强烈的自干扰。

针对上述难题，国内外的专家学者进行了大量的研究和实验。现行的自干扰消除研究中，对于全双工自干扰消除的设计主要采用三种消除方式：被动自干扰消除（天线端）、模拟域自干扰消除（射频端）和数字域自干扰消除，如表 7-8 所示。自干扰消除的一般顺序首先是被动消除，其次经过模拟消除，最后经过数字消除。

表 7-8　全双工自干扰消除的主要技术

被动消除技术	天线定向法	
	天线隔离法	物理隔离、天线消除、双工器隔离
	天线极化法	
主动消除技术	模拟域消除	巴伦消除、矢量调制器消除、多 TAP 消除
	数字域消除	信道估计法（时域消除、频域消除），信道建模法，自适应算法

1. 被动消除

被动自干扰抑制技术主要依靠链路衰减、器件衰减或对称的电路设计来对自干扰信号进行功率抑制。被动消除的原理是将收发天线在空中接口处分离，从而降低发射机信号对接收机信号的干扰。在实际应用中，被动消除技术主要分为两类，一类用于天线只发射或者只接收的场景，另一类用于同一根天线同时收发的场景。对于前者，现有的研究中大多采用天线隔离的方法降低自干扰；对于后者，由于是同一根天线同时收发，因此简单的天线隔离不再适用，通常采用双工器件（例如环形器）进行收发隔离，从而降低自干扰。被动消除的主要技术主要有下面几种。

（1）天线隔离法

该消除方案提出较早，其发射链路与接收链路分别占用不同的天线，利用空气链路的衰减或特殊的天线摆放来减小自干扰信号的强度。

（2）基于平衡网络的被动自干扰抑制技术

该方法由纽约大学的 Michael E. Knox 提出，利用对称的电路设计，使进入接收链路的两路自干扰信号相互抵消。我国上海交通大学的研究者也提出了类似的平衡网络方案，配合后续的主动自干扰消除技术，最终对带宽 100MHz 的自干扰信号实现了约 52dB 的消除能力。

此外，对于同天线收发的全双工系统来说，可以通过设计环形器或特殊隔离器，为天线分离发射与接收链路。典型代表是定向耦合器方案和电平衡耦合器方案。这两种类型的隔离器均为四端口器件，一个端口连接天线，另外两个端口分别连接发射链路与接收链路，最后一个端口用于连接匹配阻抗。在调整好阻抗端的参数之后，可将发射端口与接收端口的耦合度调至最小，从而达到分离发射与接收链路的目的。

一般来说，在全双工自干扰消除中，单独的被动自干扰抑制技术不足以满足全双工接收机解调的需要，必须配合后续的主动自干扰消除技术才能达到足够的消除性能。被动消除的性能往往十分有限，使用同一根天线进行同时同频收发，只能实现约 20dB 的自干扰消除性能，而主动消除技术则可以达到 90dB 的自干扰消除。

2. 模拟域消除

目前对于模拟域消除技术的设计思路主要是利用耦合出的发射信号进行反相抵消。主要的技术有下面几种。

（1）巴伦消除

耦合出部分发射信号通过衰减器和巴伦器件后，变为与自干扰信号功率相等、相位相反，最后在接收端与自干扰信号抵消。

（2）矢量调制器消除

耦合出部分发射信号利用矢量调制器并辅助功率衰减器，进行功率调节和相位调节，使其与自干扰信号等功率、反相，最后在接收端与自干扰信号对消。

（3）多 TAP 消除

该技术是矢量调制器消除技术的进一步发展，利用多路矢量调制器和功率衰减器构造模拟消除链路对消信号，实现更充分的模拟消除，提高消除性能。

3. 数字域消除

数字消除技术主要利用已知的基带发射信号重构出数字域自干扰信号，然后将自干扰信号从接收信号中减去，从而实现数字消除。数字消除技术主要分为三类，第一类是通过发射训练序列进行信道估计，利用信道估计获得的参数重构出数字域自干扰信号；第二类是通过信道建模的方式实现重构数字域自干扰信号；第三类是通过自适应算法重构出数字域自干扰信号。

（1）通过信道估计实现数字消除的方式

该方式主要分为时域信道估计和频域信道估计。采用时域信道估计进行数字域自干扰信号重构，主要优点在于通用性强、不限于基带调制方式，但是缺点是需要进行大量的矩阵运算，计算量大。频域信道估计主要适用于 OFDM 调制系统，由于在 OFDM 调制系统中原始基带信号是频域数据，因此采用频域信道估计更直接，并且运算量较小，但是频域信道估计的方式不具有一般性。总体来说采用信道估计进行数字消除的方式较为普遍，但是这种方式对信道估计算法的准确性要求较高。

（2）通过信道建模进行数字消除的方式

该方式主要利用已知的信道模型重构出数字域自干扰信号，信道模型通常以多项式的形式体现，这种方式也需要训练过程，训练过程主要用于计算多项的系数。这种方式的优点是对于特定场景的信道建模较为准确，缺点是需要预先建立信道模型，而准确的信道建模又是一个难题，并且如果信道模型十分复杂，计算多项系数的运算量也会大大增加。

（3）采用自适应算法进行数字消除的方式

该方式主要是使用自适应滤波器重构出数字域自干扰信号，例如 LMS 自适应滤波器，通过对时域信号的自适应滤波，使得重构出的自干扰信号趋近实际自干扰信号，并且自适应滤波过程可以通过循环迭代来提高准确性。这种数字消除方式需要一个训练过程，并且计算量较大，计算时间较长。

与现行的半双工通信技术相比，同时同频全双工技术可以实现无线通信容量和频谱效率的极大提升，理论上能达到半双工的两倍。在下一步的研究过程中，急需解决的是全双工技术与基站系统的融合问题，具体包括：

1）物理层的全双工帧结构、数据编码、调制、功率分配、波束赋型、信道估计、均衡等问题。

2）MAC 层的同步、检测、侦听、冲突避免、ACK/NACK 等问题。

3）调整或设计更高层的协议，确保全双工系统中干扰协调策略、网络资源管理等；自干扰的消除算法、信道及干扰的数学建模的理论分析以及系统实验验证。

4）与大规模 MIMO 技术的有效结合、接收、反馈等问题及如何在此条件下优化 MIMO 算法。

5）考虑到 4G 空口的演进，全双工和半双工之间动态切换的控制面优化，以及对现有帧结构和控制信令的优化问题。

6）制造成本问题。在 RF 及电路元器件的设计及制造时，自干扰消除电路需满足宽频（大于 100MHz）、功耗低、尺寸利于安装，且可支持大规模 MIMO 所需的多天线（多于 64 根）。

7.3.5 超密集多小区技术

移动通信从第一代模拟蜂窝系统发展到第四代移动宽带网络，小区半径不断缩小，小区密集化机制为移动通信网络容量带来了一千倍的增益。在 5G 的研究中，我们将对小区进一步密集化，形成超密集网络（Ultra Dense Network，UDN）。

超密集多小区技术通过更加"密集化"的无线网络基础设施部署，可以使终端在部分区域内捕获更多的频谱，距离各个发射节点也更近，从而提升业务的功率效率和频谱效率，在局部热点区域可以实现百倍量级的系统容量提升，并天然地保证了业务在各种接入技术和各覆盖层次间负荷分担。超密集多小区技术的典型应用场景主要包括：办公室、密集住宅、密集街区、校园、大型集会、体育场、地铁等人流密度较大的区域。

超密集多小区技术是通过减小基站与用户终端之间的路径损耗来提升网络的吞吐量，由于各个发射节点间距离较小，网络间的干扰将不可避免。随着小区部署密度的增加，超密集多小区技术将面临许多新的技术挑战，如干扰、移动性、站址、传输资源以及部署成本等。在现实场景下，如何有效进行节点协作、干扰消除、干扰协调成为重点解决的问题，现在业内已经提出了一系列的解决方案，包括接入和回传联合设计、干扰管理和抑制、小区虚拟化技术。

1. 接入和回传联合设计

接入和回传联合设计包括混合分层回传、多跳多路径的回传、自回传技术和灵活回传技术等。

混合分层回传是指在架构中将不同基站分层标示，宏基站以及其他享有有线回传资源的小基站属于一级回传层，二级回传层的小基站以一跳形式与一级回传层基站相连接，三级及以下回传层的小基站与上一级回传层以一跳形式连接、以两跳/多跳形式与一级回传层基站相连接，将有线回传和无线回传相结合，提供一种轻快、即插即用的超密集小区组网形式。

多跳多路径的回传是指无线回传小基站与相邻小基站之间进行多跳路径的优化选择、多路径建立/承载管理、动态路径选择、回传和接入链路的联合干扰管理和资源协调，可给系统容量带来较明显的增益。

自回传技术是指回传链路和接入链路使用相同的无线传输技术，共用同一频带，通过时分或频分方式复用资源，自回传技术包括接入链路和回传链路的联合优化以及回传链路的链路增强两个方面。在接入链路和回传链路的联合优化方面，通过回传链路和接入链路之间自适应地调整资源分配，可提高资源的使用效率。在回传链路的链路增强方面，利用 BC plus MAC（Broadcast Channel plus Multiple Access Channel，广播信道特性加上多址接入信道特性）机制，在不同空间上使用空分子信道发送和接收不同数据流，增加空域自由度，提升回传链路的链路容量；通过将多个中继节点或者终端协同形成一个虚拟 MIMO 网络进行收发数据，获得更高阶的自由度，并可协作抑制小区间干扰，从而进一步提升链路容量。

灵活回传是提升超密集网络回传能力的高效、经济的解决方案，它通过灵活地利用系统中任意可用的网络资源（包括有线和无线资源），灵活地调整网络拓扑和回传策略来匹配网络资源和业务负载，灵活地分配回传和接入链路网络资源来提升端到端传输效率，从而能够以较低的部署和运营成本来满足网络的端到端业务质量要求。

2. 干扰管理和抑制策略

超密集组网能够有效提升系统容量，但随着小小区更密集的部署、覆盖范围的重叠，带来了严重的干扰问题。当前干扰管理和抑制策略主要包括自适应小小区分簇、基于集中控制的多小区相干协作传输，和基于分簇的多小区频率资源协调技术。自适应小小区分簇通过调整每个子帧、每个小小区的开关状态并动态形成小小区分簇，关闭没有用户连接或者无需提供额外容量的小小区，从而降低对临近小小区的干扰。基于集中控制的多小区相干协作传输，通过合理选择周围小区进行联合协作传输，终端对来自于多小区的信号进行相干合并避免干扰，对系统频谱效率有明显提升。基于分簇的多小区频率资源协调，按照整体干扰性能最优的原则，对密集小基站进行频率资源的划分，相同频率的小站为一簇，簇间为异频，可较好地提升边缘用户体验。

3. 小区虚拟化技术

小区虚拟化技术包括以用户为中心的虚拟化小区技术、虚拟层技术和软扇区技术。以用户为中心的虚拟化小区技术是指打破小区边界限制，提供无边界的无线接入，围绕用户建立覆盖、提供服务，虚拟小区随着用户的移动快速更新，并保证虚拟小区与终端之间始终有较好的链路质量，使得用户在超密集部署区域中无论如何移动，均可以获得一致的高QoS/QoE。虚拟层技术由密集部署的小基站构建虚拟层和实体层网络，其中虚拟层承载广播、寻呼等控制信令，负责移动性管理；实体层承载数据传输，用户在同一虚拟层内移动时，不会发生小区重选或切换，从而实现用户的轻快体验。软扇区技术由集中式设备通过波束赋型手段形成多个软扇区，可以降低大量站址、设备、传输带来的成本；同时可以提供虚拟软扇区和物理小区间统一的管理优化平台，降低运营商维护的复杂度，是一种易部署、易维护的轻型解决方案。

就当前的研究成果来看，超密集多小区技术亟待解决的关键技术点如下。

（1）切换算法

超密集多小区场景下，网络发射节点的增加，使小区边界数量剧增，小区边界更不规则，导致更频繁、更为多样的切换，原有的4G分布式切换算法面临着较重的网络控制信令负荷，新的切换算法显得尤为重要。

（2）SON 技术（自配置、自优化、自愈功能）

发射节点状态的随机变化，使得网络拓扑和干扰类型也随机动态变化，加上多样化的用户业务需求保障，超密集多小区技术中必须配合更智能的、能统一实现多种无线接入制式、覆盖层次的自配置、自优化、自愈合的网络自组织技术，才能有效降低网络部署、运营维护复杂度和成本，提高网络质量。

除了上面的几种关键技术之外，在5G网络中，为了能够满足极致的用户体验，适应新业务的需求，新型多载波，先进编码调制、高频通信技术、软件定义网络（Software Defined Network，SDN）和网络功能虚拟化（Network Functions Virtualization，NFV）等也是主要的研究方向。

7.3.6 5G 标准化

移动通信的换代实际上是技术标准化的更新，各个时期的标准化如表 7-9 所示。

表 7-9　1G ~ 4G 的标准化制定

	地区	标准名称
1G	美国	AMPS
	欧洲	TACS
2G	欧洲	GSM
	美国	CDMA
3G	欧洲	WCDMA
	美国	CDMA2000
	中国	TD – SCDMA
4G	中国	TD – LTE
	欧洲	LTE – FDD
	美国	WiMAX（IEEE 通过）

2015 年 10 月 26 日至 30 日，在瑞士日内瓦召开的 2015 年无线电通信全会上，国际电联无线电通信部门（ITU – R）正式批准了三项有利于推进未来 5G 研究进程的决议，并正式确定了 5G 的法定名称是"IMT – 2020"。2017 年 2 月，国际电信联盟（国际电联）公布了预期将成为 5G 最终规范的草案，该草案中包含电信企业在"5G"中必须遵守的十三项不同指标，预示着 5G 在标准化进程中又向前迈出了一大步，截止到 2017 年 IMT – 2020 标准化进程如表 7-10 所示。

表 7-10　IMT – 2020 标准化进程

2012—2015 年（已完成）	2016—2017 年（部分完成）	2018—2019 年（计划）	2019—2020 年（计划）
<ul><li>制定计划</li><li>市场/服务观点</li><li>技术/研究启动</li><li>愿景 – IMT2020</li><li>名称</li><li>低于 6GHz 频谱</li><li>过程优化</li></ul>	<ul><li>频谱/频段安排（WRC – 15 之后）</li><li>技术性能要求</li><li>评估标准</li><li>提案邀请</li><li>分享研究参数（IMT – WRC – 19）</li><li>分享研究（WRC – 19）</li></ul>	<ul><li>提案</li><li>评估</li><li>达成共识</li><li>CPM 报告（IMT – WRC – 19）</li><li>分享研究报告（WRC – 19）</li></ul>	<ul><li>频谱/频段安排</li><li>决定于无线电框架</li><li>详细的 IMT – 2020 无线电规范</li><li>未来增强/更新计划与过程</li></ul>
面向未来做好准备：愿景、频谱和技术概览		确定技术规范	

1. 5G 编码方案

编码技术是通信系统核心标准之一，对于 5G 标准移动宽带增强场景编码方案的争夺，被视为一个重要的风向标。在 3GPP 5G 标准化进程中，在 5G 标准移动宽带增强场景编码方案竞争中，有三大编码候选技术：①高通提出的 LDPC 编码方案；②法国承袭的 Turbo 编码技术路线；③中国华为力推的 PolarCode（极化码）编码方案。

在 2016 年 10 月 14 日的 3GPP RAN1 会议上，美国 LDPC 方案被 3GPP 确定为 5G 中长码编码方案。2016 年 11 月 17 日的 3GPP RAN1 87 次会议上，在短码编码方案中，中国华为主推的 Polar 方案成为 5G 控制信道编码方案；而美国 LDPC 则成为数据信道的上行和下行短码方案。

2. 5G 新空口技术

所谓"空口"，指的是移动终端到基站之间的连接协议，是移动通信标准中一个至关重要的标准。3G 时代，空口编码技术为 WCDMA、TD - SCDMA、CDMA2000 三个不同的 CDMA 制式；4G 时代，空口编码技术为 OFDM。

目前，围绕 5G 标准新空口技术的竞争，主要也是在中国和美国之间展开。中国华为助推 5G 新空口技术 F - OFDM 和 SCMA；而美国高通称，该公司完成的首个 5G 连接，展示了多项先进的 3GPP 5G 新空口技术，包括自适应独立 TDD 子帧、基于 OFDM 的可扩展波形以支持更大带宽、先进的 LDPC 信道编码和基于低延迟时隙结构的全新灵活设计等。

5G 会和 4G 一样，是一个长期演进的多种技术的组合，现有的研究成果已经让人们体验到超高速率、零时延、超大连接、信息融合等等部分 5G 的特性，但这并不是 5G 的全部，随着各种研究的不断深入，5G 关键支撑技术从 2017 年开始逐步得以明确，并进入实质性的标准化研究与制定阶段，最终在 2020 年前后实际商用部署，5G 将为人们的日常生产生活提供更加便利的通信条件。

在国内，华为、中兴、爱立信、诺基亚和上海贝尔、大唐、英特尔等公司均参与了 2016 年的 5G 技术研发试验第一阶段测试。为尽早实现 5G 商用，在 2017 年，运营商、设备商及相关产业链应结合 5G 研发试验第一阶段测试结果，对 5G 关键技术进行突破。

7.4　习题

1. 蜂窝移动通信系统由哪些部分组成？
2. 介绍几种典型的蜂窝移动数字业务。
3. 简述什么是 4G。
4. 简述 MIMO 技术的原理与主要技术优点。
5. 正交频分复用（OFDM）的基本原理、主要技术和优缺点是什么？
6. 请说说为什么要将 MIMO 系统与 OFDM 技术相结合。
7. 描述一下 5G 主要的应用场景及其技术要求。
8. 大规模 MIMO 与 4G 中的 MIMO 技术的主要优势有哪些？
9. 非正交多址的主要技术有哪些？简单描述其中一种技术的主要原理。
10. 全双工技术的核心问题是如何有效地抑制和消除强烈的自干扰，同时同频全双工技术的主要方法有哪些？
11. 超密集多小区技术的主要解决方案是什么？

第8章　数字图像通信系统

摘要：

图像通信是以人的视觉为基础的一种通信方式，具有直观性强、信息量大和信息的确切性好等优点。数字图像通信具有便于数据压缩编码、抗干扰性强、易于加密和无噪声累积等优点，因此逐渐成为当代通信领域重要的通信手段之一。

数字图像通信系统的三大关键技术是图像压缩编码、图像传输和宽频接入与交换技术。

图像压缩编码基于人的视觉特性和信息论理论对图像信号进行压缩编码，可以大大节省传输带宽。按照压缩编码后的图像与原始图像是否一致，可以将压缩编码算法分为无失真编码和限失真编码。

图像传输可以采用基带传输或频带传输方式。基带传输系统包括 PDH 和 SDH 传输网络；而在频带传输方式中，数字调制技术是影响系统性能的重要因素。常用的数字调制技术有多进制相移键控、多进制正交幅度调制、网格编码调制、正交频分复用调制、编码正交频分复用调制和残留边带调制等。

宽频接入技术是指基于铜线的 DSL 接入、基于有线电视网的 HFC 接入、高速 IP 接入、各种无线接入和光纤接入等。交换技术包括公用交换电话网、综合业务数字网、ATM 网、宽带 IP 网和无线网等当代流行的数据交换网。

有关图像通信的标准包括 H. 261、H. 263、JPEG 和 MPEG 系列标准。它们采用不同的编、解码算法，适用于不同的应用场合。H. 261 适用于速率为 64kbit/s 的整数倍（倍数为 1~30）的视听业务的视频编解码，H. 263 适用于甚低码率通信的视频编解码，JPEG 适用于彩色静止图像编码，MPEG 则适用于活动图像编码。

传真通信系统是一种常用的静止数字图像通信系统，目前广泛使用的是工作在 PSTN 上的三类传真机，今后的发展趋势是使用工作在 ISDN 上的四类传真机。

典型的活动数字图像通信系统是可视电话和数字高清晰度电视系统。可视电话可以工作在公共交换电话网 PSTN、综合业务数字网 ISDN 和 IP 网络上。工作在 IP 网络上的可视电话已发展成为多媒体通信系统。数字高清晰度电视系统的节目制作、传输和接收都以数字方式进行，目前主要有日本、欧洲和美国三大系列标准的数字高清晰电视系统。

8.1　数字图像通信概述

据统计，人脑获得的外界信息中至少有 70% 来自视觉。图案、绘画、动作、色彩等表达出来的信息一目了然、直观明确、便于沟通，能够建立起直接的信息交流。随着电子技术、计算机技术和通信技术的发展，处理、传递视觉信息的图像通信已经成为当代通信领域重要手段之一。

"图"指的是手绘或者拍摄得到的人物、风景等的相似物；"像"指的是直接或间接得到的人或物的视觉印象。因此，"图像"可以粗略地定义为实际景物在某种介质上的再现，而纸张、胶片、电视、电影、显示屏等都可以作为得到视觉印像的介质。可以说，图像是作用于人的视觉，被人的眼睛观察到、人眼所看到的信息内容，包括人或物等各种景物的形状、位置、大小、色彩、表情等，比起语言、文字，图像的内容要丰富得多。

图像通信是传送和接收静止的或活动的图像信息的方式，通过通信手段将图像信息传达给对方，为对方的视觉所接收。所以，图像通信是一种视觉通信。图像信息可以采用模拟或数字的形式进行传送，传送和接收数字图像信号的通信系统就是数字图像通信系统。

8.1.1　图像通信的特点

1. 直观性强

图像信号是景物的直接反映，其内容与人眼直接观察并最终显示在脑海中的图像非常接近，不需要经过思维的特别转换就可以直接被人理解。例如，一张风景照，任何人一看就明白，不存在看不懂的问题。而如果用语言或文字来描述同一张照片，则不同国籍的人要使用不同国家的语言和文字。更为重要的是，语言和文字信息是按照一定的规则表达出来的，需要经过学习，通过人的思维转换，才能够被理解。所以，同样的内容，图像表示更形象直观，易于理解。

2. 数据量大

一幅图像所包含的数据量很大。例如，若一帧黑白电视图像有 512 条扫描行，每行有 512 像素，每个像素的色度用 8bit 的二进位制表示，那么其所含数据量为 $512 \times 512 \times 8bit = 2Mbit$。要处理如此大的数据量，需要占用较大的系统资源。如果以 25 帧/s 的速率传送，那么每秒需要传送 2Mbit/帧 × 25 帧 = 50Mbit 的数据。

一般的数字图像是二维甚至三维信息，其数据量比语音要大一个数量级，比文本数据大两个数量级。

3. 信息确切性好

同样的内容，通过听觉和视觉两种不同的方式来获取，效果是不同的。后者显然更容易确认，不易发生歧义。

8.1.2　图像通信的分类

图像通信有多种分类方法。

按照提供的业务性质来划分，可以分为传真、可视电话、会议电视、图文电视、有线电视、高清晰度电视和智能用户电报等。

按照图像信息内容的运动状态来划分，可分为静止图像通信和活动图像通信两类。静止图像通信的特点是图像的内容不变或变化很慢，传输速率低，占用频带窄。活动图像通信是指对运动景物连续摄取的图像信息进行传输的通信，图像的内容变化快，传输速率高，占用频带宽。各种图像通信业务类型和特点如表 8-1 所示。

在实现上述各种图像通信业务和系统时，可以采用模拟图像传输技术和数字图像传输技术两种方式。图像信号本身是自然光通过物体反射后、进入人眼睛形成的物理信号，属于模拟信号，所以可以直接把模拟的图像信号传送出去。如果先对模拟的图像信号进行数字化处理后，再传送出去，即成为数字图像通信。

表 8-1 图像通信业务类型和特点

图像通信	业务类型	特　点
静止图像通信	传真、图文电视、可视电话、智能用户电报、可视图文等	图像的内容不变或变化很慢、传输速率低、占用频带窄、传输比较方便、费用较低
活动图像通信	会议电视、电视电话、点播电视（VOD）、有线电视、高清晰度电视等	图像的内容变化快、传输速率高、占用频带宽，技术复杂、费用高

与前述数字通信的特点一样，数字图像通信与模拟图像通信相比也具有抗干扰性能强、易于加密、噪声不累积等优点，适合于远距离图像通信或存储中多次复制。同时，数字图像比模拟图像更便于采用压缩编码技术。因此，除了某些近距离的图像传输，例如有线电视、小范围的内部图像通信系统等仍然是模拟方式传输外，目前大部分图像通信系统都采用数字通信方式。

8.1.3　数字图像通信系统的组成

数字图像通信系统一般由 5 个基本部分组成，如图 8-1 所示。

图 8-1　图像通信系统的基本组成

1. 输入设备

输入设备产生静止或活动的图像信号，例如电视摄像机、录像机、扫描仪、传真扫描头和电子黑板等都可作为产生图像的输入设备。

2. 编码器

编码器是数字图像通信系统的核心，包括信源编码器和信道编码器两个部分。输入的图像信号往往是模拟的，信源编码器的第一个作用就是将模拟的图像信号转换为数字信号，另一个作用是压缩图像信号。图像信号包含的数据量非常大，而传输信道的带宽有限，如果直接传输图像信号，占用带宽大，往往难以实现有效传输。为了减少传输的数据量，在传输图像信息之前，需要进行数据压缩，去掉多余的信息，只保留必要的信息，从而降低信号的传输速率，达到经济传输的目的。经过信源编码器的处理，输入的图像信号被压缩成具有合理传输速率的比特流。

信道编码器的功能是将信源编码器输出的比特流转变为适合信道传输的形式，包括差错控制编码和码型变换，使接收端能够自动检查或纠正由于信道传输所产生的误码，增强图像信号的抗干扰能力。随着编码技术的发展，信道编码器增加了一些新的功能，例如数据打包和传输层控制等。

经过编码后的图像信号进入信道前往往还要进行调制（图中未画出），让信号适合于信道带宽。

3. 信道

信道在提供让信号通过的通道的同时，也会对信号产生限制和损害。狭义的信道可以简单地理解为有线或无线传输媒质。实际上，除了传输媒质以外，还需要一些相关的转换器和设备，例如馈线、天线、交换机和传输设备等。因此广义来看，电话网、移动通信网和因特网在图像通信系统中都可以被看作是信道。

4. 解码器

接收端的解调器、解码器分别是上述编码器和调制器的逆过程。

5. 显示终端

显示终端用来显示被复原的图像设备，它可以是电视荧光屏、液晶显示屏、打印机、图像拷贝机等。

8.2 数字图像通信基本原理

不论提供何种业务，数字图像通信系统都要经历图像信号的采集、处理、传送、接收和图像重建等过程。首先把采集到的模拟图像信号数字化，然后压缩编码数字图像信号，最后传输压缩后的数字图像信号。这些过程涉及模数转换、图像压缩编码、数字传输、宽带接入与交换等关键技术，本节就对这些技术进行介绍。

8.2.1 图像信号数字化

自然图像信息是连续的模拟信号。以二维图像为例，它在二维空间中的位置是连续分布的，对于空间中某个固定位置来说，信号的幅度值也是一个连续变化量，其取值可以有无穷多个。为了能够进行数字处理和数字传输，必须对原始的图像信号进行数字化。图像信号的数字化包含两个方面：对空间位置的数字化和对幅度值的数字化。

空间位置的数字化本质上就是对连续分布的空间位置进行抽样，选取有限个位置来表示整幅图像。二维空间位置的数字化包括垂直和水平两个方向的数字化。在垂直位置上，采用扫描的方法，即在垂直方向上用若干等距离的水平扫描行来表示图像，相当于在垂直方向上对图像进行抽样。值得注意的是，这些扫描行只是刻画了整个图像的一部分。水平扫描行之间的距离就是垂直方向抽样点的间距，显然，间距越近，用来表示图像的扫描行越多，获取的图像细节越多，对图像的描述越精确，相应地，传送图像信息所需要的信道带宽也越大。

经过扫描后的图像信号只是在垂直位置上是离散的，在水平位置上依然是连续分布的。为了让图像信号在水平位置上也成为离散的，需要在水平方向上按照一定的间隔选取信号，即所谓的抽样处理。抽样过程沿着水平方向选取图像信号的样点，完成的是水平方向的离散化。抽样结果获得的是整个图像信号的部分信号，即"样点"信号。一幅图像经过扫描、抽样后，就成为空间上离散分布的一个个像素点，如图8-2所示。

图 8-2　图像信息的像素点

为了在接收端能够无失真地重构原始图像信号，抽样过程要满足奈奎斯特抽样定理，抽样频率至少应为图像信号最高频率的2倍。此外，抽取的各行的样点应按列对齐。

经过抽样后的图像信号在空间位置上是离散的，但幅度值还是连续变化的模拟量，所以还需要幅值离散化，才能成为数字信号，这个过程称为量化。"量化"的含义与2.2.1节所述内容相同，这里不再重述。

最后，要对量化值进行编码，编码的原理与方法与2.2.1节所述内容相同。要注意的是，编码时使用的码字位数与量化级数有关，如果用 n 表示码字位数，用 k 表示量化级数，那么 $n = \lg k$，显然，量化级数多固然可以减小量化误差，但是编码时使用的码字位数也多，占用的传输带宽也越大。

经过抽样、量化和编码后，原始的模拟图像信号被转换为数字信号。一般地，把图像信号的数字化过程称为模拟/数字转换。目前在数字图像通信系统中由模拟/数字转换器（Analog to Digital Converter，ADC）来完成，同时实现了模拟图像信号的抽样、量化和编码。在接收端，原始模拟图像信号的恢复则是与发送端相反的逆过程，需要由数字/模拟转换器（Digital to Analog Converter，DAC）来完成。

8.2.2 数字信号的压缩与编码

1. 压缩目的

由前面的介绍已经知道数字图像通信具有许多优点，但是数字图像包含的信息量巨大，这使得数字图像进行传输时需要占用比其他通信方式大得多的带宽，存储时需要巨大的存储容量，这成为推广数字图像通信系统的最大障碍。以8.1.1节中引用的黑白图像的电视信号为例，每秒的数据量为50Mbit，如果不加压缩直接传输，则需要占用50Mbit的带宽，相当于782个数字电话的话路，这在实际应用中是难以接受的。如果使用一个容量为1GB的CD-ROM光盘来存储，则只能存储不到半分钟的电视图像；即使是容量为100GB的硬盘也不过存储33min左右的图像信号。因此，为了能够有效地存储并在有限的信道传输图像信息，有必要对图像信息进行压缩。

图像信息是可以被压缩的。首先，图像作为一种信源，它包含有用的信息和无用的多余信息。多余信息造成比特数的浪费，消除这些多余信息可以节约码字，达到数据压缩的目的。多余信息也叫冗余，图像信息中的冗余量很大，不仅存在着空间冗余、时间冗余，还有结构冗余、知识冗余和视觉冗余等其他类型。大多数图像都具有空间冗余，例如，在一幅蓝色的大海图像内，或者在飘扬的红色旗帜图像内，许多相邻像素具有相同的颜色和亮度，这些相邻像素在性质上几乎相同，这些像素之间具有很强的空间相关性。由于在整个图像空间区域内存在着大量重复的、多余的信息，如果将这些性质相同的像素当成一个整体，用极少的信息量来表示它，那么就可以减少空间相关性，达到数据压缩的目的。此外，在图像序列前后相邻的两幅图像中还包含着另一种类型的冗余，例如，电视转播乒乓球比赛的场面，虽然比赛的对抗程度很激烈，但是如果不切换场景，后一帧图像与前一帧图像相比，画面上大多数像素都没有改变，特别是背景像素没有改变；而且即使运动员在进行剧烈运动，在每帧图像中也不是身体的每个部位都在动。相邻两幅图像具有的重复内容是时间冗余。

图像可以被压缩的另一个重要原因是：在图像通信中，允许图像编码有一定的失真。图像通信的最终接收者是人的眼睛。人的视觉系统并不是对图像画面的任何变化都能感觉到，例如，人的视觉对边缘的急剧变化不敏感，对颜色的分辨率弱，但是对图像的亮度却很敏感。因而，只要压缩使图像发生的失真不被人的视觉所感觉，就可以认为图像质量是足够好的。

图像的压缩编码就是在保证一定的图像质量和满足要求的前提下，减少原始图像数据量的处理过程。与差错编码技术不同，压缩编码的目的是为了减少冗余数据，以便降低传输数据所占用的带宽，属于信源编码。随着图像通信应用需求和技术的发展，压缩编码和差错控制编码往往相互配合，通过信源信道编码的联合设计以保证质量更好的图像信息传输。压缩编码是数字图像通信系统的核心技术。

2. 基本原理和方法

在对图像信号进行压缩编码的时候，通常利用图像固有的统计特性，从原始图像中提取有效的信息，尽量去除冗余信息，例如，减少相邻像素之间、相邻帧之间的冗余信息，以便高效率地进行图像的数字存储或数字传输，而在复原时仍然能获得满足一定质量要求的复原图像。有效的压缩编码技术往往同时也充分利用人的视觉特性，力图发现人眼是根据哪些关键特征来识别图像，然后根据这些特征来构造图像模型的。例如，根据人眼对物体的轮廓比对物体内部细节更为敏感的特点，可以按边缘信息将图像分割成若干区域，每个区域内部具有相同的亮度、纹理或运动速度等，然后分别对这些区域进行编码。

（1）无失真编码

压缩编码后的图像与原始图像可能是一致的，也可能不一致。如果对图像进行压缩编码时不丢失有效信息，编码后的复原图像与编码前的原始图像就完全相同，这类压缩编码称为无失真编码或无损压缩编码。从数学上讲，此类编码是一种可逆运算，但压缩率较低。常用的无失真编码包括哈夫曼编码和算术编码等。

在前面的章节中，我们已经接触过等长编码方式，例如 PCM 编码，在这种编码中，所有的码字长度都相同。同样地，压缩编码也可以借用等长编码的基本思想。要注意的是，压缩编码的根本目的是在保证图像质量的前提下，尽量减少原始图像的数据量。但是等长编码方式并不能保证编码的结果是最优的。最佳编码原理指出，在变长编码中，对出现概率大的符号赋予短码字，出现概率小的符号赋予长码字，如果码字长度严格按照所对应符号出现概率的大小逆序排列，那么编码的结果是平均码字长度一定小于其他排列方式。基于该原理，哈夫曼（Huffman）编码采用了可变字长编码方式，表示符号的码字长度不再是固定不变的，而是随符号的出现概率而变化。

在哈夫曼编码中，首先，将符号按概率大小顺序排列，按逆顺序分配码字的长度。接着，将出现概率最小的两个符号的概率相加，得到一个和概率。然后，把这个和概率看成是一个新的符号概率，与其他符号概率重新排列，重复上面做法，直到最终只剩下两个符号的概率为止。完成概率相加顺序排列后，再反向逐步向前进行编码。在编码时，先赋予两个最高概率分别为"0"或"1"码，然后反向逆顺序进行，直到最先一次排列为止。

看下面的例子：一幅40像素的黑白图像，具有 5 个不同等级的亮度（称为灰度），分别用符号 A，B，C，D 和 E 表示，40 个像素中出现各种灰度的像素数目如表8-2所示。很容易计算出各种符号出现的概率，也列入表8-2。采用哈夫曼编码。第一步，将符号出现的概率依照从大到小的顺序进行排列，如图8-3所示。第二步，把最小的两个概率相加，得到一个新概率，相应地，产生一个新的组合符号，例如图中 D 和 E 组成符号 P_1。第三步，重复第二步，依次得到组合符号 P_2、P_3 和 P_4，形成一棵"树"，其中 P_4 位于根部。第四步，从根部的 P_4 开始，一直到对应于各个符号的"树枝"，从上枝到下枝分别标上"0"和"1"，或者"1"和"0"。第五步，从根部的 P_4 开始，沿着树枝到每个叶子分别写出各个符号的编码，如表 8-2 所示。

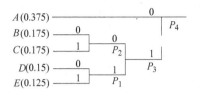

图 8-3 哈夫曼编码方法

表 8-2 哈夫曼编码举例

符号	出现的次数	出现概率	编码	码字长度
A	15	0.375	0	1
B	7	0.175	100	3
C	7	0.175	101	3
D	6	0.15	110	3
E	5	0.125	111	3

哈夫曼编码的编码效果较好，但是在硬件实现时比较复杂，而且编码本身没有错误保护功能，由于是可变长度编码，很难随意查找或调用压缩文件中间的内容。尽管如此，哈夫曼编码还是得到了广泛的应用。另外一种常用的可变字长编码方法是算术编码，与哈夫曼编码相比，在符号概率分布比较均匀的情况下，它的编码效率高于哈夫曼编码，在 JPEG 扩展标准中用它来取代哈夫曼编码。

（2）限失真编码

压缩编码后也有可能造成失真，编码后的复原图像与编码前的原始图像有差别，这类压缩编码方式称为限失真压缩编码或有损压缩编码。此类编码方式可以将图像失真控制在一定的限度内，不致影响使用效果，压缩率较高。基于预测的压缩编码方法，例如，预测编码和运动补偿以及离散余弦变换编码等都是常用的限失真压缩编码。一些著名的压缩编码标准，例如，JPEG、MPEG 和 H.26x 系列标准使用的混合编码都属于限失真压缩编码。

预测编码也叫差分脉冲编码调制（Differential Pulse Code Modulation，DPCM），是图像编码技术中研究最早、应用最广泛的一种方法。例如，对于一幅飘扬的红旗图像，在同一幅图像内存在着大量性质几乎相同的相邻像素，我们称这些像素在空间上具有相关性。如果接收方已经接收到一个像素，那么利用相关性，只需要发送方将像素之间的微小区别传递过去，接收方就可以将相邻像素恢复出来。再看另外一种情形，即一幅图像（帧）与它前面一幅图像（帧）的内容变化不大，或者说一幅图像与它前面的一幅图像相关性很强，利用这个相关性，可以先把一幅图像传递到接收方，后续的各幅图像，只需要发送方把不同的内容传递过去就可以恢复出来。显然，与全部图像信息相比，不同像素或者不同图像帧之间的差异所包含的数据量要小得多，若仅对其进行压缩编码和传输，那么在数据压缩率和传输效率方面带来的好处是不言而喻的。

预测编码时，编码内容是不同像素间的差值，或者是上一帧和当前帧之间的差值，前者称为帧内预测编码，后者称为帧间预测编码。为了易于编码，将每幅图像分成多个方块，称为"像块"。每个像块又分为 N 行，每行包含 N 个像素，因此每个像块包含 $N \times N$ 个像素。以帧间预测编码为例，在上一帧图像中与当前帧的像块对应的位置附近，找到一个与当前像块最接近的像块作为当前像块的预测值，然后用当前像块减去预测值，仅对得到的差值进行编码。

由于运动图像涉及位置的变化，运动图像的编码多采用带运动补偿的帧间预测编码。例如，在图8-4a中，第$N-1$帧中的A点在第N帧中的对应像素点为A'点，由于运动，A'点位移到B点，如图8-4b所示，因此帧间对应像素的差值与没有运动时的情况有所不同。为了尽量准确地预测出帧间差值，需要引入运动补偿。这时不再是简单地计算相邻帧的对应像素，例如A点和A'点的帧间差值，而是需要估计出运动位移，以便确定B点的位置，从而计算出实际的帧间差值。采用运动补偿后的帧间差值比起运动补偿前的预测值更为准确，而且数值也要小，可以达到更高的压缩率。

a)   b)

图8-4　运动图像

a）没有运动位移　b）有运动位移

注：A'是A在下一帧的对应点

离散余弦变换（Discrete Cosine Transform，DCT）编码采用的策略是对预测编码方法中得到的预测差值并不直接编码，而是先把它变换到频率域中，再进行编码，从而达到数据压缩的目的。在DCT编码中，图像被分成8×8的像块，对每个像素逐一进行变换，进行变换处理后，图像数据成为8×8的频域矩阵，矩阵元素为非零系数和零系数两种。在实际传输中，只有代表低频分量的非零系数才被传输，而零系数则被抛弃，因此，能够有效地压缩数据。

采用非均匀量化可以进一步提高数据压缩率。统计表明，大多数图像的高频分量较小，也就是说，图像进行DCT变换后的64个系数中的零系数很多。结合人眼对高频成分的失真不太敏感的特点，可以对高频分量使用粗一点的量化，将多数能量较小的高频分量量化为零；而对于视觉敏感的低频系数，则采用细一些的量化精度。通过对不同的变换系数设置不同的量化精度，在增加零系数的个数的同时，又能保留能量较大的低频分量。采用非均匀量化后的DCT变换系数的编码码字远远小于原始图像像素的码字，所以可以获得很好的压缩效果。到达接收端后，再通过反离散余弦变换回到样值，虽然会有一定的失真，但人眼是可以接受的。

在实际应用的时候，很少采用单一的编码方式，而是组合了多种编码方式的混合编码。混合编码的特点是充分利用各种压缩方法达到极高的压缩效率。

8.2.3　数字图像信号的编码标准

图像压缩编码标准为不同的图像业务，不同生产厂商、产品之间提供了交互手段，是影响图像通信技术的发展和应用的重要因素，因此，有人将它称为图像通信应用和发展的助推器。目前，图像压缩编码标准大致可以分为三大系列，即 H.26x、JPEG 和 MPEG，由国际电信联盟远程通信标准化组（ITU for Telecommunication Standardization Sector，ITU – T）和国际标准化组织（International Organization for Standardization，ISO）以及国际电工委员会（International Electro – technical Commission，IEC）独立或联合制定。

（1）H. 261 标准

H. 261 标准是第一个视频压缩编码国际标准，由 ITU – T 于 1990 年 7 月颁布，是专门为在 ISDN 上开展可视电话和会议电视而制定的，数据速率为 64kbit/s 的整数倍，最大倍数为 30，因此，被编码的数据速率范围为 64 ~ 192kbit/s。

H. 261 标准仅支持 CIF（Common Intermediate Format）和 QCIF（Quarter Common Intermediate Format）两种最常见的标准化图像格式，CIF 格式图像分辨率为 352×288 像素，QCIF 格式图像分辨率为 176×144 像素。

为了完成编码，在 H. 261 标准中，图像数据被划分为四个层次，例如，原始图像即为图像层，由若干个第二层数据（称为块组层）组成，每个块组层由若干个第三层数据（称为宏块层）组成，每个宏块层又由若干个第四层数据（称为子块层）组成，在编码时则以子块层为基本单位完成编码。

H. 261 使用的编码方法包括预测编码、DCT 变换和其他多种编码方式。但是，从整体上来看，H. 261 采用的是预测编码与 DCT 相配合的混合编码方式。正是因为将众多压缩算法有机地结合起来，达到了较为理想的压缩效果。它的主要思想对后来制定的视频压缩编码标准产生了深远的影响，许多压缩标准是在 H. 261 的基础上加以改进而形成的。

（2）H. 263 标准

H. 263 标准于 1995 年颁布，是 ITU – T 为低于 64kbit/s 的窄带通信信道制定的视频压缩编码标准。

H. 263 是在 H. 261 的基础上发展起来的，两者有许多相同之处。H. 263 的核心仍然是 DPCM/DCT 混合编码，其原始图像也采用了 4 层的分层结构进行编码。与 H. 261 标准不同的是，H. 263 做了一些修改或扩充。H. 263 支持 5 种图像格式，除了 H. 261 中支持的 CIF 和 QCIF 以外，还支持另外 3 种图像格式，它们的分辨率分别为 QCIF 分辨率的一半、4 倍和 16 倍。H. 263 采用的预测编码中，估值精度可以达到半个像素，而 H. 261 的估值精度是一个像素。此外，H. 263 增加了 4 种可选项以提高编码效率。采用算术编码代替哈夫曼编码，编码效率更高。

H. 263 在 1998 年有了新的版本，称为 H. 263$^+$。它提供了 12 个新的可协商模式和其他特征，进一步提高了压缩编码性能。例如，H. 263$^+$ 支持更多的图像格式类型，允许自定义图像的尺寸，拓宽了使用范围。为了提高压缩效率，H. 263$^+$ 采用更好的编码方法，而且通过一些技术，增强了图像信息在易误码、易丢包的网络环境下的传输。

（3）JPEG 标准

JPEG（Joint Photographic Experts Group）是"联合图片专家小组"的英文缩写，由 ISO 和 ITU – T 于 1991 年联合公布，主要用于连续彩色静止图像的数据压缩。JPEG 标准以 DCT 技术为基础，能够提供较好的图像质量和较高的压缩率。

JPEG 标准仍在不断地发展和完善中。自 1997 年 5 月，国际上开始建议新的 JPEG 标准，希望它可以很好地处理原 JPEG 标准无法处理或处理质量不佳的图像。2000 年 8 月出台了新标准的最后草案，2000 年 11 月起正式成为国际标准，新标准因此被称为 JPEG2000。

JPEG2000 支持各种类型的图像压缩，包括二值图像、多分量图像、遥感图像、医学图像和合成图像等。在表示像素位数即每像素位低于 0.25 时，恢复出来的图像具有较好的细节质量，比原标准具有更好的甚低比特率性能。对同一码流能同时提供有损或无损压缩。允许用户自定义感兴趣的区域，并对感兴趣区域的图像提供更好的编码质量。它也能够随机访问和处理码流，在通过无线信道传输时码流具有良好的抗误码性能，并采用数字水印技术提高图像安全保护性能。

JPEG2000 能够获得更好的压缩特性，主要原因在于它改变了原 JPEG 标准以 DCT 变换为核心的变换方法，而是采用了压缩率更高的小波变换方法。与 DCT 变换类似，小波变换也是在不改变原始图像所包含的总能量的前提下，通过变换达到数据压缩的目的。它用于图像压缩编码的基本思想是将图像进行多分辨率分析，将一幅图像分解成近似和细节部分，细节对应的是小尺度的瞬间，在本尺度内很稳定。因此将细节存储起来，对近似部分在下一个尺度上进行分解，重复该过程即可。近似与细节分别对应于图像的高频和低频部分，由于小波变换后高频部分小波系数的绝对值较小，而低频部分小波系数的绝对值较大，这样，在图像编码处理中，可以对高频部分大多数系数分配较小的比特以达到压缩的目的。

JPEG 标准除了适用于静态图像编码之外，有时也用来对活动图像进行编码，此时 JPEG 把视频序列中的每一帧当做一幅静止图像来处理，即所谓的 Motion JPEG，简称为 MJPEG。目前 JPEG 被广泛应用在各种应用场合，例如一般的图片、医疗图片、卫星图片的保存和传输，多媒体应用和广播电视后期制作等。

（4）MPEG 标准

MPEG（Moving Picture Expert Group）是"活动图像专家组"的英文缩写，它是由 ISO 和 IEC 在 1988 年联合成立的专家组，负责制定活动图像及其声音的数字编码标准。目前该专家组已拥有 300 多名成员，已经提出 MPEG-1、MPEG-2、MPEG-4、MPEG-7 和 MPEG-21 等多个版本，它们针对不同的应用实现不同的任务。总体上，MPEG 标准比其他数据压缩标准兼容性好，能够提供更高的压缩比率，更重要的是，在提供高的压缩比率的同时，对数据造成的损失小。

MPEG-1 标准于 1993 年正式颁布，用于数据传输率不超过 1.5Mbit/s 的数字存储媒体上活动图像及其伴音的编码。MPEG-1 的编码方法采用了改进的运动补偿、DCT 和量化等技术。它支持的典型数据传输速率为 1.5Mbit/s，此时提供的图像质量与家用录像系统的质量相当。MPEG-1 的编码速率最高可达 4 ~ 5Mbit/s，但随着速率的提高，解码后的图像质量有所降低。目前，VCD 和 MP3 的广泛应用和普及都得益于 MPEG-1。MPEG-1 被应用于数字电话网络上的视频传输，如视频点播，也被用来在因特网上传输音频。

MPEG-2 标准适用于 1.5 ~ 60Mbit/s，甚至更高数据速率的编码，编码码率为 3 ~ 100Mbit/s。它特别适用于广播级的数字电视的编码和传送，被认定为标准数字电视和高清晰度电视的编码标准。MPEG-2 的视频编码方案与 MPEG-1 标准类似，只是应用范围更广，也包括了 MPEG-1 的工作范围。此外，MPEG-2 区分不同类型的应用，对不同应用下的图像提供不同级别的图像质量，即低级、中级、高级和更高级。其中，低级图像质量与 MPEG-1 相同，中级图像质量相当于演播室图像质量，高级和更高级图像质量相当于高清晰度电视质量。由于 MPEG-2 的功能包括了 MPEG-3，后来 MPEG-3 被取消。

H.261 和 H.263 仅仅是视频编码标准，主要用于可视电话和会议电视，而 MPEG-1 和

MPEG－2标准不仅规定了视频编码，还有音频编码和关于整个系统的协议内容。虽然MPEG－1的主要思想与H. 261相同，但是，它支持不同的图像格式，并且采用了改进的运动估计方法，不仅利用上一帧的图像来预测当前图像，也使用下一帧图像来预测当前图像，因此编码性能更好。

MPEG－4标准于2000年正式成为国际标准，它是针对数字电视、交互式图形应用（如影音合成）、交互式多媒体（如万维网浏览、资料发布和获取）整合和压缩技术的需求而制定的国际标准。与前面版本不同，MPEG－4不只是具体的压缩算法，它将众多的多媒体应用集成在一个完整的框架内，目的是为多媒体通信及应用环境提供标准的算法和工具，从而建立起一种能被多媒体传输、存储、检索等应用领域普遍采用的统一数据格式。

MPEG－4标准最显著的特点是提出了基于对象编码的概念，也就是说，在编码时将一幅图像分成若干在时间和空间上相互联系的视频、音频对象，分别编码后，再经过复用传输到接收端，然后再对不同的对象分别解码，再组合成所需要的视频和音频。这样做的好处是便于对不同的对象采用不同的编码方法和表示方法，例如，图像背景可以采用压缩比率较高、损失较大的算法编码；运动物体采用压缩比率较低、损失较小的算法编码。这样，在压缩效率与解码质量间得到较好的平衡。此外，也使得数据的接收者不再是被动的，而是具有操纵对象的能力，即可以对不同的对象进行独立的删除、添加、移动等操作。

正是基于这种理念，MPEG－4第一次将图像应用用户由被动变为主动，成为具有交互性的图像标准。MPEG－4提供了更高的编码效率，在相同的比特率下，更好的视觉和听觉质量使得在低带宽的信道上传送视频、音频成为可能。MPEG－4还支持具有不同带宽、不同存储容量的传输信道和接收端，这使得它适用于许多应用场合。目前MPEG－4主要应用于因特网视音频广播、无线通信、静止图像压缩、电视电话、计算机图形、动画与仿真和电子游戏。

MPEG－7标准的正式名称是"多媒体内容描述接口"，是为了快速、有效地搜索用户所需要的不同类型的多媒体信息而提出的标准。它规定了各种类型的多媒体信息的标准化描述，将该描述与所描述的内容相联系，以实现快速有效地搜索和索引。

MPEG－7标准可以独立于其他MPEG标准使用，但MPEG－4标准中所定义的音频、视频对象的描述适用于MPEG－7标准。MPEG－7标准不仅包含了MPEG－1、MPEG－2和MPEG－4标准现有内容的识别，还包括了更多的数据类型，可以是静止图像、图形、音频、动态视频以及这些元素的组合。

MPEG－7标准支持非常广泛的应用，例如，音视数据库的存储和检索，数字化图书馆的图像分类目录、音乐字典等，多媒体目录服务即"黄页"，广播式媒体选择（包括收音机、电视频道等），多媒体编辑（包括个人电子新闻服务、媒体著作等）。

MPEG－21的正式名称是"多媒体框架"，又称"数字视听框架"。它是在电子商务蓬勃发展的背景下应运而生的产物，是为了解决新市场所面临的问题，例如：如何获取数字视频、音频以及合成图形等"数字商品"，如何保护多媒体内容的知识产权，如何为用户提供透明的媒体信息服务，如何检索内容，如何保证服务质量等而制定的标准。它的目标就是建立一种高效、透明和互操作的真正跨平台的多媒体框架，从而实现在各种不同的网络间的数据交换，完成内容描述、创建、发布、使用、识别、收费管理、产权保护、用户隐私权保护、终端和网络资源抽取、事件报告等功能。

8.2.4　数字图像的传输

数字图像通信系统的实现不仅需要对原始图像信息进行有效的压缩编码，而且有赖于高效、可靠的图像信号传递。图像信号的传递需要有大容量的、全双工的、可交换的数字通信网络。用户的接入网络、数据的传输网络和信息的交换网络构成了数字通信网络的基础。本节将对数字图像通信系统中涉及的数字传输、接入与交换技术作简要介绍。

1. 数字图像的传输

数字图像信号与一般的数字信号相比，传输技术大致相同，仍然可以采用基带传输和频带传输两种方式来传输数字图像信号。

基带传输方式直接将数字化后的图像信号（称为基带信号）进行传输，实现简单，但是传输距离有限。要进行长距离传输，就要采用频带传输方式，将基带信号进行数字调制，然后再将调制后的信号送上信道传输。PDH 网络作为一种基带传输系统，可以利用它来传输数字图像基带信号。SDH 克服了 PDH 的一系列缺陷，能够为用户提供实时和宽带业务，多用于长途骨干传输网。

不论是采用基带传输还是频带传输图像信号，都涉及各种信道差错编码技术。此外，频带传输方式还涉及多种数字调制技术。

常规的信道差错编码具有检错重发、前向纠错和混合纠错等多种编码方式，但是在图像通信中，由于图像（特别是活动视频图像）往往需要信号的实时传输，所以数字图像通信系统主要采用前向纠错编码技术来保证图像信号传输的可靠性。这种信道编码方式在发送端发出编码后能够纠正错误的码字，接收端接收到码字后，通过解码能够发现并且自动纠正传输中的错误。为了提高数字图像传输的抗干扰性，许多研究工作指出，图像信源的压缩编码也应该具有抗干扰的能力，因此提出不少增加信源编码差错控制能力，或者联合设计信道编码与信源编码以提高图像信息传输的抗干扰性能的方案。

高效率的数字调制技术同样重要，因为设计良好的数字调制技术不仅利于在相同的信道带宽下传输更多的图像数据，而且还可以提高图像信号传输的可靠性。在数字图像传输中，常用的数字调制方法主要包括多进制相移键控、多进制正交幅度调制、网格编码调制、正交频分复用调制、编码正交频分复用调制和残留边带调制等。这里将重点介绍正交频分复用调制、编码正交频分复用调制和数字残留边带调制技术。

通常的数字调制都是在单个载波上进行的，单载波的调制方法容易产生码间干扰而增加误码率，而且在多径传播的环境中因受衰落的影响会造成突发的误码。如果将高速率的串行数据转换为多个低速率数据流，每个低速率数据流分别用一个载波进行调制，则可组成一个使用多载波同时进行调制的并行传输系统。例如，将总的带宽划分为 N 个互不重叠的子通道，N 个子通道分别进行正交频分调制，这种调制方式称为正交频分复用调制（Orthogonal Frequency Division Multiplexing，OFDM）。由于 OFDM 采用大量（N 个）子载波的并行传输，在相等的传输数据率下，在时域内 OFDM 码字长度是单载波的 N 倍，抗码间干扰的能力可显著提高。与一般的频分多路复用方式不同，OFDM 的频率利用率较高。

编码正交频分复用调制（Code Orthogonal Frequency Division Multiplexing，COFDM）先将图像信号经过信道编码，成为数据符号，再进行 OFDM 调制。由于 COFDM 调制抵抗多径效应的能力强，所以可以用于地面传输固定接收，也可用于便携和移动接收。

残留边带调制是一种特殊的振幅调制方式，它是在双边带调幅的基础上，保留信号的一个边带的大部分频率成分，而对于另一个边带只保留频率成分的小部分（即残留）。这种调制方法既比双边带调幅节省频谱，又比单边带调幅易于解调。它的缺点是抗多径效应的能力差，在移动接收方面的应用效果令人不满意。

2. 宽带接入

前面已经介绍过，在实际的图像通信系统中，通信网络提供了传输图像信息的通道，并实现了图像信息的传输。终端用户需要借助一些手段或设备才能连接到通信网络中，这就是所谓的"接入"（技术），终端用户到网络之间的所有设备称为"接入网"，由于其长度一般为几百米到几千米，所以也形象地称其为"最后一公里"。

位于核心的通信网络一般采用光纤结构，其特点是传输速度快，因此用户接入往往成为制约图像通信发展的主要因素。使用宽带接入技术是拓宽用户进入通信网络的一种有效解决方案。目前的宽带接入技术包括铜线接入、光纤接入、光纤铜线混合接入、无线接入和高速以太网接入等。

铜线接入是以现有电话网络的双绞线为传输媒质的一种宽带接入技术，也叫数字用户环路（Digital Subscriber Line，DSL）技术。由于充分利用了现有的电话线路的铜缆资源，DSL技术在一些国家和地区得到大量应用。根据具体采用的技术不同，DSL技术包括非对称、高速和甚高速数字用户环路等不同类型。

非对称数字用户环路（Asymmetric DSL，ADSL）是一种典型的非对称 DSL 技术。所谓"非对称"是指用户线路的上行（从用户终端到网络）速率和下行（从网络到用户终端）速率不同，上行速率低，下行速率高。ADSL 利用一对双绞线同时传输数据和话音，提供速率为 32kbit/s ~ 8.192Mbit/s 的下行流量和速率为 32kbit/s ~ 1.088Mbit/s 的上行流量。在 ADSL 中，普通电话业务仍在原频带内传送，经由低通滤波器和分离器插入到 ADSL 通路中，因此即使 ADSL 系统发生故障也不会影响正常的电话业务。上、下行速率不一样的特点特别适合传输多媒体信息业务，如视频点播、多媒体信息检索和其他交互式业务，ADSL 的有效传输距离在 3 ~ 5km 以内。

高速数字用户环路（High - bit - rate DSL，HDSL）利用现有铜缆电话线的两对或三对双绞线，提供全双工的数据传输，数据速率为 1.544Mbit/s 或 2.048Mbit/s。HDSL 的优点是，可以解决少量用户传输 384kbit/s 和 2.048Mbit/s 宽带信号的要求；其缺点是，目前还不能传输数据速率为 2.048Mbit/s 以上的信息，传输距离限于 6 ~ 10km 以内。

甚高速数字用户环路（Very - high - bit - rate DSL，VDSL）采用更先进的数字信号处理技术，当通信线路为 300 ~ 1000m 左右时，最大下行速率可达 51 ~ 55Mbit/s，当超过 1500m 时，速率为 13Mbit/s 左右。

光纤铜线混合接入是利用现有的有线电视网，以光纤作为主干线，将现有的有线电视同轴缆线作为用户接入线，改造而成的光纤同轴（铜）电缆混合的传输系统（Hybrid Fiber Coax，HFC）。因为有线电视网用户覆盖面广，实施方便，成本低，同时利用了光纤传输和有线电视的优点，HFC 被认为是一种很有前途的宽带接入技术。

HFC 接入网络采用了分支和树形的连接结构。在树根处放置电缆调制解调器，采用光纤连接到光节点，光节点起光电转换的作用，光节点通过同轴电缆与用户相连。光节点与用户之间有一个网络接口单元，它放在用户家中或附近，负责将光节点送来的信号分解成电话信号、数据信号和视频信号，然后分别送往相应的用户设备（电话机、计算机和电视机）中。

随着千兆以太网和万兆以太网技术的成熟，可以采用千兆或万兆以太网进行接入。千兆以太网是以 TCP/IP（传输控制协议/互联网络协议）为基础，以光纤为主要传输媒介的高速局域网，传输速率可以达到每秒千兆比特。随着以太网技术的日益成熟，也可以使用电话线和无线电波作为传输媒介。使用以太网接入方式的优点是接入手段采用的是与 IP（互联网络协议）一致的数据格式，容易与各类 IP 网络实现无缝连接，从而提高运行效率，方便管理，降低成本。

无线接入是利用无线技术为固定用户或本地区域移动用户提供接入手段。无线接入的主要技术包括数字蜂窝技术、微蜂窝技术、数字微波技术、毫米波及一点多址技术等。近年来出现了一种固定的宽带无线接入方式，即本地多点分布系统，它的有效带宽可达 10^{12} Hz 数量级，可为用户分配 155Mbit/s 的速率，因此利用它作为宽带接入手段，可为数字图像通信系统用户提供高效的图像信息。

无论目前采用何种接入方式，最终都要采用光纤接入的方式。光纤接入指的是从用户终端到网络之间全部采用光纤作为传输媒介。光纤接入的主要技术是光信号传输技术。光信号传输采用的复用技术主要有光波分复用、光时分复用、光码分复用、光频分复用、光空分复用和光副载波复用等。其中光波分复用技术、频分复用技术、码分复用技术和时分复用技术以及它们的混合应用技术被认为是最具潜力的光复用技术。

由于光纤上传送的是光信号，因而需要在网络与用户接口处的交换局将电信号进行电光转换变成光信号，再在光纤上进行传输。在用户端则进行光电转换恢复成电信号后，送至用户设备。

根据光纤向用户延伸的距离，光纤接入可以分为光纤到路边、光纤到大楼和光纤到家等。光纤到路边（Fiber To The Curb，FTTC）是指在从交换局到离家庭或办公室几公里以内的路边安装和使用光缆。FTTC 利用同轴电缆或其他传输媒质可以把信号从路边传递到家中或办公室里。光纤到大楼（Fiber To The Building，FTTB）是指将网络接口单元放置到大楼内，单位或商业用户可以共享各种宽带业务。光纤到家（Fiber To The Home，FTTH）是指直接将光纤引入到每个家庭，让每个用户独立享受宽带传输带来的便捷。FTTH 是接入网的长期发展目标，但由于成本、用户需求和市场等方面的原因，FTTH 仍然是一个长期的任务。目前主要是实现 FTTC，骨干采用光纤传输，从网络接口单元到用户仍然利用已有的铜线双绞线，例如采用 DSL 传送所需信号。根据业务的发展，光纤逐渐向家庭延伸，逐渐发展为全光纤宽带接入。

3. 交换网络

在数字通信网络中，交换起着举足轻重的作用。它不仅使多台通信终端共享传输媒质，而且完成网络中任意用户的相互连接。交换方式往往决定了通信网络的总体运行方式和网络性能，从而也对用户终端类型和接入方式提出了相应的要求。数字图像通信系统目前通常使用的交换网络包括公用交换电话网、综合业务数字网、ATM 网、宽带 IP 网和无线网。

公用交换电话网（Public Switch Telephone Network，PSTN）是规模最大、历史最长，也是最成熟的公共通信网。由于 PSTN 主要是为传输语音信号而设计建造的电路交换网络，在

PSTN 上传输图像信号需要依靠调制解调器，将图像信号转换为适合电话线路传输的形式。借助现代数字通信技术，例如 ADSL 技术，PSTN 提供的数据传输速率已达每秒兆比特。

综合业务数字网（Integrated Service Digital Network，ISDN）是接入、交换和传输都是数字的通信网络，它提供了用户端到用户端的数字连接，用户通过有限的一组标准用户网络接口连接到网络上。与 PSTN 相比，ISDN 采用了更为灵活的交换方式，可以根据用户的不同业务需求，为话音业务和非话业务提供不同的交换方式。ISDN 的传输速率为 64kbit/s 的整数倍，（整数倍数为 1 ~ 32），所以最高传输速率仅为 2.048Mbit/s），比较适于传输低速图像，但是难以适应高速图像通信的带宽需要。

异步传输模式（Asynchronous Transfer Mode，ATM）是宽带综合业务数字网（Broadband Integrated Service Digital Network，B – ISDN）的核心技术，所以也常把 B – ISDN 网称为 ATM 网。ATM 是一种快速分组交换技术，一方面，将数据流分成固定长度的数据包或分组，称为信元；另一方面，使用统计时分复用技术，信元像同步时分复用的时隙一样定时地出现，从而可以对信元进行高速识别和交换处理，因此 ATM 既具有电路交换固定短时延的特性，又具有分组交换动态分配资源的优点。ATM 提供的用户传输速率从 1Mbit/s 到几 Gbit/s，支持从窄带话音、数据到高清晰度电视等各种广泛的综合业务，是图像通信系统中最受欢迎，也是使用最广泛的交换网络。

IP 网是指使用 TCP/IP 进行工作的计算机通信网，计算机局域网和当今世界上最大的计算机互联网络——因特网都是 IP 网络。随着计算机局域网和因特网的发展，IP 网络已经成为仅次于 PSTN 的第二大通信网络，各类局域网遍布企业、单位、学校和社区。利用 IP 网络来进行图像通信也将成为主要的发展趋势。

IP 网也是一种分组交换网络，与 ATM 不同的是，它采用的是面向无连接的分组交换方式。这种交换方式采用长度可变的数据包，而不是固定长度的信元作为交换信息的基本单位，每个数据包都携带通信双方的路由信息，所以在每次通信前不需要专门建立通信连接，利用每个数据包就能够完成地址寻找和通信连接。IP 网通信过程简单，通信效率高。此外，使用统一的 IP 地址便于实现不同终端设备的互通和不同结构的网络的互联。

随着 IP 技术的日益成熟，目前已经出现了吉位（10^9）和太位（10^{12}）的 IP 交换机和路由器，IP 网络已经能够在局域和城域范围内提供每秒千兆比特和每秒万兆比特的传输速率，为图像通信等各种业务提供了宽带信息承载平台。采用宽带 IP 网络架构数字图像通信系统，可以利用为数众多的计算机网络开展图像通信业务，可以方便地与各种 IP 网络互联互通，既可以保证高效率、高性能，又可以降低成本。不过，宽带 IP 网络的先天缺陷是没有服务质量（Quality of Service，QoS）的保证，不能保证图像和多媒体通信业务实时传输的要求。为了解决这个问题，近年来人们采取了不少措施，包括因特网资源预留协议、IPv6 和实时传输协议等。

有时因地理环境或流动性较强等原因，无法组建有线通信网络，这时可以利用无线网络。最常用的是分组交换方式的无线网络，称为无线分组通信网。目前无线分组通信网有以地面区域及蜂窝服务设计的网，也有以微小区域设计的局域或广域计算机网，还有以低轨道卫星实现的全球移动分组数据网等。在无线分组通信网中使用的无线信道可以是中波、短波、超短波、微波、卫星等。

8.3 数字传真通信

在实际应用中，人们有时候需要的只是静止图像通信，也就是说图像信息源本身是静止不动的静态图像，如将静止的文件、图片和照片等传给对方；或者即使图像信息源是活动的，但传输的只是被冻结的某一瞬间图像，活动的图像源被作为一幅静止的图像进行传输，例如，用于监视水利、电力、危险设施等现场的冻结图像通信。

现实生活中的许多应用，例如传真、图文电视、可视图文、智能电报、慢扫描电视、气象卫星和空间探测器超远距离传送等都属于静止图像通信，本节将介绍传真通信。

8.3.1 传真的分类

传真是传送静止图像的一种重要手段，指的是对文字、图表、相片等记录在纸面上的图像进行扫描、传输，并在接收端将图像重现出来的一种通信方式，也常被称为"远程复印"。根据不同的分类标准，传真可以分为多种类型，表8-3给出了几种常见的传真分类。

表8-3　传真分类

分类方法	种　类
按发送原稿性质分	相片传真（黑白、彩色）、真迹传真
按占用电话路数分	单路文件传真、多路传真
按用途分	传真、相片传真、报纸传真、气象传真、彩色传真、缩微胶卷传真

在各类传真中，使用最为普遍的是单路文件传真，根据实现技术的不同，采用单路文件传真方式的传真机又分为4类，如表8-4所示。目前的传真业务主要是利用公用交换电话网构成传真通信系统。新的传真通信方式的研究工作也正在进行，一些国家的传真通信已由原来的电路交换方式发展为分组交换方式。随着数据通信的发展，数字传真机正进入数据网，在综合业务数字网中，开始广泛使用数字传真机，提出了传真机与个人计算机相结合的未来发展方向。

表8-4　单路文件传真机的分类

传真机	数据压缩	传输方式	传输一页A4幅面时间	应用
低速传真机（一类机）	无	没有频带调制	约为6min	已不生产
中速传真机（二类机）	无	幅度—相位调制	约为3min	作为三类、四类机的一种功能
高速传真机（三类机）	哈夫曼编码，改进的READ码等	调制解调，电话线路	20s～1min	目前主流
四类机	改进的READ码	数据网	3～15s	正在迅速发展

8.3.2 传真通信系统的组成及工作原理

传真通信系统由发送机、传输信道和接收机3部分组成，如图8-5所示，发送机部分包括扫描装置、信号处理和调制器，接收机部分由解调器、信号处理和记录装置组成。可以看出，传真通信系统的基本组成与前面所介绍的图像通信系统的组成是一致的，只是根据传真业务的特性，采用了特殊的输入设备（扫描装置）和输出设备（记录装置）。

扫描装置的主要功能是将传真的原稿分解成像素，并把光信号转换成电信号。扫描装置的主要部件是图像传感器，其中的光电二极管产生的电荷与入射光的强度成正比。当这些入

图 8-5　传真通信系统的组成

射光是来自原稿的反射光时，由于稿件上的各点明暗不同，反射光强度也不同，产生的电荷数量也不相同，就把需要传送的文字或图像信息变成了电信号。

扫描装置输出的电信号在信号处理电路中进行数据压缩，以减少传真信号的冗余度，节约传输带宽。这里的信号处理相当于图 8-1 中的编码器部分。处理后的信号经过调制器，变换成适合传输信道的信号形式，在信道上进行传输。

解调器对接收到的信号进行解调，经信号处理，还原成与扫描装置输出的原始电信号几乎相同的信号，再进行记录。记录装备的作用是将还原出来的文字或图像信号记录在显示介质上，以重现传真原稿。记录装备有多种记录方式，其基本原理都是依靠特殊加工的记录纸，利用物理或化学原理，将电信号记录在记录纸上而形成图像。发送机和接收机通常都放在传真终端设备，即传真机中实现。

传输信道的概念与图 8-1 的图像通信系统模型是一致的，可以采用 8.2.4 节中介绍的各种传输技术或通信网络来提供传真通信的传输信道。根据信道中传输的信号特性，传真通信系统可以分为数字传真通信系统和模拟传真通信系统。

8.3.3　三类传真机

1. 基本构成

三类传真机主要用在公用交换电话网上传送书信、文件、表格和图形等图像，是目前广泛使用的传真机。

三类传真机的基本组成如图 8-6 所示，包括扫描单元、记录单元、视频处理电路、编解码器、系统控制器、调制解调器、网络接口、记录控制、电机驱动电路等。扫描单元采用图像传感器对原稿进行光电扫描，完成光电转换。扫描单元输出的模拟图像信号经过视频处理电路，转换成数字信号，然后由编码器完成图像数据压缩。系统控制器是全机的控制中心，完成国际相关建议所规定的三类传真业务的操作程序和传输规程，同时实现传真机的多种自动控制功能，以及管理、协调其他各个部件的工作。网络接口是传真机与通信外线、电话之

图 8-6　三类传真机的基本构成

间的连接单位。记录单元在记录纸上重现传真原稿。记录控制电路产生记录单元正常工作所需要的各种信号，如移位时钟、分段记录信号等。电机驱动电路为传真机内各种工作电路提供驱动脉冲。三类传真机还提供了用户操作传真机的操作面板，以及传真机自身的电源供给系统，图中没有给出这两部分。

2. 通信过程

三类传真机利用公用电话交换网传输图像信息，所以完成传真业务的整个通信过程与话音通信过程类似，包括通信建立阶段、标识和命令发送阶段、报文传送阶段、报文发送结束阶段和通信释放阶段等 5 个阶段，整个过程都是在系统控制器的控制下自动完成的。

3. 压缩编码方法

三类传真机一般采用"改进的哈夫曼编码"和"改进的 READ 码"两种编码方式。在一维编码方案中，采用改进的哈夫曼编码（Modified Huffman，MH）。这种编码方式对传真信息中黑、白两种像素的持续长度逐行进行编码，将每条扫描线上的数据变换成一串可变长度的码字，每个码字表示一个全白或全黑的持续长度，黑白持续长度交替出现。在二维编码方案中，采用 MH 和改进的 READ 码（Modified READ，MR）的混合编码方式。MR 是一种逐条扫描线编码的方法，即本扫描线上每个变化的像素的位置，是根据参考像素的位置来编码。参考像素可以是本扫描线上的其他像素，也可以位于参考扫描线上，每当一条扫描线的编码结束后，它就成为下一扫描线的参考扫描线。

4. 传输要求

按照 ITU – T 的规定，三类传真机在公用交换电话网用户电路或租用专线用户电路上使用。由于三类传真机采用的是压缩编码和数字传输技术，所以图像的传输质量不可避免地会受到传输电路的误码率、传输速率、编码方式和扫描线密度等的影响。一般地，三类传真机具有四种传输速率（9.6kbit/s，7.2kbit/s，4.8kbit/s 和 2.4kbit/s）、两种扫描线密度（3.85线/ms 和 7.7 线/ms）和两种编码方式。如果采用的是模拟通信网进行传真通信，需要采用调制解调器将三类传真机输出的数字信号转换成模拟信号，才能在模拟信道上传输。

在普及三类传真机的同时，ITU – T 也在考虑利用公用数据网进行文件传真，提出了基于公用数据网开展传真业务的四类传真机标准的完整的新建议。与三类传真机不同的是，四类传真机是"彻底的"数字传真机，作为数字终端，它使用 OSI 网络体系结构，能够在包括 ISDN 在内的多种通信网，如数据网、电话网上使用，可以与其他数字终端设备互通，具有传送速度快、分辨力强等优点。

8.4 活动数字图像通信系统

活动图像是指对运动景物连续摄取的图像。活动图像不仅信息源是活动的，而且图像本身也随着信息源的运动而发生变化。电影、电视、会议电视和可视电话等显示的都是活动图像。随着用户需求的变化和多媒体技术的迅速应用，会议电视系统已经不再局限于传输各种图像信息，而是发展成为多媒体通信系统，所以在第 9 章中还将对它进行介绍。

8.4.1 可视电话

严格来说，可视电话是指通话的同时可以看到对方的形象的通信系统。可视电话显示的是活动图像。在实际应用中，有些可视电话显示的是静止图像，声音和图像信号在模拟电话网中被交替传送，即传送图像时不能通话。为了区分，有人将显示静止图像的可视电话称为静态图像可视电话，显示活动图像的可视电话称为动态图像可视电话，又叫电视电话。在本书中，如果没有特别说明，"可视电话"指的都是动态图像可视电话。

与其他图像通信方式一样，在可视电话中，图像信号需要进行数字化、数据压缩等处理，减小所占用的带宽，才能够在信道上传输。目前，可视电话使用的传输信道包括 PSTN、ISDN 和 IP 网络等。针对不同传输信道的特性，国际电信联盟为工作在不同传输信道上的可视电话制定了不同的工作标准，这里将着重介绍前两类可视电话，第三类可视电话将在第 9 章中介绍。

1. 可视电话系统的组成

（1）ISDN 上的可视电话

工作在 ISDN 上的可视电话遵循 H.320 标准系列。H.320 标准系列由国际电信联盟在 1990 年制定，规定了综合业务数字网 ISDN 上的可视电话系统和终端，不仅包括视频编码（采用的是 H.261 标准）、分频、信号和建立连接的系列标准，还包括音频压缩算法标准，它对可视电话的发展起了重要的推动作用。

图 8-7 是基于 H.320 可视电话系统示意图。可视电话利用交换通信网传输图像和语音信号，当交换通信网是 ISDN 时，可以使用三种不同的传输方案。

图 8-7　H.320 可视电话系统示意图

我们在前面提到过，ISDN 的传输速率为 64kbit/s 的整数倍，它提供一种专门用来传输数据的通道，称为 B 通道，它的数据传输速率即为 64kbit/s。第一种方案就是将图像和声音复用在一个 B 通道中传输，例如图像使用该 B 通道 64kbit/s 带宽中的 48kbit/s，声音使用剩余的 16kbit/s。第二种方案使用两个 B 信道，分别传输图像和声音信号。在第三种方案中，将两个 B 信道合并为一条 128kbit/s 的信道，同时传输图像和声音，例如图像使用112kbit/s，声音使用 16kbit/s。

交换通信网也可以采用混合网络的形式，在远距离传输时，通信网采用 ISDN 的 B 通道或专用的 64kbit/s 线路；近距离通信时，通信网采用同轴电缆或光缆等宽带传输线路和专用的视频宽带交换机。

（2）PSTN 上的可视电话

工作在 PSTN 上的可视电话遵循 H.324 标准系列。H.324 标准系列由国际电信联盟在 1996 年制定，可以实时传输视频、音频和数据等信息形式，其中的视频压缩标准是 H.263。

图 8-8 是基于 H.324 可视电话系统基本组成框图，包括可视电话终端设备、PSTN 网络、多点控制单元和其他操作实体。

H.324 可视电话终端是整个系统中重要的组成部件，它可以是集音频、视频和数据通信于一体的多功能终端设备，也可以是只有单独功能的终端，例如，摄像机和显示器等视频终端，送话器和扬声器等音频终端，或计算机等数据终端。在 H.324 可视电话终端中，视频编解码采用 H.263 或 H.261 标准，图像分辨率为 175 像素 × 144 行，或 128 像素 × 96 行，

图 8-8   H.324 可视电话系统基本组成框图

每秒传送 10 帧以上。音频编、解码采用 G.723 标准，速率为 5.3kbit/s 或 6.3kbit/s。数据通信采用 T.120 系列建议，包括电子白板、计算机应用共享、文件传输等多种功能。通信控制规程按照 H.245 协议，对在 PSTN 上提供的不同媒体通道进行控制，包括能力交换、控制和指示信令的传输、逻辑信道的开启/关闭等。为了将需要传送的视频、音频、数据和控制码流复用成单一的传输码流，H.324 终端使用 H.223 标准，按照统计复用方式进行复用，同时在接收端将接收到的码流分解为多种媒体流。调制解调器功能符合 V.34 标准，对 H.223 复合输出的码流进行调制，以便能够在 PSTN 上传输。V.34 调制解调器采用全双工或半双工模式，通信速率可达 28.8kbit/s 或 33.6kbit/s。

PSTN 与 H.324 可视电话终端设备的网络接口根据各国国家标准，支持合适的信令、振铃功能和电平值。多点控制单元的功能是实现多点通信。

2. 可视电话终端

可视电话终端是可视电话系统中的重要部件，具体实现时，既有独立式的可视电话终端，也有机顶盒型可视电话终端，或者基于个人计算机的可视电话终端。

独立式的可视电话终端也叫桌面式可视电话，它集普通电话机、数码摄像头、高清晰液晶显示器和多媒体压缩处理系统于一体，可以在 PSTN 或 ISDN 上实现语音和彩色图像的高速同步传输。

机顶盒型可视电话终端在普通电话机之外，配置了带有数字摄像头的外置式电视机顶盒，机顶盒内置了视频、音频等处理芯片和高性能调制解调器等。这种终端需要与一台电视机配合使用，可以工作在 PSTN 和 ISDN 上。

基于个人计算机的可视电话终端是指在计算机上安装摄像头、图像处理板、语音输入和输出设备（例如送话器和扬声器），以及可视电话应用软件后的可视电话终端。目前上市的此类终端主要有符合 H.324 标准和 H.323 标准的可视电话系列。符合 H.324 标准的可视电话工作在 PSTN 上，通过普通电话线实现双方可视电话通信；符合 H.323 标准的可视电话通过因特网和局域网实现双方可视电话通信。

8.4.2   数字高清晰度电视系统

一般来说，数字高清晰度电视（High Definition Television，HDTV）是指电视节目的制作、传输和接收等各个环节都是以数字方式进行的电视系统，所以它是全数字化的电视，清晰度可以达到传统电视的一倍以上。HDTV 采用两种扫描方式，既可以是水平方向为 1920 像素，垂直方向为 1080 行（表示为 1920×1080 像素）的隔行扫描，也可以采用 1280×720 像素逐行扫描。显示方式采用大屏幕和宽高比（例如 16:9），在观看距离为屏幕高度的 3 倍时，为观众提供接近或相当于观看真实景物的效果，并相当于 35mm 电影放映的图像质量。

决定电视画面清晰度的主要因素是单位时间内接收到的垂直方向扫描线的条数，HDTV 的垂直和水平分辨率是现行的模拟电视的两倍，因此，与模拟电视相比，HDTV 显示画面的清晰度更高。另外，HDTV 克服了现行电视重影、同频干扰严重、图像不稳定、图像清晰度低等缺陷，不存在现行电视的一切图像损伤。此外，16:9 的宽高比显示方式更接近人类自然视域，数字声音压缩技术又能够传输 5.1 声道环绕声，突破了现有电视声音的模拟声道限制，伴音质量相当于激光唱片，因此，HDTV 实现的现场感更接近于真实景物。目前，由于现行的电视采用模拟制式，而 HDTV 采用了数字制作、数字传输、数字存储和数字显示技术，作为全数字化电视，它与现行的电视制式不能兼容。

完整的 HDTV 系统包括电视节目的制作、传播和显示等几个部分，这里着重介绍 HDTV 的编码传输和接收解码部分，不涉及节目制作和显示设备。

1. 系统组成

目前，三个主要的 HDTV 系列标准来自日本、欧洲和美国，这里主要介绍美国 HDTV 系统的基本组成和工作原理。

HDTV 系统组成如图 8-9 所示，主要由信源压缩编码子系统、业务复用与传输子系统、射频发送子系统三个部分组成。

图 8-9　HDTV 系统的组成

信源压缩编码子系统使用不同的压缩标准对视频流、音频流及其辅助数据进行压缩编码。视频压缩编码采用 MPEG - 2 标准，完成视频信号的压缩编码和相关辅助数据的处理。音频压缩编码采用 Dolby AC - 3 数字音频压缩标准，完成声音的压缩编码及其相关辅助数据的处理。

业务复用与传输子系统的主要功能是对压缩编码子系统输出的视频码流、音频码流和辅助数据码流进行分组和标识，并将这些不同的信号流复用成单一码流进行传输。同时，在传输过程中考虑各种数字传输媒体，例如地面广播、有线分配、卫星分配和数字存储媒体的特性和互操作性。复接和传输标准采用 MPEG - 2 的传输码流语法。

射频发送子系统包括信道编码和调制。信道编码的目的是通过在传送的码流中附加冗余信息，以检测或纠正传送过程中产生的差错。调制部分将要传输的数字码流变换成适合相应信道特性的射频信号，发送出去。在采用地面广播传输时，调制技术通常采用八进制残留边带调制；当使用的是高码率的有线传输时，通常使用十六进制残留边带调制技术。

由射频发送子系统发射出来的信号通过信道到达用户端。位于用户端的接收机一般由机顶盒和显示器组成。机顶盒负责接收和解调射频信号，并完成信道信源解码。显示器主要完成高清晰度图像显示和声音播放。

2. 视频编码

在 HDTV 中，由于采用了高的像素和扫描行数，亮度信号占用的频带宽度是普通模拟电视的 5 倍；加上采用分量形式传输色度信号，总的频带宽度高达 30MHz。当采用 1920 × 1080 像素隔行扫描，亮度分量与色度分量比例为 4∶2∶2 格式时，数字化后的总数据率高达 900Mbit/s 以上。信息量如此大的信号必须经过压缩才能够在通信信道中传输。HDTV 系统的视频压缩编码的主要功能就是在保证图像质量的前提下，将数字视频码流按 30∶1 到 50∶1 的压缩比率压缩到 20 ~ 24Mbit/s 左右以内。可以说，视频信号的压缩编码技术是保证 HDTV 系统质量的核心技术。

HDTV 视频压缩编码的基本工作原理框图如图 8-10 所示，包括带运动补偿帧间编码、DCT 编码、自适应量化、变字长编码、缓存器控制和信源前后预处理等。

图 8-10　HDTV 视频压缩编码的基本工作原理框图

输入的视频信号首先进行带运动补偿的帧间预测编码，如 8.2.2 节所述，帧间预测编码方法利用相邻帧对应像素之间的相关性来降低图像信息的冗余度。帧间预测编码的输出码流接着进行 DCT 编码，这里 DCT 编码采用的是自适应的量化器，由输出缓存器根据视频图像的统计特性自动控制量化级数。量化器输出的码流再经过变长编码完成进一步的数据压缩。HDTV 通常使用的变长编码为哈夫曼编码。

哈夫曼编码后的数据流的速率并不恒定，往往随着视频图像的统计特性而变化。由于大多数情况下传输系统的频带都是恒定的，因此在编码流进入信道前需要设置缓存器。编码器输出的数据流以变化的比特率写入缓存器，缓存器以标称的恒定比特率向外读出数据输送到传输系统。由于写入和读出数据的速率往往不一致，为了防止由于写入快、读出慢或者写入慢、读出快而导致缓存器溢出，需要进行缓存器控制。根据缓存器占有率的高低，反馈控制量化器的量化级数，当编码器的瞬时输出速率过高，向缓存器写入数据的速度过快时，就减少量化级数，增大量化步长，以降低编码输出的数据速率；当编码器的瞬时输出速率过低，向缓存器写入数据的速度过慢时，就增加量化级数，减小量化步长，以提高编码数据速率，从而通过调整编码器的数据速率，使得缓存器的写入数据速率与读出数据速率趋于平衡。

从上面的介绍可以看出，运动补偿、DCT 变换系数的自适应量化和缓存器控制是 HDTV 系统中图像信号压缩编码三个相互关联的关键技术。

8.5　习题

1. 什么是图像通信？它的特点是什么？
2. 试列举出几个图像通信系统。

3. 图像通信系统包括哪几个部分？

4. 数字图像通信的基本原理是什么？涉及哪些关键技术？

5. 什么是图像数字化？数字化的步骤是什么？

6. 数字图像信息的压缩编码的目的是什么？

7. 图像压缩编码算法可分为哪些类型？

8. 图像压缩编码的基本原理是什么？

9. 哈夫曼编码的基本原理是什么？

10. 帧间预测编码的基本原理是什么？

11. 为什么离散余弦变换编码能取得较好的数据压缩效果？

12. 与图像压缩编码有关的国际标准主要有哪四个系列？说出它们的主要应用场合。

13. 具有交互性的第一个图像压缩编码标准是什么？与前面版本相比，其主要特点是什么？

14. 可以采用哪两种传输方式来传输数字图像信息？在数字图像传输中，常用的数字调制技术有哪些？

15. 数字图像通信系统中，可以采用哪些宽带接入技术？

16. 根据向用户延伸的距离，全光接入技术分为哪三种类型？说出它们各自的特点。

17. 利用 ATM 网络和宽带 IP 网络来开展数字图像通信业务，各有什么特点？

18. 传真有哪几种分类方法？

19. 传真三类机由哪几部分组成？

20. 为什么说传真四类机才是真正的数字传真机？

21. 按照使用的传输信道区分，可视电话有哪三种类型？

22. 可视电话终端有哪三种类型？

23. 什么叫高清晰度电视（HDTV）？它的主要特点是什么？

第9章 计算机网络通信系统

摘要：

计算机网络的普及应用，影响了当代社会的方方面面，对于社会生产力的进步和发展起到了不可估量的巨大促进作用。

早在计算机诞生之日，实现计算机之间的通信互联就成为人们梦寐以求的理想，并一直为此做着不懈的努力。从初期面向终端的单机网络发展到如今全球互联的因特网。从各自为政的网络体系结构过渡到开放式标准化互联网络，人们终于跨越了梦想实现了真正的"全球通"。

数据通信与通信协议的概念是理解计算机网络通信的重要基础，其中数据交换技术、数据链路控制技术、差错和流量控制技术是实现数据通信的最基本的技术。通信协议规定了通信双方实体在实现信息交换和资源共享时所必须共同遵守的规则和约定，明确了双方通信时的数据单元格式、控制比特的含义、连接方式和收发时序等内容。

按照地理覆盖范围的大小来分，计算机网络可以分为局域网、城域网、广域网和因特网。

局域网覆盖一个较小的地理区域范围，距离上一般来说从几米至几千米。以隶属于一个组织部门居多，实现组织内部信息资源的共享。

城域网被认为是局域网在距离上的延伸，方圆大约在十到百十千米范围内。用于一个城市的信息基础设施，提供公共的网络构架。通常以光纤作为传输媒体，以 ATM 技术做骨干网。

广域网是在较大的地区范围内，从百十千米到几千千米，长距离连接多个不同城市区域或者国家之间的局域网或城域网。广域网的重心在于远距离的数据传输。

因特网地理范围往往跨洲越洋，是由遍布世界各地的大大小小的局域网或城域网，通过广域网传输技术连接在一起，实现全球范围内信息的共享。

本章将首先对计算机网络及其发展历程作出概述。然后按照局域网、广域网和因特网的顺序对这些网络所用到的通信技术进行介绍，包括网络体系结构、分组交换技术、以太网标准、无线局域网、帧中继技术、异步传递模式 IP 等内容。最后对网络未来发展趋势进行了简要的分析。

通过本章的学习，读者可以了解到计算机网络通信的基本技术，为进一步掌握网络通信深入和详尽的知识打下一个良好的基础。

9.1 计算机网络概述

计算机网络是利用通信设备和通信线路将地理位置不同、功能独立的多台计算机，以相互共享软件、硬件和信息资源为目的而有机地连接起来的计算机系统的集合。图9-1 示出了

198

计算机网络拓扑结构。

计算机网络有多种分类方法，下面进行说明。

1. 按照逻辑功能来分

从图 9-1 来看，计算机网络由资源子网（虚线框外）和通信子网（虚线框内）两部分构成。资源子网又由主机（host）、终端（terminal，T）以及网络操作系统等管理和应用软件组成，提供信息资源和数据计算能力。通信子网则由网络节点（node）和通信链路（link）组成，提供数据传输与通信控制能力。

图 9-1　计算机网络拓扑结构

2. 按照地理覆盖范围的大小来分

根据网络覆盖范围不同，计算机网络可以分为局域网、城域网、广域网和因特网。

局域网（Local Area Network，LAN）覆盖局部小范围区域。地理距离上一般来说从几米至几千米，由少则两台多则数百台计算机组成，其数据传输速率可高达千兆 bit/s。IEEE 802 委员会公布了十多种类型的局域网标准。现实中以太网（Ethernet）居多，此外还有令牌环网（Token Ring）、光纤分布式接口网（FDDI）、异步传输模式网（ATM）以及无线局域网（WLAN）等。

城域网（Metropolitan Area Network，MAN）被认为是局域网的延伸，其连接距离在几十到上百千米范围内，采用 IEEE 802.6 标准，常以 ATM 技术作为骨干网，实现较大范围的城市区域覆盖。

广域网用于实现长距离的不同城市区域或者国家之间的局域网或城域网互联，地理范围往往跨洲越洋，从几百到几千千米乃至于上万千米，因此也称为远程网。典型的广域网包括分组交换网（X.25）、帧中继网（Frame Relay）、数字数据网（DDN）和综合业务数据网（ISDN）。

因特网（Internet）就是由这些遍布世界各地的大大小小的局域网络通过广域网连接在一起的。图 9-2 给出了这几种网络之间的相互关系。

图 9-2　局域网、城域网、广域网与因特网之间的相互关系

3. 按照历史演变的过程来分

计算机网络的发展大致经历了四个阶段：面向终端的网络阶段、小规模计算机联机网络阶段、开放式标准化网络阶段和因特网网络阶段。

（1）面向终端的计算机网络

这是早期为适应计算机数量稀少、价格昂贵而设计的以单台计算机为中心的远程联机系统。把一台中央主机与地理上处于分散位置的若干台终端通过专用通信设备连接起来，实现中央处理机硬件资源的远程共享。为减轻中央主机的负载，可设置专用前端通信控制器控制主机与终端之间的数据通信。从严格的意义上来说，这类系统根本算不上是计算机网络，而仅是主机远程共享系统。图9-3是以单台中央主机为中心的远程联机系统。

（2）小规模计算机—计算机联机网络

20世纪60年代中期，为了在更大范围内实现资源共享，人们开始将彼此独立发展的计算机与通信技术结合起来，出现了小规模的计算机—计算机网络系统，如图9-4所示。其特点是多台主机利用既有或专用通信线路相互实现数据资源的共享。如冷战时期美国的SAGE半自动化地面防空系统，通过通信线路连接防区内各雷达观测站、机场、防空导弹和高射炮阵地，形成计算机—计算机联机网络。

图9-3　以单台中央主机为中心的远程联机系统

图9-4　小规模计算机—计算机网络系统

美国国防部ARPA网、IBM公司的SNA网，DEC公司的DNA网都是这类网络的成功典例，其中，ARPA网后来发展成为全球流行使用的因特网。这段时期的网络发展过程是相对独立的，缺乏统一标准。

（3）开放式标准化网络

20世纪80年代初期，以IBM为首的个人计算机标准化工作获得了长足的发展，个人计算机的普及应用大大激发了人们相互联网以实现信息共享的梦想。但是，计算机之间的通信涉及的技术问题十分复杂，特别是相对独立发展的众多计算机网络产品之间如何实现技术兼容与标准统一的问题亟待解决。

为了从技术上降低计算机网络实现的复杂性，人们想到了利用通信协议实现分层设计的方法。按照信息的流动过程将网络的整体功能分解为若干个功能层，不同机器上的同等功能层之间采用相同的通信协议，而相邻功能层之间通过接口进行信息传递。所谓通信协议（Protocol）是指不同机器同等功能层之间的通信约定，即计算机网络中的通信双方为了实现通信，所要共同遵循的规则、约定和标准。而接口（Interface）则是同一计算机相邻层之间的通信约定。

经过反复讨论，ISO于1984年发布了ISO－7498国际标准，即计算机"开放系统互连参考模型"（Open System Interconnection/Reference Model，OSI/RM）。该模型根据功能要求，把网络通信过程分解为七层，并对每一层规定了需要实现的功能及相应的协议。每一层都要

通过接口向它的上一层提供服务，同等层
实体之间的通信称为对等进程并采用相同
的协议，而下层则对上层隐蔽实现过程的
细节。这七层从高至低分别为应用层、表
示层、会话层、传输层、网络层、数据链
路层和物理层，如图9-5所示。从此，网
络产品在国际间有了可资参考的统一标
准，不但促进了企业的竞争与融合，而且
大大加速了计算机网络的发展和普及。

图9-5　开放系统互连参考模型（OSI/RM）

应用层（Application Layer）：负责管理应用程序之间的通信，为用户提供最直接的应用服务。如电子邮件、文件传输、虚拟终端、事务处理、网络管理等大量的网络应用协议。

表示层（Presentation Layer）：处理通信进程之间交换数据的表示方法，包括语法转换、数据格式的转换、加密与解密、压缩与解压缩等。

会话层（Session Layer）：在不同的机器之间提供会话进程的通信，如建立、管理和拆除会话进程。会话可能是一个用户通过网络登录到一个主机，或一个正在建立的用于传输文件的会话。

传输层（Transport Layer）：利用差错和流量控制机制，向用户提供可靠的、透明的端到端的数据传输。其主要功能包括物理地址映射到网络地址、多路复用与分割、传输连接的建立与释放、分段与重装、组块与分块等。

网络层（Network Layer）：控制通信子网的运行，进行路由选择、中继、拥塞控制和网络互连，为传输层提供面向连接的网络服务及无连接的网络服务。

数据链路层（Data Link Layer）：在物理层提供的比特服务基础上，在相邻节点之间提供简单的通信链路，传输以帧为单位的数据分组，同时负责数据链路的流量和差错控制。

物理层（Physical Layer）：实现节点间的物理连接，在物理传输介质上传输非结构化的二进制比特流。物理层并非指某种具体传输介质，而是指数据链路层到物理传输介质之间的逻辑接口。物理层协议的设计问题主要是建立、维护和释放物理链路所需的机械的、电气的、光学的、功能的和规程的特性。

分层设计的思想是把一个计算机网络系统体系结构的设计这种难以处理的复杂问题划分成几个较小的且较容易处理的问题，从根本上解决了网络体系结构标准的统一问题，为各网络产品生产商指明了技术研发方向和互联准则。因此，称为开放式标准化网络体系结构。

（4）基于TCP/IP的因特网

早在OSI/RM体系结构发布之前的1969年，以美国国防部研发的ARPA网、IBM公司的SNA网以及DEC公司的DNA网就已经形成了各自相对独立的网络体系结构。其中以美国国防部高级研究计划署（ARPA）领导开发的分组交换网ARPA网最具特色。这种由资源和通信两级子网组成的网络体系结构，不但与OSI/RM模型接近，而且便于维护管理和扩展。作为当代因特网的早期发展阶段，在ARPA网上所做的一系列包括TCP/IP的试验奠定了因特网存在和发展的基础，较好地解决了异种机网络互联的一系列理论和技术问题。如今，在 TCP/IP 协议簇基础上发展起来的因特网及其体系结构已经成为国际间事实上的计算机网络标准体系。图 9-6 示出了因特网网络体系结构与 OSI/RM 的对比结果。

OSI/RM	TCP/IP
应用层	应用层 (FTP/TELNET/HTTP等)
表示层	
会话层	
传输层	传输层(TCP)
网络层	网际层(IP)
数据链路层	网络接口层
物理层	

图 9-6　因特网体系结构与 OSI/RM 的对比结果

9.2　数据通信基础

9.2.1　数据通信概述

数据通信主要研究的是数字数据的存储、交换、传输方面的理论、技术和方法。数据通信知识是理解计算机网络系统工作原理的基础。由于计算机处理的数据都是数字数据，而计算机网络是以计算机之间的通信为目的，所以计算机之间的通信都是数据通信。为深入地理解计算机网络的工作原理，有必要了解数据通信系统底层的基础知识。

1. 数据通信的概念

数据是把事件的某些属性规范化后的表现形式，它能够被识别，也可以被描述。信息都是以数据的形式表示出来的。数据的表示形式可以是数值、文字、图形、图像等。数据通信就是要在通信的双方，即信源和信宿之间传输数据信号。

数据通信系统中传输的通常是以电磁或光信号的形式表现出来的二进制编码数据。比如，以二进制的 01000001 编码表示字母"A"，接收端收到一串 01000001 后就认为收到了字母"A"。这些二进制数字信号沿着信道发送并接收就实现了数据通信。

数字信号在传输过程中难免受到系统内部和外界噪声的干扰从而导致误码，为此需要采取差错控制以确保接收正确。数据通信双方在传输速率、接收能力等方面可能存在差异，为此需要协调发送顺序和步骤以确保双方同步。这些内容都是数据通信系统中数据链路层需要考虑的问题，主要包括差错和流量控制技术。

2. 数据通信与数字通信的区别

数据通信和数字通信是有区别的，二者的共同点在于传输的都是数字信号。但数字通信是相对于模拟通信来说的。正如第 2 章所描述的那样，在数字通信系统中信源通常是语音、图像等模拟信号，需要进行模拟信号的取样、量化、编码，以实现模拟信号的数字化传输。而数据通信的信源已经是数字信号，不需要模拟/数字化过程。从服务内容来看，数字通信强调以数字信号作为载体来传输模拟信号，而数据通信则突出如何传输和交换数字数据。

3. 数据通信系统的组成

当代数据通信系统与计算机网络及其应用已经融为一体，成为计算机网络不可分割的一部分。数据通信系统大致上由实现数据传输的通信子网和实现数据处理的资源子网两部分组成，如图 9-1 所示。但数据通信系统侧重数据的传输，即通信子网的内容，强调确保不同数据终端设备之间可靠、高效的数据传输。数据通信系统的通信子网由专用的通信处理机或节点交换机及其之上运行的软件、集中器等设备以及连接这些设备的通信线路所组成。从这个角度看，图 9-1 就是以通信子网为中心的典型的数据通信系统。

例如，一个局域网也可以看成是小范围内的数据通信系统。组成通信子网的主要设备包括网卡、缆线、集线器、中继器等设备和相应的软件。组成资源子网的设备包括服务器、工作站、共享的打印机及其操作软件等。

9.2.2　数据交换技术

交换技术是实现多点通信并且节省线路费用的最基本的通信技术。第3章已经对程控语音交换的概念进行了详细解释，但在数据通信系统中，交换的概念有了进一步的扩展。除了双方通过交换电路建立物理连接之外，更多的则是通过交换节点建立"存储－转发"模式的逻辑连接。因此，在数据通信系统中就有电路交换、报文交换和分组交换等多种方式。

1. 电路交换

电路交换是一种面向连接的传输方式，具有传输控制开销小、传输时延小、无失序等优点。比较适合于大批量发送实时性数据信息的场合。

电路交换方式在数据传输之前，要求首先建立一条被双方独占的由双方之间的交换设备和线路逐段连接而成的物理通路，然后才开始数据传输。在数据传输过程中，这条物理线路始终被占用，直到传输完成后才由一方发出拆除连接信号。假设通信双方需要经过 A、B、C、D 四个节点连接，图9-7 显示了这种通信方式的通信时序。可见，电路交换方式为了实现一次数据传输，需要建立连接、数据传输、拆除连接三个阶段。因此，利用电路交换方式进行数据通信的缺点是显而易见的：

图 9-7　电路交换方式的通信时序

1）相对于计算机数据传输的突发性特点（微秒级）来说，平均建立及拆除连接的时间（毫秒级）过长，效率较低。

2）建立连接后，物理通路被通信双方独占，在此期间不能被其他用户使用，因而信道利用率较低。

3）存在一定的呼损，如遇到对方忙或中继线无空闲，需要反复建立连接。

4）不同类型、规格、速率的终端用户之间不能直接连接、灵活性差，也难以在通信过程中进行差错控制。

2. 报文交换

报文（Message）指的是计算机中一组相对独立的数据或文件。一个报文包括报头（含源地址、目的地址以及一些相关的辅助信息）、正文（用户信息）和报尾（报文结束标志）三个部分。报文交换以一个报文为传输单位，其基本思想是存储－转发。

报文交换是由具有存储转发功能的一组节点交换机组成的交换网络。当端用户 A 要发送报文 M_a 到端用户 D 时（见图9-8），不必事先与 D 端建立电路连接，而是直接将整个报文发送到节点交换机 N_a。N_a 收到报文后先进行报文存储，然后解析报头中提供的地址字段，若判断收到报文的目的地址不是本节点，就自动寻找一个出口线路向下一个节点转发。各节点都照此处理，直到目的地所在的节点 N_d 并被 D 端接收为止。

报文交换方式不但克服了电路交换方式的缺陷，而且还有如下优点：

1）在交换节点可进行路径选择，当某一出口路径发生故障时，可选择迂回路径，提高了传输可靠性。

图9-8 分组交换传输过程

2）存储转发方式便于实现代码转换、速率匹配、误码重发等措施，很适合类型、规格和速率不同的计算机之间的通信，甚至收、发双方可以不同时处于可用状态。

3）提供多目标服务和优先级服务，即一个报文可以同时发送到多个目的地址，允许优先级别高的报文优先转发。

但是，由于报文信息的长短不一，难以设置和分配各节点交换机缓存器的大小。特别是数据传输需求量较大时，节点交换机处理存储转发过程（包括接收、检验、排队、发送等时间）不得不借助于大容量外存，导致较大的时延，所以报文交换不适于传送实时或交互式业务的数据。此外，较长的报文还会增加误码重传的负担，影响传输效率。由此，进一步提出了分组交换技术。

3. 分组交换

分组交换技术仍采用存储转发的思路，只是把一个较长的报文分解成若干个较短的等长度的报文来传输，称为分组或分组包，简称为包（Packet）。所以分组交换又称为包交换。图9-8示出了分组交换传输过程。假定A站有一份报文要发送给D站，A站首先将该报文分解成若干个分组，每个分组都附上源地址和目的地址等控制信息。假设A站将报文划分成3个分组（P_1，P_2，P_3），顺序连续发送给节点 N_a，N_a 每接收到一个分组都先存储下来，然后分别对它们进行单独的路径选择。P_1 经过节点 $N_a N_e N_d$，P_2 经过节点 $N_a N_b N_c N_d$，P_3 经过节点 $N_a N_e N_c N_d$。这种选择主要取决于节点 N_a 在转发分组时刻各节点链路负荷情况及路径选择的原则和策略。由于每个分组都带有终点站地址，虽然它们不一定经过同一条路径，但最终都能达到同一目的节点 N_d。N_d 负责排序和重装，组成原始报文，最终传送给D站。

分组交换除了具备报文交换所具有的优点之外，还有如下一些优点：

1）因分组较短，降低了对节点交换机缓存容量的要求，这样因缓冲区不足而借助于外存的机会大大降低，转发时延相对减少。

2）因分组较短，即使一个分组发生误码，其重发的效率也比重发整个报文高得多，故可减少转发时延。

3）在节点交换机的控制下，分组可沿不同路径转发，避开故障点，使传输的可靠性更加提高。

分组交换方式也有其固有的缺陷：

1）由于每个分组都要增加源地址和目的地址以及用以进行差错和流量控制的额外字段，因而需要增加大约5%～10%的传输开销，降低了效率。

2）尽管分组交换比报文交换的传输时延有所减少，但与电路交换相比，仍存在一定程度的转发延时。

3）因不同分组沿不同路径传输，到达目的节点的时间不同，可能出现失序、丢失或重复分组。

4）分组交换实现起来技术上要复杂一些，这些技术包括分组拆分与合并、路由选择和自动调整、出错信息报告与处理、不同种类用户速率、代码和规程的变换等。

4. 数据报和虚电路的概念

虚电路（Virtual Circuit，VC）和数据报（Data Gram，DG）是分组交换技术的两种服务方式。其中，虚电路是为了克服分组交换技术失序，丢失或重复分组而采用的技术。

虚电路是一种面向连接的服务方式。这种连接是指通信双方预先建立连接，然后再进行分组传输。为此，源节点首先发出呼叫请求分组，该分组包含源地址和目的地址，途经的每一个节点交换机都记下该分组入口电路号，并为其选择一条经过计算的最佳出口电路号，发往下一个节点。当呼叫请求分组到达目的端并经其同意后，双方就建立了一条从源端到目的端的逻辑通路，称为虚电路。此后，各数据分组包的传输不必再包括源和目的地址，而只需随分组携带虚电路号。如果是临时通过交换建立的虚电路（Switched VC，SVC），传输完成后，还要进行逐节点拆除；如果是永久连接的虚电路（Permanent VC，PVC），则在每一个节点交换机中的出、入口记录号要一直要保持下去，仅供双方使用，直到网络管理员人工变更为止。由于已经有了一条预先建立起来的通路，对中间节点交换机没有存储要求，采取的是随到随发的策略，所以经虚电路传送的分组按发送的先后顺序依序到达。通过高层协议的区分，一条物理线路上可以建立多个虚电路，各自传送自己的分组而不会相互产生影响。

相对于虚电路服务，数据报服务方式是一种面向无连接的服务方式，也是分组交换方式的最基本实现。每一个分组都携带有源和目的地址。在经过的交换节点上可根据当时路由忙闲情况独立地选择最佳发送路径。因此，各分组到达终端的路径可以不同，可能出现先发后至或后发先至的情况，甚至出现丢包的情况。目的节点交换机要等到报文全部分组都到达并拼装完成后再传送给终端用户。

由上可见，虚电路方式面向连接，可靠性较高，但相应带来的是效率降低，适用于发送大量实时性强的分组数据的场合，而数据报方式则正相反。

9.2.3 数据链路控制技术

从物理实现的角度来看，数据通信传输的是比特流。一位比特的错误都可能导致一个完整信息的整体错误。为了实现稳定可靠的数据传输，除了采用差错检测等技术之外，建立数据链路以实现数据同步与流量控制是必不可少的关键技术。完成数据传输控制和管理功能的规则称为数据链路传输控制规程。在数据通信系统中，两个节点之间只有执行了某种数据链路控制规程之后，才可以开始数据传输。本小节将以典型的高级数据链路控制规程（High - Level Data Link Control，HDLC）为例，介绍数据链路控制的基本概念和实现方法。

HDLC 是国际标准化组织在 IBM 公司所提交的同步数据链路控制（SDLC）协议基础上加以改进完成的国际标准。其主要控制功能包括链路管理（建立、维护和释放）、帧同步、差错控制、流量控制等内容。

1. 数据链路配置和响应方式

数据链路配置是指终端节点之间建立数据链路时的相互关系。若其中某节点（主站）在建立数据链路时起到控制作用，其他节点（从站）只能响应该节点的控制命令，则称为非平衡配置，如图9-9a所示。图中示出了点对点和一点对多点两种结构。若两节点（复合站）都能够发出或响应控制命令，则称为平衡配置，如图9-9b所示，每个复合站都可以要求发起数据传输，而不需要对方的允许。

2. HDLC 帧结构

HDLC以帧作为传输的基本单位。三种类型的帧包括信息帧(I)用于数据信息传输,监控帧(S)用于流量和差错控制,无编号帧(U)用于链路管理。图9-10是HDLC的帧结构。

图9-9 数据链路的配置和响应方式

a) 非平衡配置 b) 平衡配置

图9-10 HDLC 的帧结构

（1）标志字段F

该字段每一帧头和尾出现01111110标志，表示一帧的开始和结束，兼作同步和定时。为了区分帧内信息字段I可能出现与标志位相同的序列，采用"0比特插入"技术，即I字段中若出现连续5个"1"就插入一个"0"，接收端相应地去掉这个"0"。

（2）地址字段A

该字段指出次站的地址，其中8位基本地址的前7位可表示127个次站地址，最末位如果是1，表示紧随其后的字节仍然是地址字段，即扩展的地址字段，如果扩展的地址字段最末位仍然是1，表示地址有进一步扩充，依此类推。

（3）控制字段C

该字段用于表示命令和响应的类型，标识帧的功能和目的，参见表9-1。

当C字段第1位是0时，表示该帧为信息帧I。此时，第2、3、4位的组合N（S）表示当前发送的帧序号；第6、7、8位的组合表示接收站所期望接收到的帧序号N（R）。第5位P/F是探寻/结束位，若该帧是主站的发送，P=1表示启动从站返回响应帧；若该帧是从站的响应，F=1表示从站发出的是最后一帧，传输结束。

当C字段的前两位是10时，表示是监控帧S，监控帧具有流量控制作用，主、从站双方均可使用。根据其后第3、4位S的四种组合状态00、01、10、11可以有四种监控帧：

1）00=接收准备好RR（Receive Ready），已经准备好接收下一帧。

2）01=接收未准备好RNR（Receive Not Ready），暂时不能接收下一帧。

3）10拒绝接收REJ（Reject）并请求重发序号为N（R）开始的信息帧。

4）11 选择拒绝接收 SREJ（Selective Reject）并选择重发序号为 N（R）的帧。

表 9-1 控制字段的组合

帧类型	比特位							
	1	2	3	4	5	6	7	8
信息帧（I）	0	N（S）			P/F	N（R）		
监控帧（S）	1	0	S		P/F	N（R）		
无编号帧（U）	1	1	M		P/F	M		

当 C 字段的最高两位是 11 时，表示无编号帧（Unnumbered），用于提供附加的数据链路控制命令。其中，标识 M 的第 3、4、6、7、8 位组合起来共有 32 种状态，可以表示多达 32 种附加命令或功能，但目前只定义了 13 种命令和 8 种响应。结合第 5 位是 1 还是 0，分别可以得到无编号命令帧和无编号响应帧。这些帧用于数据链路的建立、释放等控制功能，是维护数据链路正常运行的基本命令帧。

（4）信息字段 I

该字段用来包含所传送的报文信息。其长度理论上可以包括整个报文，但实际上为减少误码重传的帧长，可根据信道优劣状况适当调整，在满足误码率的前提下越长越好。

（5）帧校验字段 FCS

该字段长度 16～32bit，采用循环冗余校验方法对从地址字段 A～I 范围内的各位进行校验。若在该区间范围内连续出现 5 个以上的 1，还要采用"0 比特插入技术"以实现数据链路层的透明传输。

由上可见，HDLC 帧包含了丰富的信息。标志字段标识出一帧的开始和结束；地址字段指出传送的目的；控制字段指出帧的功能；校验字段确保接收的正确。这些措施合起来保证了信息传输的可靠性。

3. HDLC 流量控制

当通信双方建立了数据链路之后，即可开始帧传送。流量控制的目的是确定发送方一次传输的数据量，以便让接收方能够调整来自发送方的数据流，防止接收方溢出。流量控制方法可采用"停止等待"流控协议，即每发送一帧后等待对方返回证实信息再发送下一帧，但这样效率比较低。

HDLC 采用的是滑动窗口流控协议。为了减少开销，接收端并不需要对每一帧都立刻发回一个确认帧（回执），而是在连续收到几个正确的帧之后，才对最后一个数据帧发回确认帧，表示该帧前的各帧接收正确。发送端允许一次连续发送帧的数量称为发送窗口 W_t；接收端允许一次接收帧的数量称为接收窗口 W_r。如果一次传输未经确认的帧过多，一旦其中某帧出现传输错误，其后的各个已被接收的帧只能被抛弃重传，从而增大重传量，造成浪费。所以发送窗口和接收窗口的大小是有限制的。

下面以 $W_t = 5$，$W_r = 1$ 为例说明窗口的滑动过程。此时，发送端可一次发送 5 帧，接收端每次可接收 1 帧，即每帧都要回执。发送序号由 C 字段的 3 位 N（S）组合表示，最多由 8 个帧序号组成。因 $W_t = 5$，所以发送端可连续发出 0～4 共 5 帧，如图 9-11a 所示。如果发完这 5 帧后，未收到确认信息，则由于发送窗口已满，发送端进入等待状态。随后 0 号帧的确认信息收到，发送窗口顺时针旋转一下，窗口向前滑动一帧，如图 9-11b 所示。此时 5 号帧落入发送窗口,可以发送。接着又连续收到了第 1、2、3 帧的确认信息,此时发送窗口前沿滑动到了第 0 帧,后沿则位于第 4 帧,如图 9-11c 所示。

期望接收的帧序号由 C 字段的后 3 位 N(R)组合表示,也可有 8 个帧序号组成。因 $W_r = 1$,所以接收端必须每接收一帧后,返回一个回执,通知发送端期望下一帧要接收的序号。当准备接收 0 号帧时,如图 9-11d 所示,接收窗口锁定 0 号窗口。接收完成之后,返回确认帧的 N(R)= 001,表示期望下一帧接收的是 1 号帧。此时接收窗口滑动到了序号为 1 的位置,如图 9-11e 所示。如果随后接收到的帧序号不是 1 而是其他,则接收端拒绝接收,并向发送端返回一个拒绝接收帧 REJ,希望重发序号为 N(R)= 001 的信息帧。这时,接收窗口不能有任何滑动,必须等到 1 号帧传来之后才能再向前滑动。以后陆续收到 1、2、3 号帧,接收窗口滑动到第 4 帧,如图 9-11f 所示。

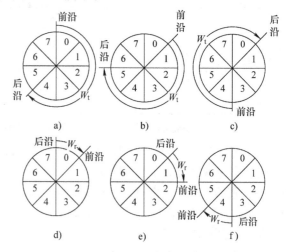

图 9-11 发送窗口滑动过程

a) 连续发送 5 帧　b) 第 5 帧落入发送窗口　c) 发送 4~0 帧
d) 接收 0 号帧　e) 滑动到 1 号位置　f) 准备接收 4 号帧

从上可见,收、发双方受接收和发送窗口的限制按照窗口大小向前滑动,接收窗口保持不变时,发送窗口无论如何不会滑动,这样就保证了双方的帧传输是按照实际收发能力有控制地进行,达到了流量控制的要求。

4. HDLC 差错检测与控制

HDLC 差错检测使用循环冗余校验算法来实现。发送方将差错校验码(FCS 字段)附加在信息码元之后,接收方根据接收到一帧的 A~I 字段范围的比特也计算出差错校验码,然后将其与收到的差错校验码相比较,以检查是否有错。差错控制是指用于纠正传输过程中所出现差错的机制。HDLC 差错控制采用反馈重传机制来实现。这些内容在第 1 章都有所介绍,不再赘述。

9.3 局域网

9.3.1 局域网概述

局域网(LAN)是由一组计算机及相关设备,在一个有限的地理范围内,通过传输线路连接在一起实现信息交换、文件管理、软/硬件资源共享等功能的计算机通信系统。有限的地理范围可以是一座建筑物内、一个校园内或者方圆几千米的一个区域内。

20 世纪 80 年代以后,个人计算机逐渐得到了普及应用。以美国 3COM 和 Novell 等著名 IT 公司为龙头的网络产品开发商推出了一系列局域网软、硬件产品,促进了局域网实用的普及和发展。但是局域网行业同样也面临着厂家众多、标准不统一的局面。为此,IEEE 于

1980 年年初成立了 802 委员会，专门从事局域网标准的制定工作，并先后发布了一系列局域网标准。表 9-2 列出了 IEEE 802 局域网系列标准，这一系列标准中的每一个子标准都由委员会中的一个专门工作组负责。

表 9-2　IEEE 802 委员会局域网系列标准

标准名称	802.1	802.2	802.3	802.4	802.5	802.6	802.7	802.8	802.9	802.10
标准内容	概述、体系结构和网络互联定义	逻辑链路控制（LLC）协议	CSMA/CD 总线网访问控制	令牌总线网访问控制	令牌环网访问控制	城域网访问控制	宽带局域网访问控制	FDDI 光纤网访问控制	综合数据话音局域网络	网络安全与保密技术

标准名称	802.11	802.12	802.13	802.14	802.15	802.16	802.17	802.18	802.19	802.20
标准内容	无线局域网访问控制	优先级高速局域网（100VG-AnyLan）访问控制	未用	电视电缆(Cable-TV)访问控制	WPAN 无线个人局域网	WiMAN 城域网宽带无线接入	RPR 弹性分组环网接入	无线标准技术咨询组	无线局域网共存标准技术咨询组	MBWA 移动宽带无线接入

局域网的主要特点如下：

（1）地理范围（1～10km 左右）和站点数目（几台到几百台）均有限，通常为一个组织或部门所拥有。

（2）所采用的体系结构比较简单，数据传输速率一般在 Mbps 数量级以上，时延和误码率较低。

（3）传输介质大致可分为有线和无线两类。有线局域网多采用双绞线、同轴电缆或光纤；无线局域网多采用微波或红外线波段。

图 9-12 示出了局域网的几种拓扑结构，其中总线型是较常用的局域网结构。

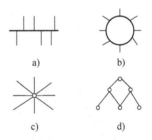

图 9-12　局域网的拓扑结构
a) 总线型　b) 环形
c) 星形　d) 树形

局域网的介质访问控制方法是其最重要的技术之一。IEEE 802 标准主要是针对如何访问各种传输介质所做出的相关规定，解决当局域网中共用信道产生竞争时，如何分配信道使用权的问题。常用的局域网介质访问控制技术包括载波监听多路访问/冲突检测（CSMA/CD）技术、令牌控制技术以及光纤分布式接口（FDDI）技术等。

9.3.2　局域网的体系结构

1. IEEE 802 参考模型

局域网的体系结构即 IEEE 802 参考模型。图 9-13 是局域网 IEEE 802 参考模型与 OSI/RM 的对照图。与 OSI/RM 不同，局域网因无路由选择问题，故只需要考虑物理层和数据链路层。为了使数据帧的传送独立于所采用的物理介质和介质访问控制方法，IEEE 802 参考模型将数据链路层分为逻辑链路控制子层（Logical Link Control，LLC）和介质访问控制子层（Medium Access Control，MAC）。LLC 对任何传输媒介都是一样的，MAC 则根据介质的不同区别较大。IEEE 802系列标准就是分别针对不同的传输媒介制定的介质访问控制规则和方法，参见表9-2。图9-14是表9-2部分标准内容的图示表达方法。

2. 逻辑链路控制子层（LLC）

LLC子层实现OSI/RM中数据链路层的大多数功能。处理站点之间的帧交换，实现源到目的端的无差错的帧传输以及流量控制，为网络用户提供无确认无连接的数据报和面向连接的虚电路两类服务。LLC子层对上屏蔽了MAC子层的具体实现细节，使其对上面的网际层具有统一的界面，不会因为传输媒体的不同而影响上层协议的实现。

图9-13　IEEE 802参考模型
与OSI/RM对照图

LLC子层通过服务访问点（Service Access Point, SAP）接收上层传下来的信息数据帧。当一个主机有多个进程在运行时，在主机的LLC子层上可以有多个SAP，每个SAP对应一个进程，多个SAP可以复用同一条数据链路。这种子层分法也使得IEEE 802标准系列具有良好的可扩充性，便于接纳新的传输介质以及介质控制方法。

高层	802.1 局域网体系结构、网络互连								
LLC	802.2 逻辑链路控制子层								
MAC	802.3 CSMA/CD	802.4 Token Bus	802.5 Token Ring	802.6 MAN	802.7 MAN	802.8 FDDI 光纤网	802.9 ISDN	802.11 无线局域网	802.15 无线个域网
物理层									

图9-14　IEEE 802局域网标准体系结构

为了支持多进程服务，LLC子层除了在上层下传的数据帧上加上LLC子层首部控制字段之外，还要加上目的服务访问点字段（DSAP）和源服务访问点字段（SSAP）以实现进程的一一对应，然后向下交给MAC子层。MAC子层增加其首部和尾部之后再向下交给物理层。MAC的首部包含了各6字节的MAC源地址和目的地址。一个MAC地址是局域网中一个站点所分配的唯一的地址值，称为硬件地址或物理地址。网络寻址时，第一步先利用MAC帧的目的地址找到目的主机，然后再用LLC帧的DSAP信息找到目的端的服务访问点SAP。图9-15展示了LLC与MAC子层的帧结构。

图9-15　LLC子层与MAC子层帧结构

3. 介质访问控制子层（MAC）

MAC子层负责处理局域网中各站点对各类通信媒介的使用问题，完成介质访问控制功能，提供适应于不同的介质访问技术和可供选择的介质访问控制方式。MAC子层将LLC子层交下来的数据封装成MAC帧进行发送，实现无差错的比特级通信。常用的MAC子层介质访问控制方式是带冲突监测和载波侦听多路访问协议（CSMA/CD）。

MAC 子层中的介质访问控制策略包括同步和异步两种机制。同步机制把整个信道带宽分割成多个部分，每一部分分配给一个站点；异步机制采用动态分配信道，如总线共享争用和令牌环轮询方式。各站点利用物理地址来过滤传入的帧，比较每一个接收帧的 MAC 目的地址与本站点的物理地址，丢弃或转发不匹配的帧。

IEEE 规定 MAC 帧的物理地址字段的第一个比特位为 I/G 比特。当该比特为 0 时，地址字段表示一个单播地址；当该比特为 1 时，表示组播地址。当 I/G 比特分别为 0 和 1 时，一个地址块可以分别生成 2^{24} 个单站地址和 2^{24} 个组播地址。IEEE 还规定地址字段第二位为 G/L 比特。当该比特为 1 时是全局管理，即具备世界范围内的唯一性；当该比特为 0 时是局部管理，这时用户可任意使用网络上的地址。在全局管理时，对每一个站的地址可用 46 比特的二进制数字来表示（I/G = 0，G/L = 1），组成的地址空间可以有超过 70 万亿个地址，可保证世界上的每一个站都有一个与其他任何站不同的地址。此外，IEEE 还把 48 比特为全 1 的地址定义为广播地址。

至此，可以总结一下计算机网络是如何使用 MAC 地址的。在某个时刻，当只有一个主机需要发送 MAC 帧时，主机将源站 MAC 地址和目的站 MAC 地址填入 MAC 帧的首部，与该主机处在同一网段上的其他主机，均试图接收这个 MAC 帧：如果当前该 MAC 帧所给出的目的 MAC 地址是一个单播地址，且某个主机的 MAC 地址与之相同，则这个主机就收下该 MAC 帧，其他主机因 MAC 地址不符而拒收此帧。如果当前该 MAC 帧所给出的目的 MAC 地址是一个组播地址，将只具有此组播地址的多个主机收下该 MAC 帧。如果当前该 MAC 帧所给出的目的 MAC 地址是一个广播地址，则与发送该 MAC 帧的主机处在同一网段上的所有主机都收下此 MAC 帧。总之，MAC 地址是局域网寻址主机的基本手段。

9.3.3 总线以太网与 IEEE 802.3 标准系列

以太网是当代最为流行、使用范围最广的一类局域网，早期由 Xerox 公司实现。1980年，DEC、Intel 和 Xerox 三家公司联合开发成为一个通用标准，称为 DIX2.0 标准，后经 IEEE 802 委员会修改采纳为 IEEE 802.3 标准。以太网的主要特点是各计算机终端共享同一条传输总线，存在着争用传输媒介的问题，因而必须有总线争用的处理机制。以太网拓扑结构如图 9-16 所示。

图 9-16 总线以太网典型结构

1. IEEE 802.3 标准

IEEE 802.3 标准描述了物理层和 MAC 子层的实现方法，是针对在多种不同物理媒体上以多种传输速率，采用带有冲突检测的载波侦听多路访问（CSMA/CD）控制技术来实现总线共享的局域网标准。以太网的帧格式如图 9-15 所示。

早期的 IEEE 802.3 规定的范畴称为标准以太网，包括使用粗（细）同轴电缆、屏蔽或非屏蔽双绞线等不同传输介质进行连接，实现 10Mbit/s 较低传输速率传输。标准以太网描述的物理传输媒体类型包括：10Base2（同轴细缆）、10Base5（同轴粗缆）、10BaseF（光纤）、10BaseT（双绞线）和 10Broad - 36（同轴电缆 RG - 59/U CATV）等传输介质。例如，10Base - T 是指使用 3 或 5 类非屏蔽双绞线、最大网段长度为 100m、拓扑结构为星形、带有 RJ - 45 插口的以太网卡、集线器等网络设备。

2. CSMA/CD 控制协议

CSMA/CD 控制技术是一种基于总线竞争解决机制的介质访问控制协议，有效地解决了总线局域网中介质共享、信道分配和信道冲突等问题。载波侦听是指每一个终端在发送数据之前先要检测一下总线是否空闲，以免发生冲突；冲突检测是指计算机边发送数据边通过检测总线上的信号强度来判断是否产生冲突。

CSMA/CD 规定，任何终端在准备好要传送的信息后，就可以独立地决定向外发送信息帧。但是，由于总线共享，在未经协商的情况下这种发送难免会遇到冲突。为此，需要有一套确保冲突发生后的处理机制。

一个终端的具体处理过程如下：

1）总线侦听：准备发送前先侦听一下总线上是否有数据正在传送，若忙，则进入"退避"算法处理程序，等待一段随机时间，然后再进行侦听。若闲，则进到下一步。

2）发送数据：通过与总线的接口，向总线发送数据。

3）冲突检测：数据发送后，也可能发生数据冲突。为此，需要边发送边检测，以判断是否有冲突。

图 9-17　CSMA/CD 协议流程

4）冲突处理：当确认发生冲突后，立即停止发送，并向总线上发出一串阻塞信号以强化冲突，通知总线上各站点冲突已发生。各站点收到阻塞信号后，等待一段随机时间，重新进入侦听与竞争过程。

5）正常收发：若无冲突发生，则当发送帧在指定时间收到确认信息帧之后，本次传送结束。

图 9-17 给出了 CSMA/CD 协议流程。

9.3.4　交换式以太网

单总线以太网由于采用同一共享介质，网络带宽固定不变且总容量有限，故当网络终端数量增加时，访问冲突概率增大，数据传输效率明显下降。为此，以交换机为核心而建立起来的交换式以太网逐渐获得推广应用。

交换式以太网是在早期具有转发功能的多端口网桥的基础上发展起来的，比传统的共享式集线器提供大得多的带宽。在拓扑结构上，不需要改变网络其他硬件，而仅需要用交换机代替共享式集线器即可。不但节省了用户网络升级的费用，而且可在高、低速之间灵活地转换，实现不同网络速率的需求。如图 9-18 所示的以太网交换机，各端口利用高度集成的快速交换芯片，独享 100Mbit/s 带宽及全双工通信，实现数据链路层数据帧的多方式转发。图中示出了 6 个节点间同时建立 3 条 100Mbit/s 速率进行通信的连接效果。

图 9-18　以太网交换机

1. 网桥

早期，人们为了增加同一网段中终端数量同时又减小访问冲突的概率（冲突域），普遍利用网桥（Bridge）隔离技术，将两个或多个共享式以太网段连接起来。网桥用于网段间数据链路层中数据帧的转发。虽然位于网桥两边的以太网分属于不同的网段，但仍都处于同一个广播域中，广播帧很容易形成广播风暴，导致无法正常通信或通信效率降低。

2. 集线器

集线器（Hub）的出现大大方便了局域网的网络布线，其主要功能是把终端集中起来以便于管理，同时也可实现各节点数据链路层信号的再生整形放大和转发。很显然，集线器并不能扩展共享总线的带宽，连接在同一集线器上的各节点共享总线带宽。

3. 以太网交换机

以太网交换机又称为交换式集线器或第二层交换机，能够实现数据链路层的帧交换。以太网交换机实质上是一个多接口的网桥。因为连接到交换机上的每一个终端计算机都有一个唯一的 MAC 物理地址（网卡地址），所以只要某个终端启动上网发送或接收数据，其 MAC 地址就会被交换机自动探知并记录到交换机所维护的一张 MAC 地址与端口对应关系表中，如图 9-19 所示。当交换机从发送的数据帧头部解析出一帧的目的 MAC 地址字段后，就立即按照表中 MAC 地址与端口对应关系转发出去，而不管该帧是否已经完整地接收无误，这种方式称为直接交换。交换机也可以先完整地接收一帧并存储下来，然后进行差错检验，若无差错再转发出去，这种方式称为存储转发交换。直接交换效率高但可靠性较差。

以太网交换机一般提供三个端口：普通端口、高速端口和串行端口。以 10/100Mbit/s 交换机为例，一个普通端口可提供 10Mbit/s 带宽，使连接在该端口上的终端设备独占 10Mbit/s 带宽；100Mbit/s 的高速端口用来连接到服务器或主干网上；串行端口则用来连接一台外接终端或调制解调器以实现网络本地或远程管理。

图 9-19　以太网交换机工作过程

4. 虚拟局域网

在局域网中，由于大量使用广播帧而容易形成广播风暴，故常需要隔离广播域，缩小广播范围。虚拟局域网（Virtual LAN，VLAN）就是一个较好的手段。

VLAN 技术将一个局域网从逻辑上划分成若干个子网，每个子网形成一个独立的网段，称为一个 VLAN，各网段内主机间的通信和广播仅限于该 VLAN 内，广播帧不会被转发到其他网段。VLAN 协议允许在以太网的帧格式中插入一个 4 字节的标识符，用来标识发送该帧的终端属于哪一个 VLAN。技术上，VLAN 的划分可依据以下三种方法：

1）基于端口的划分，即把一个或多个交换机上的若干个端口划分为一个 VLAN 逻辑组。

2）基于 MAC 地址的划分，即把若干个网卡的 MAC 地址划分为一个 VLAN。

3）基于路由的划分，此时必须有路由器或路由交换机设备，按照路由器端口 IP 地址划分，该方式允许一个 VLAN 跨越多个交换机，或一个端口位于多个 VLAN 中。

图 9-20 给出了一个跨越两台交换机的 VLAN 划分实例。

VLAN 的划分使得各 VLAN 之间必须使用路由器才能直接进行通信，从而就实现了对广播域的分割和隔离。VLAN 除了起到隔离作用之外，还通过控制用户访问权限和逻辑网段大小，将不同用户群划分在不同网段，提高了网络整体安全性。

图 9-20　VLAN 划分实例

5. 第三层交换机

第二层交换机能够依照 MAC 地址实现数据链路层数据帧的转发，但是并不限制广播帧的转发，因而当网络规模增大的时候，可能产生广播风暴。与此同时，在 VLAN 中使用子网划分也可以限制广播风暴的发生。毕竟一个局域网内的网络节点有限，广播风暴通过上述技术手段可以有效地加以控制。但是，当局域网需要接入因特网时，或者当不同的 VLAN 之间也要求进行通信时，就必须使用路由器或者第三层交换机。

事实上，一个具有第三层交换功能的交换机是一个带有第三层路由转发功能的第二层交换机，即三层交换在功能上能够实现不同网段间的路由功能，二层交换则实现网段内部的帧交换。图 9-21 是三层以太网交换机的功能模型。三个不同局域网段内各自数据链路层 MAC 数据帧的交换由其第二层交换功能实现；而其第三层交换功能则按照 IP 地址经过网关实现跨网段的数据帧交换。

图 9-21　三层以太网交换机的功能模型

6. 高速以太网

随着需求的增加和技术的进步，传统的标准以太网技术已难以满足日益增长的网络数据流量要求。1993 年 10 月以前，只有利用成本较高的光纤分布式数据接口（FDDI）才可达到百兆传输速率。1995 年 3 月 IEEE 宣布了 IEEE 802.3u 快速以太网标准，把以太网的数据传输速率提高到了 100Mbit/s。与 FDDI 相比，其最大的优点是仍然支持各类双绞线连接，有效地保护了用户在布线基础设施上的早期投资。根据传输介质的不同，IEEE 802.3u 标准分为 100BASE–TX（5 类 2 对双绞线）、100BASE–FX（单模和多模光纤）和 100BASE–T4（3、4、5 类 4 对双绞线）三种类型。其中，100BASE–TX 是一种使用 5 类双绞线实现全双工数据传输、最大网段长度为 100m 的快速以太网技术。

在百兆以太网获得实用的同时，千兆以太网成为下一个目标。1998 年 6 月 IEEE 802.3z 千兆以太网标准获得通过。该标准主要是针对三种类型的传输介质所制定的标准：1000BASE–LX 用于单模光纤；1000BASE–SX 用于多模光纤；1000BASE–CX 用于均衡屏蔽的 150Ω 同轴缆。千兆以太网技术标准完全向后兼容，其中包括 CSMA/CD 协议、帧格式、全双工传输方式、流量控制等，再一次保护了现有网络基础设施上的投资。1999 年 6 月通过的 IEEE 802.3ab 标准，实现了把双绞线用于千兆以太网的梦想。目前，百兆和千兆以太网已经发展成为主流局域网络技术。

2002 年 6 月，IEEE 通过了 10 Gbit/s 速率的以太网标准 IEEE 802.3ae。至此，以太网的发展从当初的标准以太网、快速以太网、千兆以太网进入了万兆以太网时代。万兆以太网同样向下兼容，同时增加了广域网接口，可实现与同步数字体系（Synchronous Digital Hierarchy，SDH）标准的无缝连接，是实现未来端到端光以太网的基础设备。

从百兆以太网之后企业级局域网基本上都采用以交换机为中心的网络。一个千兆位交换机作为核心交换机连接中心服务器和较低速的交换机以及集线器等主干设备，形成了典型的由以太网交换机组成的局域网。图 9-22 是一个典型的由多级交换机组成的局域网实例。

图 9-22　多级交换机组成的局域网实例

9.3.5　无线局域网与 IEEE 802.11 标准系列

无线通信技术早已为人们所熟悉，但是将无线通信技术用于局域网则是基于因特网普及应用之后的新发展。无线局域网最大的优势是不需要布线，由于组网灵活、成本低、便于移动等特点，其应用的范围日益广泛。

1990 年 IEEE 802 标准化委员会成立无线局域网标准工作组，并于 1997 年制定出第一个无线局域网标准 IEEE 802.11。该标准允许在局域网环境中使用工业科学医学频段（Industrial Scientific Medical，ISM）中的 2.4GHz 或 5.8GHz 射频波段进行无线连网。ISM 频段是由国际电联无线电通信部门 ITU – R 定义的，主要是开放给工业、科学和医疗机构使用，无需授权许可，只需要遵守一定的发射功率（一般低于 1W），并且不要对其他频段造成干扰即可。特别是 2.4GHz 频段被各国共同确认为 ISM 频段，已经成为从家庭到企业接入因特网的主要频段。

1. IEEE 802.11 基本标准

IEEE 802.11 是其他无线局域网系列标准的基础标准。图 9-23 给出了最常见的无线局域网基本服务集（Basic Service Set，BSS）拓扑结构。设备 STA 称为无线终端站，通常是一台计算机加上一块无线网卡或者是手机等非计算机终端嵌入式无线收发设备。无线接入点设备（Access Point，AP）的作用是提供无线到有线网络之间的桥接，类似于无线网络的一个基站，将多个无线终端站聚合到有线网络上。

IEEE 802.11 标准规定了物理层和媒体访问控制层（MAC）的协议规范。物理层定义了数据传输的信号特征和调制方法；MAC 层定义了支持三种发送及接收技术规范，即扩频（Sread Spectrum，SS）、红外（Infared）和窄带（Narrow Band）技术。扩频又包括跳频扩频（Fequency Hpping，FHSS）和直接序列扩频（Drect Sequence，DSSS），它们工作在 2.4000 ~ 2.4835GHz 微波频段，传输速率设计为 2Mbit/s。

DSSS 在可靠性、抗噪声能力、传输速率以及未来发展潜力方面占优，适用于固定环境中或对传输品质要求较高的应用场合；FHSS 则大多用于需要快速移动的终端上。以现实应用来说，高速移动终端用户较少，而大多较注重传输速率及传输的稳定性。所以无线网络产品的发展以 DSSS 技术为主流。需要指出的是，FHSS 和 DHSS 技术在运行机制上是完全不同的，所以采用这两种技术的设备没有互操作性。

图 9-23　无线网 BSS
拓扑结构

IEEE 802.11 的 MAC 子层与 IEEE 802.3 协议的 MAC 子层非常相似，都是在同一个共享媒体之上支持多个用户，采用类似于 802.3 以太网的载波侦听检测技术来控制无线信道的共享。无线信号检测方法可采用能量检测、载波检测或能量载波混合检测三种方式。但由于无线网中的设备存在"远近现象"，不能采用边发边收的冲突检测方法。无线局域网中采用的冲突检测方法称为载波侦听/冲突避免技术（Carrier Sense Multiple Access with Collision Avoidance，CSMA/CA）。

基本 CSMA/CA 协议的工作过程如下：当一个终端站有数据传送时，首先探测是否有其他终端正在传送数据。如果有，则经过一段分布式帧间隔（Distributed Coordination Function，DCF）加一段随机退避时间后再进行探测；如果没有，就将数据发送出去。发送端必须收到接收端发回的一个 ACK 回执后，一次数据发送的过程才算完成。否则，发送端需要等待一段时间后再次重传。尽管 CSMA/CA 协议经过了精心设计，但冲突仍然会发生。此时，也可使用类似于以太网冲突处理的方法，发生冲突后各自随机地推迟一段时间再重新尝试。这种协议本质上就是在发送数据帧之前先对信道进行预约。图 9-24 是基本 CSMA/CA 的协议流程。

基本 CSMA/CA 协议存在的一个隐患是"隐藏节点"（Hidden Node）问题。两个位置相反的终端站同时利用一个 AP 接入点进网，这两个工作站都能够"听"到中心接入点的存在，而相互之间则可能由于障碍或者距离原因无法感知到对方的存在。为此，IEEE 802.11 在 MAC 层上引入了"请求/清场"

图 9-24　CSMA/CA 协议流程

握手机制（Request To Send/Clear To Send，RTS/CTS）。当启用该机制后，发送站先发送一个请求 RTS 信号，随后等待 AP 接入点回送 CTS 信号。由于所有的本区域网络中的终端站都能够收到 CTS 信号，故 CTS 信号等效于"清场"。其他终端站意识到有一个终端站要传送数据就会"让路"暂停，从而避免冲突。图 9-24 中虚线框内就是启用了 RTS/CTS 机制后的效果。使用 RTS/CTS 机制虽然会使整个网络的效率有所下降，但开销并不大。

2. IEEE 802. 11 标准系列

随着技术的进步，在 IEEE 802. 11 基本标准基础上，802 标准工作组先后制定出了一系列适用不同频段和现实环境的标准。表9-3 简要地列出了这些系列标准中的主要内容。

表9-3　802. 11 协议系列标准中的主要内容

协议名称	802. 11	802. 11b	802. 11a	802. 11g	802. 11n
标准发布时间	1997 年	1999 年	1999 年	2003 年	2009 年
合法频宽 /MHz	83.5	83.5	325	83.5	83.5, 325
频率范围 /MHz	2. 400 ~ 2. 483	2. 400 ~ 2. 483	5. 150 ~ 5. 350 5. 725 ~ 5. 850	2. 400 ~ 2. 483	2. 400 ~ 2. 483 5. 150 ~ 5. 350 5. 725 ~ 5. 850
非重叠信道	3	3	12	3	15
调制传输技术	BPSK/QPSK FHSS	CCK、DSSS	64QAM OFDM	CCK/64QAM OFDM	MIMO OFDM
物理发送速率 /(Mbit/s)	1, 2	1, 2, 5.5, 11	6, 9, 12, 18, 24, 36, 48, 54	6, 9, 12, 18, 24, 36, 48, 54	300, 600
说明	定义 2.4GHz 微波和红外线的物理层及 MAC 子层标准	扩展的 2.4GHz 微波的物理层及 MAC 子层标准（DSSS）	定义 5GHz 微波的物理层及 MAC 子层标准	扩展的 2.4GHz 微波的物理层及 MAC 子层标准（OFDM）	高吞吐量的无线局域网规范（100Mbit/s）

（1）IEEE 802. 11a

802. 11a 是 802. 11 基本标准的一个修订版，于 1999 年制定完成。除了采用与 802. 11 基本标准相同的核心协议之外，工作频段改在 5. 15D ~ 5. 825GHz，避开了当前微波、蓝牙以及大量工业设备广泛采用的 2. 4GHz 频段，因此其抗干扰性能突出。最大原始数据传输率为 54Mbit/s，如果环境需要，可降为 48，36，24，18，12，9 或者 6Mbit/s。802. 11a 采用多载波调制的正交频分复用调制技术（Orthogonal Frequency Division Multiplexing，OFDM）。其主要思想是：将信道分成若干正交子信道，将高速数据信号转换成并行的低速子数据流，调制到每个子信道上进行传输。

但是，由于基于 OFDM 技术的 802. 11a 标准产品出现较晚，同时采用 DSSS 技术的 802. 11b 标准产品比前者更加容易实现且具有更低的成本，因此基于 802. 11b 的标准产品反而后来居上，从 2000 年开始上市便得到了快速发展。另外一个因素是 5GHz 附近的频率不像 2. 4GHz 那样是开放的自由频点，有些国家对其限制使用，导致 802. 11a 标准产品市场范围并不大。

802. 11a 与 802. 11b 工作在两个完全不同的频带，采用完全不同的调制技术，因此两者是完全不兼容的，但两者可以共存于同一区域当中而互不干扰。

（2）IEEE 802. 11b

IEEE 802. 11b 标准又称为 Wi-Fi 标准，于 1999 年正式制定完成。目前来看，大多数无线局域网都是基于 IEEE 802.11b 技术。因此，该技术标准是现今最普及、应用最广泛的无线局域网标准。IEEE 802.11b 工作在 2.400~2.4835GHz 频段，使用 DSSS 调制技术，数据传输速率可达 11 Mbit/s。也可以根据实际情况在 1~11Mbit/s 的不同速率间自动切换，而且在 2Mbit/s、1Mbit/s 速率时与 802.11 兼容。

从工作方式上看，IEEE 802.11b 的运作模式可以是点对点模式或者是经 AP 连接的基本服务集模式，其 11Mbit/s 的带宽并不能满足大容量数据传输的需要，只能作为有线网络的一种扩展和补充。

（3）IEEE 802.11g

IEEE 802.11g 标准于 2003 年 6 月通过。它有两个最主要的特征就是高速率和兼容 802.11b。高速率是因其采用 OFDM 调制技术，可得到高达 54Mbit/s 的速率；兼容 802.11b 是因其仍然工作在 2.4GHz 并且保留了 IEEE 802.11b 所采用的补码键控（Complementary Code Keying，CCK）技术。

由于 802.11g 在相同的 2.4GHz 频段采用了与 802.11b 相同的调制技术，因此 802.11g 的设备在采用 CCK 的调制时与 802.11b 的设备具有相同的距离范围。802.11g 虽然也采用了与 802.11a 相同的调制技术 OFDM，但由于 802.11a 的设备是工作在更高的 5GHz 频段，因此在传输时较之 802.11g 设备在采用 OFDM 调制时有更多的信号损耗。换句话说，当 802.11g 设备采用 OFDM 调制时有比 802.11a 的设备更远的信号距离范围。

（4）IEEE 802.11n

新近批准的新标准 802.11n 具有高达 600Mbit/s 的速率，可提供支持对带宽最为敏感的应用所需的速率、范围和可靠性。802.11n 结合了多种技术，其中包括空间多路复用多入多出（Spatial Multiplexing MIMO）、20MHz 和 40MHz 信道与 2.4 GHz 和 5 GHz 双频带，形成高速率、低兼容的无线局域网。多入多出（MIMO）或多发多收天线（MTMRA）技术是无线移动通信领域智能天线技术的重大突破。该技术能在不增加带宽的情况下成倍地提高通信系统的容量和频谱利用率，是新一代移动通信系统普遍采用的关键技术。

（5）IEEE 802.11z

802.11z 是一种专门用于加强无线局域网安全的标准。因为无线局域网的"无线"特点，致使任何进入此网络覆盖区的用户都可以轻松地以临时用户身份进入网络，给网络带来了极大的不安全因素（常见的安全漏洞有：SSID 广播、数据以明文传输及未采取任何认证或加密措施等）。为此 802.11z 标准专门就无线网络的安全性方面作了明确规定，加强了用户身份认证制度，并对传输的数据进行加密。早期使用的加密算法称为有线对等加密算法（Wired Equivalent Privacy，WEP），该算法使用 RC4-128 预共享密钥，但后来由于该算法被发现存在若干破解漏洞，故目前多使用无线保护访问加密算法（WiFi Protected Access，WPA），并在此基础上升级到 WPA2，该算法采用高级加密标准（Advanced Encryption Standard，AES）对称算法，密钥长度最低 128 位，大大提高了无线网络信息的安全性。

（6）IEEE 802.11 的其他系列标准

无线局域网技术以其高度的灵活性和移动性，受到了人们的广泛重视，正在快速地发展和应用。从产品和技术发展的角度看，无线局域网产品正在向着更高的数据传输速率、增加对流媒体的支持、模块复合应用、分布式智能化管理和加强安全机制等方向发展。表 9-4 列出了当前已发布的 IEEE 802.11 系列协议标准的协议名称、发布时间和相关说明。

表 9-4 已发布的 IEEE 802.11 系列协议标准

协议名称	发布时间	说明
IEEE 802.11	1997 年	定义了 2.4GHz 微波和红外线的物理层及 MAC 子层标准
IEEE 802.11a	1999 年	定义了 5GHz 微波的物理层及 MAC 子层标准
IEEE 802.11b	1997 年	扩展的 2.4GHz 微波的物理层及 MAC 子层标准（DSSS）
IEEE 802.11b +	2002 年	扩展的 2.4GHz 微波的物理层及 MAC 子层标准（PBCC）
IEEE 802.11c	2000 年	关于 IEEE 802.11 网络和普通以太网之间的互通协议
IEEE 802.11d	2000 年	关于国际间漫游的规范
IEEE 802.11e	2004 年	基于无线局域网的质量控制协议
IEEE 802.11f	2003 年	漫游过程中的无线基站内部通信协议
IEEE 802.11g	2003 年	扩展的 2.4GHz 微波的物理层及 MAC 子层标准（OFDM）
IEEE 802.11h	2003 年	扩展的 5GHz 微波的物理层及 MAC 子层标准（欧洲）
IEEE 802.11i	2004 年	增强的无线局域网安全机制
IEEE 802.11j	2004 年	扩展的 5GHz 微波的物理层及 MAC 子层标准（日本）
IEEE 802.11k	2005 年	基于无线局域网的微波测量规范
IEEE 802.11l	暂无	暂无
IEEE 802.11m	2006 年	基于无线局域网的设备维护规范
IEEE 802.11n	2007 年	高吞吐量的无线局域网规范（100Mbit/s）

9.4 广域网

9.4.1 广域网概述

局域网成功地实现了较小区域范围内数据信息资源共享的目的。但是，要在相距成千上万公里的不同地域之间实现信息资源的共享就必须依靠广域网。从这个角度来看，广域网的主要功能是信息数据的长途传输。因此，如何把本地局域网接入广域网以及如何可靠、高效、远距离地传输数据就成为广域网的主要技术。

在公用数据网（Public Data Network，PDN）出现之前，利用公用电话交换网（Public Switching Telephone Network，PSTN）加调制解调器进行远程数据传输是普遍采用的方法。至今利用数字化程控电话网进行数据传输，仍然是实现小批量点对点数据传输的可选手段之一。但是，毕竟数字公用电话网主要用于语音通信，传输速率不高，难以满足大批量数据通信业务需求的迅速增长，因此，建立 PDN 势在必行。

许多国家的电信部门都建立了自己的 PDN 来提供公共数据传输业务。我国电信部门的公用数据网包括中国公用分组数据交换网（ChinaPAC）、中国数字数据网（ChinaDDN）、公用帧中继宽带业务网（ChinaFRN）等，基本上满足了广大用户不同业务层次的数据传输需求。

广域网的拓扑结构如图 9-25 所示。从图可见，相距较远的局域网通过路由器接入广域网组成了一个覆盖范围很广的互联网。联系到图 9-1，广域网的概念实际上仅限于"通信子网"的范畴，亦即组成广域网的主要设备包括节点交换机及其相互之间的传输线路，节点交换机利用传输线路完成不同方向数据分组的转发，实现不同网络的互连。

图 9-25 广域网拓扑结构

从接入方式看，广域网提供面向连接的和无连接的两种服务，参见 9.2.2 节的内容。面向连接的服务包括利用传统公用电话交换网的电路交换方式和分组数据交换网的虚电路交换方式，适用于传输实时性强的信息；面向无连接的服务就是所谓的数据报方式，数据分组的传送路径可根据线路状况随时调整，适用于传输突发性的非实时数据。广域网中的分组交换采用存储转发机制，当一个节点交换机收到一个分组后先存储，然后查找转发表并根据其目的地址从其对应的节点出口发送出去。广域网的拥塞和流量控制根据其采用的数据链路控制规程来确定。图9-26示出了广域网与 OSI/RM 低三层之间的对应关系。广域网的数据链路层协议主要包括 LAPB、Frame Relay、HDLC、PPP 等。

OSI/RM			广域网技术
网络层			X25分组层
数据链路层	LLC		LAPB
			Frame Relay
			HDLC
	MAC		PPP
			SDLC
物理层		SMDS	X.21bis
			EIA/TIA－232
			EIA/TIA－449
			V.24 V.25
			HSSI G.37
			EIA－530

图 9-26 广域网技术与 OSI/RM

目前，可用的公共数据网系统主要有公用电话交换网（PSTN）、分组交换网（X.25 分组网、FR 帧中继网、SMDS、ATM）、专用数字数据网（DDN）、综合业务数字网（ISDN）等。

9.4.2 X.25 分组交换网

1. X.25 分组网模型

X.25 分组交换网是在分组交换技术的基础上发展起来的，最早出现于 20 世纪 70 年代，是以数字数据传输为目的的公共数据传输网，用户接入遵守 ITU－T X.25 建议书。X.25 协议是数据终端设备（Data Terminal Equipment，DTE）和数据电路终接设备（Data Circuit-Terminating Equipment，DCE）之间的接口规程，该规程描述如何在 DTE 和 DCE 之间建立链路、传输分组数据、拆除链路，同时进行差错控制、流量控制和情况统计等的规则。中国公用分组交换数据网（CHINAPAC）就是基于 X.25 协议的分组数据交换网。

X.25 的网络模型各实体之间的关系如图 9-27 所示。DTE 通常是用户侧的主机或分组终端路由器; DCE 则通常是指同步调制解调器、远程集中器或者 GV 转换器等接入设备。DCE 连接至分组交换机的某个端口, 分组交换机之间建立若干连接, 这样便形成了 DTE 与 DTE 之间的数据传输通路。

图 9-27   X. 25 分组网模型

2. X. 25 协议分层结构

X. 25 协议有分组层、数据链路层和物理层 (见图 9-26), 与 OSI 参考模型的下三层一一对应, 对等层之间的通信通过对等层间的规程实现。从第一层到第三层, 数据传送的单位分别是 "比特" "帧" 和 "分组"。物理层定义了 DTE 和 DCE 之间的电气接口, 接口标准是 X. 21 建议书以及建立物理信息传输通路的过程; 数据链路层采用平衡型链路访问规程 LAPB, 它是 HDLC 规程的一个子集, 定义了 DTE – DCE 链路之间的帧交换的过程及帧格式; 分组层则定义了分组的格式和在分组层实体之间交换分组的过程, 同时也定义了如何进行流控、差错处理等规程。链路层和分组层都有滑窗窗口机制, 保证了信息传输的正确性并有效地进行流量控制。

3. X. 25 的现状

X. 25 协议制定时由于技术条件的限制, 终端和网络节点都没有很强的计算能力, 数据线路速率低、误码率高, 因此, X. 25 不得不设计成能够执行繁重的差错控制的协议。对早期可靠性较差的物理传输线路来说, X. 25 网不失为一种提高报文传输可靠性的有效手段。但是, 随着用户高速率、大容量数据传输需求的不断增长, 以及低误码率的光纤网和高智能终端的出现, X. 25 网的性能已不能适应。目前只用于要求传输费用少、传输速率不高的广域网应用环境。

9. 4. 3   帧中继 (FR)

20 世纪 90 年代以后, 通信主干线路开始逐渐大量使用光纤技术, 数据传输质量大大提高, 误码率降低了若干个数量级, X. 25 复杂繁琐的数据链路层和分组层协议已成为不必要的累赘, 于是诞生了帧中继 (Frame Relay, FR) 数据传输技术和帧中继网。

帧中继协议可以看做是对 X. 25 协议的简化, 简化了 X. 25 协议中链路帧之间频繁的交互问答过程, 省略了 X. 25 协议的第三层, 提高了传输效率。所以, 帧中继技术又称为快速分组交换技术。

图 9-28 是一个典型的帧中继网络拓扑结构, 图中作为帧中继网络核心设备的帧中继交换机 (FR Switch, FRS) 作用与 X. 25 网络中的分组交换机 (Packet Switch Equipment, PSE)

图 9-28 典型的帧中继网拓扑结构

类似，都是在数据链路层完成对帧的传输，只不过 FRS 处理的是 FR 帧，而不是 X. 25 网络中的分组帧。FRS 比 PSE 功能更加简单，因为它没有了重传、应答、监视和流量控制等负担。帧中继网络中的用户设备包括帧中继终端和非帧中继终端两种，其中帧中继终端包括支持帧中继传输的路由器和交换机，这些设备可以直接与帧中继网的 DCE 设备连接。非帧中继终端必须通过帧中继装拆设备（FR Access Device，FRAD）才能接入帧中继网络，帧中继的特点如下：

1）简化了网络层和链路层的功能，它不设第三层分组级，而是以链路级的帧为基础实现多条链路的转换和统计复用，提高了处理效率，增大了吞吐量，降低了通信时延，这也是帧中继名称的来源。

2）帧中继将网络节点的差错控制、流量控制和纠错重发等处理放在终端进行，网络只负责检错并丢弃出错帧，终端设备通过高层协议完成纠错重传功能，使网络侧重于传输。

3）利用统计复用技术，让逻辑连接取代物理连接，可以在一个物理连接上复用多个逻辑连接，实现对不同信息流的带宽复用和动态分配，较好地解决了网络数据突发性强与传输时延大的矛盾，提高了信道利用率。

4）帧中继属于面向连接的传输，可提供交换式虚电路和永久性虚电路服务。当分组到达交换节点时，可直接"穿越"节点到达输出链路上，减少和避免了节点对分组的存储和处理时间，其网络吞吐量一般从 64kbit/s 到 2.048Mbit/s，最多可达 45Mbit/s。

5）采用与 X. 25 网不同的带外信息处理技术，让控制信号在专用信道内传输，既提高了信道利用率，又避免了控制信号和数据信号之间的相互干扰。

6）帧中继的帧长大于 X. 25 分组长度，可根据线路状况从 1. 6 ~ 2KB 变化，与局域网帧长相当，如此便于封装局域网的数据单元，减少拆装频率。

总之，帧中继是在 X. 25 分组交换技术基础上发展起来的，它具有高速、低延时、面向连接和更有效的带宽管理等特点，因而获得了越来越广泛的使用。

9.4.4 数字数据网（DDN）

1. DDN 概述

数字数据网（Digital Data Network，DDN）是利用数字信道传输数据信号的传输网。能够为用户提供永久性或半永久性的各种速率的高质量的专用数字传输信道。既可用于计算机或网络之间的连接，也可用于传真、语音、图像等数字化信息的传输。

永久性连接是指用户间固定、传输速率不变的独占带宽连接；半永久性连接是指非交换方式的连接，可在需要的时候对传输速率、传输数据的目的地和传输路由进行人为修改。

DDN 支持任何用户自选的通信协议，提供无特定规程的透明传输通道，属于 OSI 开放系统中物理层的功能。

图 9-29　DDN 网络拓扑结构

2. DDN 系统的组成

图 9-29 示出了 DDN 网络拓扑结构。DDN 由光纤、数字微波或卫星等组成的数字信道、DDN 节点、网管控制系统（NMC）和用户接入设备（DSU + DTE）等组成。其中，DSU 能够把 DTE 设备上的物理层接口适配到 T1 或者 E1 等通信设施上。

（1）光纤、数字微波或卫星等数字传输信道

DDN 各节点间可利用光纤、数字微波或卫星等数字传输信道进行连接。这些信道带宽宽、距离远、接入方便。目前主要采用 T1（2048 Kbit/s）数字信道，少部分采用 E1 数字信道。DDN 是一个同步数字传输网，通常采用数字通信网的全网同步时钟系统来实施同步。

（2）复用和交叉连接系统

DDN 节点就是所谓的复用和交叉连接系统。复用是将较低速率的多个用户数据流复合成较高速率的信号。交叉连接是将用户数据信号输入/输出交叉连接起来以实现半永久性的固定连接。我国 DDN 节点分成 2Mbit/s 节点、接入节点和用户节点三种类型。2Mbit/s 节点是 DDN 网络的骨干节点，执行网络业务的转换功能，主要提供 2Mbit/s 数字通道的接口和交叉连接、对 $N \times 64$kbit/s 电路进行复用和交叉连接以及帧中继业务的转接功能。接入节点主要为 DDN 各类业务提供接入功能，如 $N \times 64$kbit/s（$N = 1 \sim 31$）的复用或小于 64Kbit/s 子速率复用和交叉连接等。用户节点主要为 DDN 用户入网提供接口并进行必要的协议转换，包括小容量时分复用设备、局域网通过帧中继互联的网桥或路由器等。

（3）网管控制系统（NMC）

NMC 用于进行网络结构和业务的配置，实时地监视网络运行情况，进行网络信息、网络节点告警、线路利用情况等收集与统计报告。NMC 包括用户接入管理，网络资源的调度和路由管理，网络状态的监控，网络故障的诊断、报警与处理，网络运行数据的收集与统计，计费信息的收集与报告等。

（4）用户接入设备

DDN 的本地用户接入设备包括数据业务单元（Data Service Unit，DSU）和用户数据终端设备（DTE）。DSU 可以是调制解调器、基带传输接口设备或者时分复用设备。DTE 包括用户计算机、局域网路由器或三层交换机等，也可以是一般的异步终端或图像设备，以及传真机、电传机等。

按照网络组成的基本功能来分，DDN 网可分为核心层、接入层和用户接口层。核心层由大容量的 DDN 节点设备组成；接入层为各类 DDN 业务提供接入功能；用户接口层由各种

用户设备、网桥/路由器设备、帧中继业务的帧装/拆设备组成。

目前国内 DDN 系统可为用户提供 2.4kbit/s、4.8kbit/s、9.6kbit/s、19.2kbit/s、$N \times$ 64kbit/s（$N = 1 \sim 31$）及 2Mbit/s 速率的 DTE 与 DTE 之间全透明的传输。

3. DDN 的特点

1）传输速率高：在 DDN 网内的数字交叉连接复用设备能提供 2Mbit/s 或 $N \times 64$kbit/s（$N = 1$，2，…，32）速率的数字传输信道。

2）传输质量较高：数字中继大量采用光纤传输系统，用户之间专有固定连接，网络时延小。

3）协议简单：采用交叉连接技术和时分复用技术，由智能化程度较高的用户端设备来实现协议，DDN 本身不受任何规程的约束，是全透明网且面向各类数据用户。

4）灵活的连接方式：支持数据、语音、图像传输等多种业务，不仅可以和用户终端设备进行连接，也可以和用户网络连接，为用户提供灵活的组网环境。

5）电路可靠性高：采用路由迂回和备用方式，使电路安全可靠。

6）网络运行管理简便：利用网管控制系统对网络业务进行调度监控。

4. DDN 提供的网络业务

DDN 的主要业务是向客户提供多种速率的数字数据专线。如局域网互连、大中型主机互连、计算机局域网互连、不同类型网络的互连以及会议电视等图像业务的传输。同时为分组交换网用户提供接入分组交换网的数据传输通路。

中国公用数字数据骨干网（CHINADDN）于 1994 年正式开通，其网络结构可分为国家级 DDN、省级 DDN、地市级 DDN。国家级 DDN 网（各大区骨干核心）主要功能是建立省际业务之间的逻辑路由，提供长途 DDN 业务以及国际出口。省级 DDN（各省）主要功能是建立本省内各市业务之间的逻辑路由，提供省内长途和出入省的 DDN 业务。地市级 DDN（各级地方）主要是把各种低速率或高速率的用户复用起来进行业务的接入和接出，并建立彼此之间的逻辑路由。各级网管中心负责用户数据的生成，网络的监控、调整，报警处理等维护工作。

9.4.5 异步传递模式（ATM）

1. 概述

随着社会和技术的进步，人们需要传递和处理的信息量越来越大，信息的种类也越来越多。不但要求系统能够通话、传输数据，还要能够进行视频点播或召开远程会议等。新的需求在迅速增长，而早期的各种网络都只能开展单一种类的业务，如电话网只能提供电话业务，数据通信网只能提供数据通信业务，不方便也不经济。于是，人们设想能否有一个理想的多元化网络，这种网络能够集业务表示、网络传输、复用和交换于一体，不仅能满足各类通信业务的需求，而且能够在未来相对较长的时间内满足新的业务需求。这样的网络称为综合业务数字网络（Integrated Services Digital Network，ISDN）。

ISDN 的概念最早于 1972 年提出，因当时的技术条件限制，首先提出的是带宽和综合业务能力都十分有限的窄带 ISDN（N – ISDN）。以后，随着大规模集成电路和光通信技术的实用化，才提出了宽带 ISDN（Broad ISDN，BISDN）的概念。BISDN 在满足上述多种类业务综合集成和高速传输能力的同时，还要做到设备与业务特性无关，传输方式与业务种类无关。

为了开发适应 BISDN 的传递模式，人们提出了很多种解决方案，包括多速率电路交换、帧中继、快速分组交换等，但最后还是选中了最适合于 BISDN 的异步传递模式（Asynchronous Transfer Mode，ATM）。

ATM 是一种基于信元的交换和复用技术，兼具了电路交换和分组交换的优点。电路交换的特点在于面向连接、用户独占信道、实时响应好，但不适应变比特业务的应用。慢速业务浪费资源，快速业务带宽又不能满足 BISDN 宽带要求。而分组交换的特点是将信息装配成有源地址和目的地址的分组进行交换和统计复用传送，随意占用带宽，资源利用率高，但实时响应差，逐段转发模式传送效率低，网络吞吐量有限，不能适应宽带高速业务交换传送的需要。

ITU-T 于 1992 年推荐 ATM 作为宽带综合业务数字网（BISDN）统一的信息传递模式。这里，"传递"包含了信息在网络中的传输、交换和复用三个方面的内容；"异步"是指 ATM 的统计复用性质，即来自某一用户的信元的重复出现不是周期性的，而是根据需要动态地分配带宽。ATM 技术综合了电路交换和分组交换模式的优势，电路交换使 ATM 可以灵活适配不同速率的业务，短信元的分组交换又满足了实时性业务的要求。在可靠性和传输效率方面，ATM 都满足了当代 BISDN 的要求。

ATM 的特点如下：

1）面向连接的时隙或空间交换，保证了传输的可靠性。

2）建立在 SONET 上的百兆比特高速率分组定长信元交换，保证了传输的效率，硬件也容易实现。

3）综合了线路交换实时性好、节点延迟小和分组交换灵活性好、动态分配网络资源的优点。

4）支持不同速率的数据传输，满足实时性业务和突发性业务要求。

5）支持多媒体信息传输，并且能够提供 QoS，实现了业务综合化的目的。

6）异步转移模式意味着来信元流不必是周期性的，便于实现线路带宽的共享和统计复用。

7）兼容现有的广域网技术，包括分组交换网、FR 网、DDN 网以及 PSTN 网的业务。同时对 IP 技术既有数据链路层的兼容（如 LANE），又有第三层网络层的兼容（如 IPOA）。

8）ATM 技术的主要缺陷在于过高的信元开销（20% 以上），以及技术和管理较为复杂。

2. ATM 的基本原理

在 ATM 中，各种信息的传输、复用和交换都以信元为基本单位。ATM 信元实际上就是固定长度为 53 字节的分组，其中前 5 字节为信首，承载信元的控制信息，其余 48 字节为信元体（Payload），又称净荷，信元体可以是任何类型的信息。这种短小而固定的信元传输模式可以降低网络传输延迟，同时便于用硬件电路处理。

（1）ATM 网

ATM 网分为公用、专用和接入网三部分。

公用 ATM 网是由电信管理部门经营和管理，通过公用用户网络接口连接各专用 ATM 网。目前商用的公用 ATM 网正在不断地完善中。

专用 ATM 网是指一个单位或部门范围内的 ATM 网，也是首先进入实用的 ATM 网络。目前专用网主要用于 LAN 互连或直接组成 ATM-LAN。ATM-LAN 可提供高质量的多媒体业务和高速数据传送。

接入 ATM 网主要指在各种接入网中使用 ATM 技术，传送 ATM 信元，如基于 ATM 的无源光纤网络（APON）、混合光纤同轴（HFC）、非对称数字环路（xDSL）以及利用 ATM 的无线接入技术等。

图 9-30 画出了一个典型 ATM 网络及接口模型。图中可见，用户接入 ATM 网使用用户节点接口协议（UNI：User Node Interface，图中短虚线），该接口定义了物理传输线路的接口标准、ATM 层标准、UNI 信令、操作运维（Operation Administration and Maintenance，OAM）功能等；ATM 交换机之间使用网络节点接口（Network Node Interface，NNI）图中实短线）；ATM 专网到公网之间使用内载波接口（Inter – Carrier Interface，ICI）。ICI 定义为两个 ATM 网之间的接口，其特点是支持不同网络间的多种业务传送。

（2）ATM 信元结构

图 9-31 是 ATM 信元结构。UNI 和 NNI 信元信头的内容略有差别。一个信元主要由以下几部分构成：

GFC：一般流量控制，4bit。只用于 UNI 接口，对受控的 ATM 连接进入网络的业务量进行接入控制，防止瞬间的业务量过载。

图 9-30 典型的 ATM 网络模型

VPI：虚通道标识，其中，UNI 为 8bit，NNI 为 12bit。

VCI：虚通路标识，16bit，标识虚通道内的虚通路。VPI/VCI 组合标识一个虚连接，摒弃了分组交换网中使用源地址和目的地址标识路径的方法。

PTI：净荷类型指示，3bit，用来指示信元类型。比特 3 为 0 表示数据信元，为 1 表示运行维护（OAM）信元。对数据信元，比特 2 用于指示信元是否经历过拥塞交换，若是置 1。比特 1 用于区分最后用户信元。对 OAM 信元，1、2 比特位表明了 OAM 信元的类型。

CLP：信元丢失优先级，1bit。用于信元丢失级别的区别，CLP 是 1，表示该信元为低优先级，是 0 则为高优先级。

HEC：信头差错控制，8bit，用 CRC 校验码检测信头传输是否出错。HEC 的另一个作用是进行信元定界，利用 HEC 字段和它之前的 4 字节的相关性可识别出信头位置。

图 9-31 ATM 信元结构

（3）面向连接的通信

ATM 采用面向连接的通信方式，即在传送信息之前要建立源到目的之间的连接。在 ATM 中这种连接是端到端的逻辑连接，也称虚连接。所有信元沿着预先连接好的相同路径传输，按照发送的先后顺序到达。

ATM 的逻辑连接分为两个层次：虚通路（Virtual Path，VP）和虚信道（Virtual Channel，VC）。VP 是在两个 ATM 交换机之间或 ATM 交换机与 ATM 终端设备之间的一条通路；

VC 是在一个虚通路内复用的多个连接。图 9-32 示出了 VP 和 VC 的关系。对于 UNI 信元，理论上来说，因 VPI = 8bit，故在一条物理线路中最多可以建立 256 个虚通路；因 VCI = 16bit，故每个虚通路中可建立 65536 条虚信道。最大虚连接数可达 16777216 条。

ATM 虚连接方式有两种：永久虚连接（Permanent VC，PVC）和交换虚连接（Switched VC，SVC）。PVC 通过网络管理者预先建立起来，不论是否有业务通信或终端设备接入，PVC 一直保持；SVC 则是在用户需要通信时，通过信令建立起来，通信完成后，由信令释放。

图 9-32　虚通路和虚信道示意图

图 9-33 是用户 A、B 之间通过交换机虚连接实现信元交换的过程。A 需要传送数据到 B，首先在信元要经过的 ATM 节点交换机上建立一系列的交换表格，保证信元经逐次转发后最终到达 B。这些表格建立后 A 到 B 间的信元所经路径是一致的（至少在一次呼叫内），这种路径就是 ATM 的虚连接。

用户 A 的数据经 ATM 终端设备转换为 UNI 信元，从交换机 A 第 1 端口（port）的 1 号虚通路中 23 号虚信道输入，以 NNI 信元交换到交换机 B 的第 1 端口的 3 号虚通路中 60 号虚信道。同理，经交换机 B 第 2 端口的虚通路 5 中的虚信道 42，最终以 UNI 信元到达用户 B。可见，虚通路和虚信道是 ATM 网络实现信元传输的基本途径。

（4）ATM 的交换原理

ATM 交换完成从任意入线上的任意逻辑信道中的信元交换到所需的任意出线上的任意逻辑信道上去。ATM 逻辑信道由物理端口及端口上的逻辑信道（VPI/VCI）构成。类似程控交换系统，ATM 交换系统由交换网络及其控制系统组成，交换网络完成用户面功能，即负责在入线与出线之间正确传输信元；控制部分则完成控制面功能，即实现对网络的控制。

图 9-33　信元交换过程

ATM 交换是电交换，它以信元为单位整体进行交换，但它仅对信头进行处理。交换单元的每条入线和出线上传送的都是 ATM 信元流，而每个信元的信头值则表明该信元所在的逻辑信道（由 VPI/VCI 值确定）。不同的入线（或出线）上可以采用相同的逻辑信道值。

ATM 交换包含了两个方面的功能：一是空间交换，即将信元从一条传输线传送到另一条传输线上去，这个功能又称为路由选择；另一个功能是时隙交换，即将信元从一个逻辑信道改换到另一个逻辑信道上，这个功能又称为信头变换。ATM 交换机主要有三个基本功能：空分交换（路由选择）、时隙交换（信头变换）和排队。此处的排队是指给 ATM 交换网络设置一定数量的缓冲器，用来暂存一时难以交换出去的信元，以避免信元丢失。实现上述功能的方式和这些功能在交换机中所处的位置就构成了不同类型的 ATM 交换机。典型的 ATM 交换网络的结构包括 Banyan、Delta、Benes 和 Batcher – Banyan 等。

3. ATM 协议参考模型

ATM 协议参考模型如图9-34 所示，这也是 BISDN 参考模型。该模型分成三个平面（用户、控制和管理平面）和三个功能层（物理层、ATM 层和 ATM 适配层）。

（1）三个平面

1）用户平面：采用分层结构，用于完成用户信息流的传送，同时也具有一定的控制功能，如流量控制、差错控制等。

2）控制平面：采用分层结构，完成呼叫控制和连接控制功能，利用信令进行呼叫和连接的建立、监视和释放。

3）管理平面：包括层管理和面管理。其中层管理采用分层结构，完成与各协议层实体的资源和

图9-34　ATM 参考模型

参数相关的管理功能。同时层管理还处理与各层相关的 OAM 信息流；面管理不分层，它完成与整个系统相关的管理功能，并对所有平面起协调作用。

（2）三个功能层的子层

各层还可细分为几个子层，各层和子层的功能如表9-5 所示。

表9-5　各层和子层的功能

高层		高层功能	
ATM 适配层（AAL 层）	会聚子层（CS）	会聚（CPCS，SSCS）	层管理
	拆装子层（SAR）	分段和组装	
ATM 层	信元转发	通用流量控制（UNI）	
		信元头的产生和提取	
		信元 VPI/VCI 变换	
		信元复用和分解	
物理层	传输会聚（TC）	信元速率解耦	
		HEC 信头序列产生/检验	
		信元定界	
		传输帧适配	
		传输帧产生/恢复	
	物理媒介（PM）	比特定时	
		物理媒介	

1）物理层：物理层主要是提供 ATM 信元的传输通道，将 ATM 层传来的信元加上其传输开销后形成连续的比特流，同时在接收到物理媒介上传来的连续比特流后，取出有效的信元传给 ATM 层。ITU – T 和 ATM 论坛将物理接口分为三类，即基于 SDH、基于信元和基于 PDH。对于 SDH/SONET、PDH 等具有帧结构的传输系统而言，在这些系统中传送 ATM 信元时，必须将 ATM 信元装入传输帧中。因此在物理层要有传输帧产生/恢复功能。

信元速率解耦的作用是在物理层插入一些空闲信元，使得 ATM 层信元速率适配传输线路的速率。

2）ATM 层：ATM 层主要完成信元复用/解复用，有关信元头的操作，以及流量控制。信元复用/解复用在 ATM 层和物理层的 TC 子层接口处完成，发送端 ATM 层将具有不同 VPI/VCI 的信元复用在一起交给物理层；接收端 ATM 层识别物理层送来的信元的 VPI/VCI，并将各信元送到不同的模块处理，若识别为信令信元就交给控制面处理，若识别为 OAM 等管理信元则交管理面处理。

信元头操作指 VPI/VCI 翻译，翻译的依据是连接建立时所分配的 VPI、VCI 的值。

3）AAL 层：AAL 层是业务相关层，针对不同的业务，采用不同的适配方法。但都要将上层传来的信息流（长度、速率各异）分割成 48 字节的 ATM 业务数据单元，同时将 ATM 层传来的 ATM 业务数据单元组装、恢复再传给上层。由于上层信息种类繁多，AAL 层处理比较复杂，所以分了两个子层：会聚子层（Convergence Sublayer，CS）和拆装子层（Segment and Reassemble，SAR）。

会聚子层（CS）主要负责将上层应用发来的数据流划分为 47 字节的分段（不足时用填充域 PAD 补足），然后加上 CS 尾部，提交给 SAR 子层处理。CS 子层具有检测信元丢失和信元误插入，以及定时信息传送等功能。SAR 子层把来自各个 47 字节的分段加上 1 字节的 SAR 头，形成 48 字节的数据段后提交给 ATM 层。SAR 头的功能主要是完成分段排序功能，接收端按照 SAR 分段序号计数来重新组装提交给用户。

（3）ATM 业务的分类

不同类型的业务需要不同的适配，ITU - T 研究了各种业务的特点，根据源和终点之间是否需要定时、比特率是否可变、面向连接还是无连接三个指标，将 ATM 业务分为四大类。

1）A 类业务有定时，固定比特率，面向连接。如 ATM 网络中传输 64kbit/s 语音业务。

2）B 类业务有定时，比特率可变，面向连接。如可变比特率的图像和音频业务。

3）C 类业务不要求定时，比特率可变，面向连接。如面向连接的数据传送业务。

4）D 类与 C 类业务类似，但不需要面向连接。如无连接的数据传送业务。

为了支持以上定义的各类业务，ITU - T 提出了四种 AAL 协议类型：AAL1、AAL2、AAL3/4 与 AAL5。AAL1 协议规程用于支持 A 类业务，用来支持语音或各种固定比特率业务；AAL2 规程用于支持 B 类业务，适用于对实时性比较敏感的低速业务；AAL3 与 AAL4 原来是分开的，后来合并为一类，AAL3/4，用来支持 C 类与 D 类业务，即包括面向连接与无连接数据业务；AAL5 可以看成是简化的 AAL3/4，用来支持面向连接的 C 类业务，如 IP 业务。

4. IPOA 协议

IPOA（IP Over ATM）是把 ATM 网作为局域网（称为 ATM - LAN），在其上传输 IP 分组包的一种协议。该协议规定了利用 ATM 网络在 ATM 终端间建立连接，进行 IP 数据通信的规范。图 9-35 是 IPOA 协议栈层次示意图。IPOA 的主要任务有两项，一是把上层 IP 分组适配为 ATM 格式的有效载荷；二是把 IP 地址映射为 ATM 地址以便在 ATM 网中传输。

IP 分组适配为 ATM 的有效载荷采用的是 AAL5 协议帧的 D 类服务。图 9-36 是 IP 数据

高层	
TCP/UDP	
IP数据	
AAL层	将IP数据包转化为ATM载荷
ATM层	将IP地址映射为ATM PVC或SVC
物理层	

图 9-35　IPOA 协议栈层次

帧适配处理过程。其中详细分析可参考 AAL5 业务类型的实现。

　　把 IP 地址映射为 ATM 地址实际上是一个地址解析的过程。为此，网络中必须有一台 ARP 地址解析服务器。为实现 IPOA 下的 ARP，每个连接 ATM 网络的主机，包括 ARP 服务器和路由器均视为 ATM 终端。这样主机之间才能建立起 ATM 虚连接，进而进行 IP 的交互。

　　目前的 IPOA 方式中，有两种方法可以建立 IP 地址和 ATM 地址（或 ATM 虚连接）的对应关系，即 SVC 方式和 PVC 方式。

TCP层							TCP头	应用数据
IP层						IP头	TCP头	应用数据
LLC子层					LLC	IP头	TCP头	应用数据
AAL5	CS	LLC	IP头	TCP头	应用数据	PAD	CSCS-PDU尾部	
SAR	SAR-SDU#1	SAR-SDU#2	SAR-SDU#3	SAR-SDU#4	SAR-SDU#5			
ATM层：在SAR-PDU前加上5Bytes的ATM信元头，并根据IP地址和PVC/SVC的映射关系填写VPI/VCI的值，将已构造完成的ATM信元交由物理层传送								
物理层：具体的数据传输协议和物理介质，完成ATM信元的传送								

图 9-36　TCP/IP 数据帧适配过程

　　SVC 方式下，各网内主机向 ARP 服务器登记其 IP 地址和 ATM 地址，ARP 服务器建立一个 IP 地址和 ATM 地址映射表。当两个主机之间通信时，主机 1 以主机 2 的 IP 地址为索引，向 ARP 服务器要求解析主机 2 的 ATM 地址。比如，主机 2 的 IP 地址 IP2：192．168．1．2→ATM2：50412081。ARP 服务器在 IP 地址和 ATM 地址映射表中查出主机 2 的 ATM 地址 ATM2：50412081，并通知主机 1。主机 1 使用主机 2 的 ATM 地址，通过呼叫建立连接主机 2 的 SVC，以 ATM 信元交换，实现两者间的 IP 数据包交换。

　　PVC 方式下，不需要 ARP 服务器。任意两个 IPOA 终端间预先都建立了 PVC。各主机均可以随时在所有已配置的 PVC 上，广播发送 InvATMARP 消息来请求对端主机的 IP 地址，各方均在自己的系统中建立对方的 IP 地址和 PVC 的映射表。假设主机 A 有 IP 地址是主机 B 的数据包，主机 A 就会查找 IP 地址和 PVC 的映射表，索引出相应的 PVC，并据此填写 ATM 信元头中的 VPI/VCI。该信元即可由 ATM 网络传送到主机 B。

　　需要指出的是，以 ATM 交换机及 ATM 端用户在范围不大的区域内连接而成的 ATM 网，其拓扑结构虽然看起来是以交换机为中心的星型结构的局域网，但其工作原理与一般总线型的以太网是完全不同的。这样的局域网称为逻辑 IP 子网（Logical IP Subnet，LIS）。本来 ATM 技术是作为 B－ISDN 的核心技术，由于其复杂程度较高等原因，不容易在较大的范围推广。但 ATM 交换机用于局域网不失为高速局域网的一种可替代品。

9.5　因特网

9.5.1　概述

　　因特网（Internet）是一种把全球各地信息资源汇总在一起共享的计算机网络。全世界大大小小的局域网主机，基于一些共同的协议，以交流信息资源为目的，通过广域网相互连接，形成了当今应用范围最广、规模最为庞大的计算机网络。

Internet 最早源于美国国防部高级研究计划局牵头研发的 ARPAnet，后经军转民商业化应用之后才开始推广到全球范围，并伴随着计算机和通信技术的进步以惊人的速度向前发展，很快就达到了今天的规模。

Internet 提供的服务类型很多，主要包括网页浏览、电子邮件、信息检索、文件传输 FTP、远程登录 Telnet、电子公告牌 BBS、IP 电话、即时聊天、网络视频、微博、网络社区等五花八门，层出不穷。

Internet 发展潜力巨大，其应用范围涵盖了从信息共享到市场营销、网络广告等广泛领域，其带来的电子商务改变了现今商务活动的传统模式，无处不在的 Internet 正在向移动通信领域扩展。无论身处何方，当连接到 Internet 之后，万千世界就会呈现在面前。

9.5.2　因特网体系结构

因特网体系结构是指由全部 TCP/IP 协议簇构成的网络通信的整体设计，它为各种异构网络或主机之间互连和互操作提供相应的规范和标准。TCP/IP 是因特网上使用最为广泛的通信协议。TCP/IP 实际上是由一组协议组合而成的一个协议簇，传输控制协议（Transmission Control Protocol，TCP）和网际协议（Internet Protocol，IP）是其中两个最主要的协议。IP 用来给各种不同的局域网和通信子网提供一个统一的互联平台；TCP 用来为应用程序提供端到端可靠的通信和控制功能。

图 9-6 曾经对 Internet 体系结构与 OSI 参考模型进行了比较。为更明确起见，图 9-37 详细地给出了以 TCP 和 IP 为核心的 Internet 体系结构。

从图可见，TCP/IP 体系结构分为四层。网络接口层实现各种通信网络与 TCP/IP 之间的接口；网际层负责不同网络间的无连接通信；传输层提供应用程序间的有连接的可靠通信；应用层则实现所有的高层应用通信。下面是针对各层协议较详细的说明。

图 9-37　Internet 体系结构

1. 网络接口层

该层相当于 OSI/RM 的物理层与数据链路层，但并不属于 TCP/IP 协议族所描述的内容，而是 TCP/IP 体系结构与各种 LAN、MAN 或 WAN 等的接口。网络接口层实际上没有规定任何具体协议，各物理网络可以使用各自的物理层协议和数据链路层协议来实现与 TCP/IP 的接口。该层可接入广域网（WAN），如 FR、X.25、DDN、ATM 等，也可接入 IEEE 802 标准的各类局域网（LAN）或城域网（MAN）。

2. 网际层

网际层又称为互联层，其主要作用是完成端到端的数据分组传输。为此，该层提供了基于无连接的数据传输、路由选择、拥塞控制和地址映射等功能，这些功能主要由 4 个配套相关协议来实现，其中 ICMP 使用 IP，而 IP 使用 ARP 和 RARP。

（1）网际控制信息协议（Internet Control Message Protocol，ICMP）

ICMP 是属于 IP 层内特殊的一种控制信息机制。ICMP 弥补了 IP 传输可靠性方面的不足，允许主机或路由器向发送端报告异常情况，包括差错和询问，如目的站不可达、时间戳回答等。

（2）网际协议（IP）

通过 IP 寻址和路由选择等功能，提供无连接的、不可靠的、尽力而为的数据分组（IP 数据报）传输。

（3）地址解析协议（Address Resolution Protocol，ARP）和反向地址解析协议 RARP

计算机网络中各主机之间要进行通信时，必须要知道彼此的物理地址（即数据链路层的 MAC 地址）。ARP 和 RARP 的作用就是将源主机和目的主机的 IP 地址与它们的物理地址相匹配。

（4）网际主机组管理协议（Internet Group Management Protocol，IGMP）

IP 协议只是负责网络中点到点的数据分组传输，而点到多点的数据分组传输则要依靠网际主机组管理协议（IGMP）完成。它主要负责报告主机组之间的关系，以便相关的设备（路由器）支持多播发送。

3. 传输层

（1）传输控制协议（Transmission Control Protocol，TCP）

主要任务是向上一层提供可靠的端到端的服务，确保报文无差错、有序、不丢失、无重复地传输。TCP 向高层屏蔽了下层数据通信的细节。TCP 将源主机应用层下传的数据进行分段，分段长度根据数据链路层最大传送单元的限制来定，每段加上自己的 TCP 包头，下传到 IP 层，形成 IP 分组；目的主机的 IP 层将 IP 分组上传给传输层，再由传输层对这些分段进行重组，还原成原始数据，传送给应用层。

为保证可靠的数据传输，TCP 还要完成流量控制和差错检验的任务。在流量控制上，采用滑动窗口协议。协议中规定，对于窗口内未经确认的分组需要重传。在拥塞控制上，采用 TCP 拥塞控制算法。TCP 为了保证不发生丢包，给每个分组一个序号，接收端按序接收。

（2）用户数据报协议（User Datagram Protocol，UDP）

UDP 是一种面向无连接的协议，因此，它不能提供可靠的数据传输，而且 UDP 不进行差错检验，必须由应用层的应用程序实现可靠性机制和差错控制，以保证端到端数据传输的正确性。虽然 UDP 与 TCP 相比显得不可靠，但在一些特定的环境下还不得不使用 UDP，比如域名服务（DNS）、选路协议（RIP）、网络管理协议（SNMP）等应用层协议。原因在于这些协议所涉及的操作对象之间事先难以建立连接，其次是所传输的数据量较少，即使出错，重续的开销也不大。

4. 应用层（Application）

与 OSI 参考模型相比，应用层囊括了 OSI 模型中高 3 层的功能，用于提供网络应用服务。Internet 上常用的应用层协议主要有以下几种：

1）简单邮件传输协议（Simple Mail Transfer Protocol，SMTP）。

2）超文本传输协议（Hypertext Transfer Protocol，HTTP）。

3）远程登录协议（Telnet）。

4）文件传输协议（File Transfer Protocol，FTP）。

5）域名解析（Domain Name Service，DNS）。

6）路由选择信息协议（Routing Information Protocol，RIP）。

7）简单网络管理协议（Simple Network Management Protocol，SNMP）。

8）动态主机配置协议（Dynamic Host Configuration Protocol，DHCP）。

9.5.3 网际层 IP 互联协议

网际互联意味着在广大地域范围内各种不同类型的局域网络相互连接在一起进行通信，构成一个大型计算机互联网。从技术上来说，互联网最大的难点在于如何把这些不同类型的网络统一在一起，从寻址到差错和流量控制、从路由选择到用户接入机制、从分组长度的选择到状态报告方法等，都需要采用协调一致的处理方法，才能达到互联的目的。

因特网体系结构中的 IP 恰恰满足了解决上述难题的必要条件。IP 通过路由选择找到最佳传输路径，通过 IP 地址找到目的主机并向其传送 IP 分组，实现了异种网络之间的无缝连接。

一个 IP 地址是由 "." 隔开的四组数字组成的一组编码，形如 192.123.1.1。在详细解释 IP 的工作原理之前，让我们先观察一个简单的 IP 地址分配图，来初步建立使用 IP 互联的概念。每一台联网主机至少要分配一个 IP 地址。图 9-38 是由三个 LAN 组成 IP 网。可以观察到在同一个 LAN 内的主机或路由器 IP 地址中的网号（net-id）是一样的。如 LAN1 的网号是 169.1.1，LAN2 网号是 169.1.2 等；其次，一个路由器总是具有两个或两个以上的 IP 地址，且每个 IP 地址处于不同的网号。如路由器 R_1 的三个网号分别是 169.1.1、169.1.4 和 169.1.6。局域网通过路由器连接在一起，并按照 IP 地址寻找目的主机。路由器之间通常是通过广域网远距离连接，所以广域网起到延长距离的作用。

1. IP 分组格式

IP 分组又称为 IP 数据报。图 9-39 是 IP 数据报的格式。了解其格式有助于理解 IP 的功能。一个 IP 数据报由首部和数据两部分组成。首部的前一部分长度固定，共 20 字节，是所有 IP 数据报必有的；固定部分的后面是可选字段，长度从 1~40 字节可变，但必须是 4 字节的整数倍，若不足则填充 0；最后面是数据，数据是由 TCP 分段后传下来的，其长度根据数据链路层最大传送单元的限制来确定。

图 9-38　互联网 IP 地址示意图

	4字节				
0 4	8		16 19	24	31
版本 报头长	服务类型		总长度(最长65535)		
标识			标志	片偏移	
生存时间	协议		头校验和		
源IP地址					
目的IP地址					
长度可变的选项				填充域	
数据					

图 9-39　IP 数据报的格式

IP 数据报最关键的部分是源 IP 地址和目的 IP 地址。数据报通过路由器传送时，沿途都是根据目的 IP 地址来决定是否到达终点。若目的 IP 地址不在本路由器网段网号中，则选择一条出口路径继续传送下去，直到终点或传送超时抛弃为止。

2. IP 地址及其转换

（1）IP 地址划分

在因特网中，每个联网设备的 IP 地址是全局唯一的标识。IP 地址采用分层结构，由网络号（net‑id）与主机号（host‑id）两部分组成，采用 x. x. x. x 的格式来表示，每个 x 为 8bit 二进制数（十进制数 0~255）。因特网号码指派管理部门把 IP 地址分为 A~E 五类，图 9‑40 给出了这五类地址的划分及最大可能的网络与主机个数。其中，A、B、C 是较常用的三类。

图 9-40　IP 地址类型划分

（2）IP 子网的划分

计算机的普及应用使得一个人数众多的组织或部门有大量的计算机需要联网。当许多计算机使用同一个网号时，除了容易造成广播风暴之外，管理上也不方便。比如，过多的 IP 地址导致路由表庞大、效率降低、灵活性差。此外，若一个组织获得了一个网号，比如一个 B 类网号可以连接多达 65534 台终端，但该组织终端数量有限，造成网号的浪费。为此，人们提出了子网划分的概念。将一个网号划分为若干个子网，减少广播风暴、便于隔离管理、提高网号利用率。划分后的子网从外部来看仍是一个网号，外面数据分组进入本网号段，由本网内路由器过滤后按照子网地址转发到不同的子网段，寻找相应的主机号。所以，采用子网划分相当于采用了三级寻址方式：网络号、子网号、主机号。

子网划分后，只有本地路由器知道子网的存在，并通过子网掩码来截取子网号。子网掩码的作用就是区分同一网段中的不同子网。子网掩码由全 1 的网络号 + 全 1 的子网号 + 全 0 的主机号构成。

图 9‑41 给出了一个子网划分实例。一个 B 类地址有 16bit 主机号，拿出高位 6bit 作为子网号，子网掩码是 255. 255. 252. 0，可选范围是 000001~111110（去掉全 0 和全 1 非法值）。组合起来可分成 62 个子网，分别是 255. 255. 4. 0，255. 255. 8. 0，…，255. 255. 248. 0。每个子网可有 10bit 空间作为主机号（1022 台主机，去掉全 0 和全 1）。

（3）IP 地址的转换

使用 IP 数字地址组成的主机地址号不但难以记忆而且容易搞混，因此需要在 IP 数字地址和主机文字地址之间进行查询转换。例如 http: // www. sohu. com 的数字 IP 是 115. 25. 217. 12，键入前者文字网址，后者被自动查找出来。IP 数字地

图 9-41　B 类子网划分实例

址转换为文字地址是用域名服务（Domain Name Service，DNS）协议来实现的。DNS 服务可将文字域名解析为数字 IP 地址。

IP 分组逻辑上在 IP 层传输，但物理上还是要下交到链路层并通过物理线路才能完成数据帧的传输。数据帧的传输是按照 48 位硬件的 MAC 地址寻址的，因此还要设法把 IP 地址转换为 MAC 地址，例如，IP 地址 202.13.1.6 可转换为硬件地址 $08-00-2B-00-EE-0A$。

IP 地址转换为 MAC 地址是通过 ARP 协议实现的。局域网中的每一个主机都保留有一个 ARP 高速缓存区，内有所在网的各主机和路由器的 IP 地址到硬件地址的映射表。当主机 A 要向本网内主机 B 发送 IP 数据报时，首先在其 ARP 高速缓存中查看有无主机 B 的 IP 地址。如有，就可查出其对应的硬件地址，再将此硬件地址写入 MAC 帧，然后通过局域网将该 MAC 帧发往此硬件地址；如没有，就向本网广播发送 ARP 请求分组，询问 IP 地址对应的主机的 MAC 地址。为了提高效率，主机 A 在发送其 ARP 请求分组时，也同时将自己的 IP 地址到硬件地址的映射写入其中，以便对方留存。当主机 B 收到 A 的 ARP 请求分组时，就将主机 A 的这一地址映射写入主机 B 自己的 ARP 高速缓存中，然后向主机 A 发送携带有自己 IP 地址到硬件地址的映射的 ARP 响应分组。

如果所要找的主机与源主机不在同一个局域网上，就要通过本局域网外访出口路由器向下一个网络转发 ARP 请求分组，剩下的工作就由下一个网络来做，直到返回目的 IP 地址对应的 MAC 地址为止。图 9-42 形象地展示了异地局域网内的两个主机通过广域网互联时，IP 层的 IP 地址与物理层 MAC 地址之间的层次关系。

图 9-42　从不同层次上看 IP 地址与硬件 MAC 地址

3. 因特网的路由选择协议

因特网的规模很大，数百万个路由器互联起来，如果让所有的路由器知道所有的网络应怎样到达，则这种路由表将非常大，处理起来也太花时间，显然是不可行的。因此，因特网采用分层次的路由选择协议。

因特网将整个网络划分为许多较小的自治系统（Autonomous System，AS）。一个自治系统最重要的特点，就是有权自主决定在本系统内应采用何种路由选择协议。通常，一个自治系统内的所有网络都属于一个行政单位来管辖。一个自治系统的所有路由器在本自治系统内都必须是连通的。为适应自治系统的特点，因特网采用了两大类路由选择协议：

（1）内部网关协议（Interior Gateway Protocol，IGP）

IGP 是在一个自治系统内部使用的路由选择协议。这类路由选择协议有多种，常见的如路由信息协议（Routing Information Protocol，RIP）和开放最短路径优先协议（Open Shortest Path First，OSPF）。

1）RIP

RIP 是在 IGP 中最先得到广泛使用的协议。这是一种分布式的基于距离向量的路由选择协议。协议要求网络中的每一个路由器都要维护从它自己到其他每一个目的网络的距离或"跳数"（Hop Count）记录。从本路由器到直接连接的网络的距离定义为 1；从本路由器到非直接连接的网络的距离定义为所经过的路由器个数加 1。RIP 认为一个好的路由就是它通过的路由器的数目少。RIP 允许一条路径最多只能包含 15 个路由器，"跳数"超过 16 即相当于不可达。RIP 仅和相邻路由器按固定的时间间隔，交换当前本路由器所知道的全部信息，即自己的路由表。RIP 是应用层协议，使用传输层的用户数据报 UDP 进行传送。

RIP 的优点就是实现简单，开销较小。缺点是当网络出现故障时，要经过比较长的时间才能将此信息传送到所有的路由器，其最大距离为 15，并且随着网络规模的扩大，开销也会增加。

2）OSPF 协议

"开放"表明 OSPF 协议不是受某一家厂商控制，而是公开的。"最短路径优先"是因为使用了 Dijkstra 提出的最短路径算法（SPF）。其最大的特征就是它是一种分布式的链路状态协议。所有的路由器共同维持一个链路状态数据库，这个数据库实际上就是全网的拓扑结构图。OSPF 先使用洪泛法向本自治系统中所有路由器发送与本路由器相邻的所有路由器的链路状态，但这只是路由器所知道的部分信息。"链路状态"说明了路由器都和哪些路由器相邻，以及该链路的"度量"（Metric）。由于各路由器之间频繁地交换链路状态信息，因此所有的路由器最终都能建立一个链路状态数据库。每个路由器都能够很快地使用 Dijkstra 算法和链路状态数据库中的数据，算出本路由器的路由表。以后，只要网络拓扑结构发生变化，路由器就用洪泛法向所有路由器发送信息，重新生成链路状态数据库。OSPF 构成的数据报很短。OSPF 不用 UDP 而是直接用 IP 数据报传送，OSPF 的位置在网络层。

OSPF 还规定每隔一段时间，就要刷新一次数据库中的链路状态。由于一个路由器的链路状态只涉及与相邻路由器的连通状态，因而与整个因特网的规模并无直接关系。因此当因特网规模很大时，OSPF 协议要比距离向量协议（RIP）好得多。

（2）外部网关协议（External Gateway Protocol，EGP）

若源站和目的站处在不同的自治系统中，当数据报传到一个自治系统的边界时，就需要使用一种协议将路由选择信息传递到另一个自治系统中。这样的协议就是外部网关协议（EGP）。在外部网关协议中目前使用最多的是边界网关协议（Border Gate Protocol，BGP）。

BGP 是不同自治系统的路由器之间交换路由信息的协议。因特网的规模太大，要在自治系统之间寻找最佳路由是很不现实的。BGP 只能是力求寻找一条能够到达目的网络且比较好的路由（不能兜圈子），而并非要寻找一条最佳路由。

每一个自治系统的管理员要选择至少一个路由器作为该自治系统的"BGP 发言人"。一般说来，两个 BGP 发言人都是通过一个共享网络连接在一起的，而 BGP 发言人往往就是 BGP 边界路由器。一个 BGP 发言人与其他自治系统中的 BGP 发言人要交换路由信息，先要建立 TCP

连接，然后在此连接上交换 BGP 报文以建立 BGP 会话，利用 BGP 会话交换路由信息。

BGP 交换路由信息的节点数量级是自治系统数的量级，这要比这些自治系统中的网络数少很多。每一个自治系统中边界路由器的数目是很少的。这样就使得自治系统之间的路由选择不致过分复杂。图 9-43 示出了自治系统内部和外部网关协议的关系。

图 9-43　自治系统内部和外部网关协议的关系

4. IPv6

前面所述 IP 都是基于 IPv4 版本的实现。IPv4 是 1981 年 9 月因特网工程任务组（Internet Engineering Task Force，IETF）公布的标准规范。IPv4 取得了巨大的成功，但存在着地址枯竭、网络号码匮乏的问题。理论上，IPv4 可提供大约 40 亿个 IP 地址，但按 A、B、C 三类划分后，用户可用地址总数显著减少，难以满足需求。例如，A、B、C 三类网络号码总数仅有 210 万左右。随着因特网接入用户的激增，地址很快被占满，新用户难以加入。除此之外，IPv4 的地址体系结构是非层次化的，每增加一个子网路由器就增加一个表项，使路由器负担加重。

在 IPv6 推出之前，为了解决 IP 地址匮乏问题，人们提出了暂时性对策。一是采用内部地址（Private Address，PA）弥补 IP 地址的不足；二是采用无类别域间路由（Classless Inter – Domain Routing，CIDR）扩大网络号码，总算是延长了 IPv4 的使用寿命。

为了从根本上改变上述矛盾，新版本的 IPv6 首先在地址空间上由原来 IPv4 的 4 组扩展到了 8 组 128bit；其次，IPv6 仍然支持无连接传送。虽然与 IPv4 不兼容，但仍与其他因特网协议兼容，如 TCP、UDP、ICMP、BGP、DNS 等；再次，采用灵活的首部格式，简化了协议，加快了数据报转发；最后，IPv6 允许未来继续演变以增加新的功能。

IPv6 的提出到现在也已经近 20 年了，但从 IPv4 到 IPv6 的过渡却进展缓慢。主要原因是 IPv4 版本的因特网已经获得广泛使用；其次，人们在原来 IPv4 的基础上可以通过在应用层增加新的协议弥补 IP 地址不足的问题，如采用内部地址或无类别域间路由等技术。总之，这一转变并非会一蹴而就，而是一个十分缓慢的渐进过程。

9.5.4　传输层 TCP 和 UDP

因特网体系结构中，传输层有两个基本的控制协议：传输控制协议（Transmission Control Protocol，TCP）和用户数据报协议（User Datagram Protocol，UDP）。前者是一种面向连接的、可靠的传输层 TCP 报文段通信协议，后者则提供无连接的用户数据报传输。二者都支持应用层的多进程复用和分用。

1. 套接字的概念

传输层控制协议实现应用层进程间端到端的可靠通信。当不同应用进程同时进行通信时，区分它们的方法就是端口号。IP 地址和端口号的组合称为插口或套接字（Socket）。套接字可以达到唯一标识一个通信进程的目的。发送套接字 = 32 位源 IP 地址 + 16 位源端口号；接收套接字 = 32 位目的 IP 地址 + 16 位目的端口号。例如（124.33.13.55，1500）与（126.45.21.51，25）就是一对套接字，前者是源主机套接字，后者是目的主机的套接字。

端口分为公用和临时两种，公用端口号的范围从 1～1023，归专用服务器使用，由权威机构 ICANN 统一指定。如 FTP 端口是 21、HTTP 端口是 80、DNS 端口 53 等。临时端口则用于客户建立与服务器的连接时动态分配产生，范围从 1024～65535。图 9-44 是两台主机之间通过 IP 地址和端口形成套接字传输的示意图。

图 9-44　IP 套接字通信传输示意图

2. TCP 传输控制协议

（1）TCP 报文段格式

TCP 协议数据单元称为报文段（Segment），TCP 通过报文段的交互来建立连接、传输数据、发出确认、进行差错控制、流量控制及关闭连接。报文段分为 TCP 首部和 TCP 数据两部分。TCP 首部含有端到端可靠传输所需要的控制信息，应用层传下来的是 TCP 数据。

图 9-45 是 TCP 报文段格式。丰富的首部控制信息使得 TCP 完全能够实现可靠的端对端数据报文的传输。

图 9-45　TCP 报文段格式

1）源端口和目的端口字段：各 4 位，是与应用层的服务接口。

2）序号：4 字节。TCP 连接中传送的每一个字节都编上一个序号。序号字段的值指的就是本报文段所发送的数据的第一个字节的序号。

3）确认号：4 字节，期望收到对方下一个报文段的数据的第一个字节的序号。

4）数据偏移：4 位，指出 TCP 报文段首部的长度（因首部长度可变），以 4 字节为计算单位。保留字段占6位，保留为今后使用，目前置0。

5）编码位：6位。TCP报文段有多种应用，如建立或关闭连接、传输数据、携带确认等。这6位各代表6种不同的应用，用于给出与报文段的作用及处理有关的控制信息。

6）窗口：2字节。用来控制对方发送的数据量，单位为字节。TCP连接的一端根据设置的缓存空间大小确定自己的接收窗口大小，然后通知对方以确定对方的发送窗口的上限。

7）校验和：2字节。检验的范围包括首部和数据两部分。在计算检验和时，要在TCP报文段的前面加上12字节的伪首部。

8）紧急指针：2字节。与编码位字段中的紧急比特位配合，指出在本报文段中的紧急数据（优先级别最高）的最后一个字节的序号。

9）任选项：长度可变。TCP只规定了一种选项，即最大报文段长度MSS（Maximum Segment Size）。MSS用于通知对方本方所能接收的报文段的数据字段的最大长度是MSS个字节。TCP报文段数据部分大小默认值是536字节。TCP报文段是536+20字节。

10）填充：若任选项不是4字节的整数倍时，填0扩充到整数倍。

（2）TCP连接的建立和拆除

TCP提供可靠的、面向连接的全双工方式传输。在传输数据前要先建立逻辑连接，然后再传输数据，最后释放连接。TCP使用三次握手协议来建立连接。连接发起方首先向被连接方发送"连接请求"；若被连接方同意连接，则回答"连接确认"；发起方再回送"连接确认"。在此过程中双方交换了初始顺序号等信息，并给该连接分配TCP缓冲区和变量。TCP连接的释放过程也需要双方交互三次数据之后才能完成。

（3）TCP报文段的传输

TCP采用了许多与数据链路层类似的机制来保证可靠的数据传输，如采用序号、确认、滑动窗口协议等。但TCP的目的是为了实现端到端终端之间的可靠数据传输，而数据链路层协议则是为了实现相邻节点之间的可靠数据传输。

TCP采用大小可变的滑动窗口机制实现动态流量控制。每发送一个TCP报文段，就设置一次定时器，只要定时器设置的重发时间到而还没有收到确认，就要重发这一报文段。定时器的时间设定则按照统计加权平均算法，随时予以调整。

3. UDP 用户数据报协议

UDP在发送数据之前不需要建立连接，减少了开销和发送数据之前的时延。UDP不使用拥塞控制，也不保证可靠交付，因此主机不需要维持有许多参数的、复杂的连接状态表。UDP只有8个字节的首部。图9-46是UDP数据报格式。

图 9-46　UDP 数据报格式

由于无连接，UDP将报文实体构造好之后交付给IP，IP将整个UDP报文封装在IP数据报中，形成 IP 数据报发送出去。接收端的 UDP 实体判断 UDP 报文的目的端口是否与当前使用的某个端口匹配。若匹配，则将报文存入接收队列；若不匹配，则向源端发送一个端口不可达的 ICMP 报文，同时丢弃 UDP 报文。表 9-6 列出了应用层协议与传输层协议的对应关系。

表 9-6 应用层协议使用的传输层协议

应用层协议	关键字	传输层协议
域名服务	DNS	UDP
简单文件传输协议	TFTP	
路由选择协议	RIP	
IP 地址配置	BOOTP、DHCP	
简单网络管理协议	SNMP	
远程文件服务器	NFS	
IP 电话	专用协议	
流式多媒体通信	专用协议	
多播	IGMP	
文件传输协议	FTP	TCP
远程虚拟终端协议	Telnet	
万维网	HTTP	
简单邮件传输协议	SMTP	
域名服务	DNS	

9.5.5 应用层协议

因特网的 TCP/IP 体系结构采用的是客户 – 服务器（Client – Server）方式来实现应用进程之间的通信。客户是主叫方，提交请求；服务器是被叫方，处理请求并回送结果。客户端通过运行本地应用程序（如浏览器、邮件读写器等）发起连接，其间使用到应用层协议（HTTP、SMTP 等）、传输层协议（TCP、UDP）、网际层协议（IP）以及网络接口层协议等。客户与服务器进程通信如图9-47 所示。

因特网中常用的应用层协议包括 HTTP、SMTP、FTP、DNS、Telnet、RIP、SNMP、DHCP 等。应用层协议为终端用户应用程序提供服务。每个应用层协议都可解决某一类应用问题，而问题的解决又往往是通过位于不同主机中的多个应用进程之间的通信和协同工作来完成的。应用层的具体内容就是规定应用进程在通信时所应遵循的协议。

图 9-47 客户与服务器进程通信

1. 域名查询服务系统（DNS）

域名（Domain Name）是由一串用点分隔的名字组成的一台服务器主机的名称。用户在访问该服务器时通过域名查询到该主机的 IP 地址，并在双方之间建立连接，完成通信。域名采用树状层次结构，每一层由一个子域名组成，子域名间用"."分隔，表达类似于如下结构的域名：计算机主机名．机构名．网络名．顶层域名。例如，www. ustb. edu. cn。任何一个连接在因特网上的主机或路由器，都有一个唯一的层次结构的域名。

为了使数字 IP 域名在通信时便于用户识别，1985 年便开始由文字域名来表达，并由域名查询服务系统 DNS 统一负责管理和查询域名。DNS 是一个分布式数据库系统，系统中保存了在因特网管理机构注册的所有网站的文字域名到数字 IP 地址的映射关系，供用户解析查询。文字域名到数字域名的解析是由树状结构的若干个域名服务器完成的。图 9-48 画出了 DNS 查询服务系统的过程。

图 9-48　DNS 查询服务系统查询过程

假设本地主机 A 要访问 web 网站 www. ustb. edu. cn，该网站域名解析过程如下：

① 主机 A 知道本地域名服务器的 IP 地址，向其查询 www. ustb. edu. cn 域名的 IP 地址。

② 本地域名服务器中没有 www. ustb. edu. cn 的地址解析，其高速缓存中也没有，于是转向根域名服务器查询：负责顶级域名 . edu 的 DNS 服务器的 IP 地址是什么。

③ 根域名服务器回答：是 x. x. x. x。

④ 本地域名服务器向顶级域名服务器 x. x. x. x 查询：负责 ustb. edu. cn 的 DNS 服务器的 IP 地址是什么。

⑤ 顶级域名服务器回答：是 y. y. y. y。

⑥ 本地域名服务器继续向 IP 地址是 y. y. y. y 的本地域名服务器查询：网址是 www. ustb. edu. cn 的 IP 地址是什么。

⑦ 该域名服务器向本地域名服务器返回 z. z. z. z，保存到本地域名服务器的高速缓存中，待本区域其他用户查询同名网址时予以提供。

⑧ 本地域名服务器同时将 z. z. z. z 传送给主机 A。

⑨ 主机 A 按照 z. z. z. z，访问 www. ustb. edu. cn。

⑩ www. ustb. edu. cn 的 web 服务器返回网页内容。

以上获得 IP 地址的过程称为迭代查询方式，其特点是逐级查找，每一级告知下一步应当向哪一个域名服务器进行查询，最后一级才返回正确的 IP 地址。除迭代查询方式外，还有递归查询方式，其特点是逐级向前询问，到底以后再逐级向后返回。

高速缓存技术的应用，大大缓解了根域名服务器的负荷，也使因特网上的 DNS 查询请求和回答报文的数量大为减少。例如，若主机 B 也要访问 www.ustb.edu.cn，因此时本地域名服务器高速缓存中已经留有该网址的记录，所以可把结果直接返回给主机 B，而不必再向上级查询。高速缓存中的内容可依据需要留存一定的时长，如 1~2 天。

2. 超文本传输协议（HTTP）

在 web 浏览器中输入一个 URL（Uniform Resource Locator，URL）地址后，浏览器将通过应用层超文本传输协议（Hypertext Transfer Protocol，HTTP）建立与 web 服务器之间的连接，传输超文本与超媒体。超文本由多个仅包含文本信息的信息源链接组成；超媒体还包含了如图形、图像、声音、动画和视频等形式的信息。

（1）万维网

万维网（World Wide Web，WWW）是分布式超媒体系统，采用超媒体技术进行信息发布和检索。WWW 上的信息均是按页面进行组织，称为 Web 页。页面可由超文本标记语言（HTML）来编写，也可增加动态或交互式网页。页面中的标记（TAG）用于说明页面的编排格式，页面构成元素等。页面中还包含指向其他页面（可能位于其他主机上）链接地址。

存放 Web 页面的计算机称为 Web 站点或 WWW 服务器，每个站点都有一个主页（Home Page），它是该 Web 站点的信息目录表或主菜单。

索取页面、浏览信息的程序称为浏览器（Browser，如 Internet Explorer 等）。客户端的浏览器与服务器端的 Web 站点之间通过 HTTP 协议进行通信。用户在浏览器中输入统一资源定位符 URL 来唯一地标识一个文档资源。URL 格式如下：

协议名：//主机地址名：端口号/路径名/文档名

例如，http：//www.ustb.edu.cn/yxbm/Index.asp。

网站的页面有静态和动态之分。静态页面仅供访问者下载浏览，每次更改网页内容需要人工完成。静态页面也可以有动态效果，如滚动字幕，gif 或 flash 动画，这些视觉上的动态效果并非真正的动态页面。动态页面的网页文件中含有可即时执行的程序代码，数据保存在后台数据库中可根据不同时间、不同访问者显示不同的内容。动态网页多以 .asp、.jsp、.php、.cgi 等形式为后缀，动态网页网址中常有一个标志性的符号"?"表明显示的内容在打开网页时动态调入。图 9-49 给出了万维网的工作过程。

用户点击鼠标后所发生的事件：

1）浏览器分析超链接所指向页面的 URL。

2）浏览器从本地域名服务器获取 www.ustb.edu.cn 的 IP 地址。

3）浏览器使用 HTTP 协议与 web 服务器建立 TCP 连接。

4）浏览器发出取文件命令，请求下载页面。

5）服务器给出响应，把页面文件发送给浏览器。

6）释放 TCP 连接。

7）浏览器显示下载的页面文件中所有内容。

图 9-49　万维网工作过程

（2）HTTP

HTTP 采用客户-服务器方式，浏览器是 HTTP 的客户端，web 服务器中等待 HTTP 请求的进程称为 HTTP daemon 或简称 HTTPD，是服务器端。HTTPD 收到 HTTP 请求后，把所需的文件传送给 HTTP 客户端。

HTTP 有两类报文：请求报文和响应报文。请求报文由请求行、请求头部、空行和请求数据 4 部分组成。请求报文用于从客户端向服务器发送请求命令，例如，请求读取由 URL 所标志的信息、请求给服务器添加信息、请求在指明的 URL 下存储一个文档等。响应报文也由响应状态行、响应头部、空行和响应正文 4 部分组成，响应报文对客户请求做出应答。例如，请求收到了或正在进行处理、请求中有语法错误或不能完成等。

这两类报文都交给 TCP 进行可靠传输。

3. 文件传输协议（FTP）

FTP（File Transfer Protocol）用于在客户机与服务器之间上传和下载文件。FTP 基于 TCP，运行在 TCP 端口的 20 和 21 号。端口 20 用于在客户端和服务器之间传输数据流，端口 21 用于传输控制流。FTP 实现面向连接的可靠文件传输。图 9-50 是 FTP 文件传输的连接示意图。客户端使用随机端口连接服务器 TCP 的 21 端口，用于传输控制信息，通过验证后，打开 20 端口传输数据。

与 FTP 相比较的是另外一个基于 UDP 的简单文件传输协议（Trivial File Transfer Protocol，TFTP）。TFTP 只支持文件传输而不支持交互，使用 UDP 的 69 号端口，适用于面向无连接的小文件传输，提供开销不大的文件传输服务。

图 9-50　FTP 连接示意图

4. 简单邮件传输协议（SMTP）

（1）概述

图 9-51 是因特网电子邮件传输系统的基本组成结构。该系统主要由用户代理终端和遍布网中的电子邮件服务器（Mail Servers）组成。邮件服务器之间使用简单邮件传输协议（Simple Mail Transfer Protocol，SMTP）相互转发邮件。用户可在邮件服务器获得注册邮箱，使用 SMTP 上传邮件，使用邮局协议（Post Office Protocol v3，POP3）下载邮件。

因特网电子邮件系统采用客户/服务器工作模式。客户端也就是用户代理终端，运行邮件系统的客户端软件，也称用户代理软件。该软件主要功能是创建、发送、接收、阅读和管理邮件，附加功能是通讯簿管理、收件箱管理及账号管理等。服务器端运行 SMTP 服务器软件。

图 9-51　电子邮件传输系统

电子邮件地址的一般形式是 local – part@ domain – name，其中 domain – name 是邮件服务器的域名；local – part 是服务器上注册的用户邮箱名。Mail Servers 是邮件服务系统的核心，其主要功能是根据邮件地址的域名向外转发本地注册用户发往外地的邮件。接收从其他邮件服务器发来的邮件，根据接收地址的用户邮箱名将其分发到用户邮箱中。

（2）SMTP

SMTP 是应用层协议，其最大的特点是简单、直观。SMTP 只规定发送程序和接收程序之间的命令和应答，而且命令和响应都是可读的 ASCII 字符串。SMTP 使用面向连接的 TCP，SMTP 服务器在 TCP 的 25 号端口等待客户端请求服务。图 9-52 给出了客户端向邮件服务器正常发送一封邮件时，SMTP 命令与响应的交互过程。

（3）POP3

POP3 传输采用客户 – 服务器工作模式。POP3 协议允许用户通过本地主机动态检索邮件服务器上的邮件并下载接收邮件。POP3 定义接收邮件的流程，命令和响应的格式均采用 ASCII 字符串形式。POP 服务器使用 TCP 的 110 端口号。

POP3 接收邮件的流程分为认证、邮件接收和更新邮件信箱三个阶段。

与 POP3 协议功能相近的另外一个邮件服务协议是交互式邮件存取协议（Interactive Mail Access Protocol，IMAP），最新版的是 IMAP4。POP3 与 IMAP 都支持邮件下载后离线阅读。但 IMAP 提供摘要浏览功能，允许用户通过浏览信件标题来决定是否收取、删除和选择下载特定附件，还可以在服务器上创建或更改文件夹或邮箱。

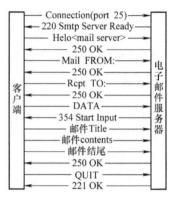

图 9-52　SMTP 命令与响
应交互过程举例

5. 远程登录协议

远程登录（Telecommunication Network protocol，Telnet）是指一台计算机使用本机命令，通过因特网登录到另一台计算机，以达到资源共享的目的。一旦登录成功，"登录者"就成为"终端"，与被登录的计算机享有同样的待遇，在其权限范围内，共享其资源。图 9-53 是 Telnet 登录连接示意图。

Telnet 是 TCP/IP 中应用层的一个协议，采用 Client/Server 结构。客户端运行 Telnet 软件，建立与服务器端的 TCP 连接。用户输入操作命令，通过 TCP 发送给服务器端。服务器端运行服务程序 Telnetd，在 TCP 端口 23 响应用户服务请求。服务器端接收用户远程登录后的操作命令并执行，将执行后的结果按标准格式返回给客户端。

图 9-53　远程登录连接示意图

服务器端的 Telnetd 支持多用户、多进程，客户机端的 Telnet 必须知道要登录的服务器端的主机名或 IP 地址，按照给定的权限操作。

9.5.6　网络未来发展趋势

基于 TCP/IP 的因特网已经走过了 40 多个年头，并且几乎成为计算机互联网络的代名词。因特网的普及程度和强劲发展趋势也成为当代计算机网络互联的成功典范。今天的互联网上活跃着黑客攻击、多媒体音视频以及移动应用等各种新元素，由此带来了新的变化和新的挑战。计算机科学家们已经开始考虑修改互联网的整体结构，包括 IP 地址、路由表及信息安全等多方面的内容。尽管仁者见仁，智者见智，但今后的互联网仍然具有一个可以预见的扩张发展趋势。具体表现为以下几方面：

1）互联网的用户数量将进一步增加。目前全球互联网用户总量已经达到17亿左右，预计2020年前将增加到50亿。

2）互联网在全球的分布状况将日趋分散。未来互联网将在地球上的更多地区发展壮大，而所支持的语种也将更为丰富。

3）计算机将不再是互联网的中心设备。受物联网扩张的影响，未来接入互联网的传感器等城市基础设施设备将会超过联网计算机的数量。

4）通信与网络融合成为主流。随着电信、IT、媒体和消费电子等行业之间的融合，通信行业正面临着巨大的变革。伴随着电信业务转型的需要，产业融合、业务融合、网络融合的趋势更加明朗。

5）受在线视频和网络电视需求扩张的影响，互联网的数据流量将成百倍增加。互联网应用将转为以多媒体内容传输为主，而不再仅仅是一个简单的数据文件传输网络。

6）互联网将最终走向无线化。高速无线网络、移动互联网的普及率将超过全球用户数量的一半以上。

7）互联网将出现更多基于云计算的服务项目。云计算服务延迟时间将大大缩短，云计算服务的计算性能将获得改善。

8）互联网将更为节能环保，能效性和环保性将进一步增加，以减少成本支出。

9）互联网的网络管理将更加自动化。将会开发出可以自动管理互联网的技术，比如自诊断协议、自动重启系统技术、更精细的网络数据采集、网络事件跟踪技术等。

10）互联网将吸引更多的黑客，未来的黑客技术将向高端化、复杂化、普遍化的趋势发展。

9.6　习题

1. 什么是计算机网络？
2. 按照地理覆盖范围的大小来分可以把计算机网络分为几种？
3. 计算机网络的发展经历了几个阶段？分别是什么？
4. 简述开放计算机网络互联参考模型（OSI/RM）。
5. 数据通信与数字通信有什么区别？
6. 电路交换和分组交换的优缺点是什么？
7. 什么是数据报？什么是虚电路？
8. HDLC 如何实现流量控制？
9. IEEE 802 针对局域网提出了哪些系列标准？其内容是什么？
10. 试比较 IEEE 802 参考模型与计算机网络互联参考模型。
11. LLC 子层与 MAC 子层的功能各是什么？
12. 简述 CSMA/CD 控制流程。
13. 与总线共享式以太网相比较，交换式以太网有哪些优点？
14. 为什么要采用 VLAN 技术？
15. 二层与三层以太网交换机有什么区别？
16. 无线局域网 IEEE 802.11 有哪些系列标准？应用最广泛是哪一个标准？

17. 目前可用的公共数据网主要有哪些？分别是什么？
18. 帧中继数据网有哪些特点？
19. 数字数据网 DDN 有哪些特点？
20. 简述 ATM 信元的交换过程。
21. 试画出因特网体系结构图。
22. 因特网 IP 地址是如何划分的？IP 子网是如何划分的？
23. 简述 IP 地址转换为 MAC 地址的过程。
24. 什么是套接字？举例说明套接字传输过程。
25. 试描述 TCP 报文段的格式。
26. 域名查询服务系统 DNS 如何实现迭代查询？
27. 简述发送一封邮件时 SMTP 命令与响应交互过程。
28. 计算机网络未来发展趋势如何？

参 考 文 献

[1] 赵宏波，卜益民，陈凤娟．现代通信技术概论［M］．北京：北京邮电大学出版社，2003．

[2] 薛尚清，杨平先，等．现代通信技术基础［M］．北京：国防工业出版社，2005．

[3] 穆维新．现代通信网技术［M］．北京：人民邮电出版社，2006．

[4] 郚正义，范瑜，徐惠钢．现代无线通信技术［M］．北京：高等教育出版社，2006．

[5] 蒋青，吕翊，李强．现代通信技术基础［M］．北京：高等教育出版社，2008．

[6] 房少军．数字微波通信［M］．北京：电子工业出版社，2008．

[7] 张金菊，孙学康．现代通信技术［M］．2 版．北京：人民邮电出版社，2007．

[8] 李斯伟，雷新生．数据通信技术［M］．北京：人民邮电出版社，2004．

[9] 刘云．通信与网络技术概论［M］．北京：中国铁道出版社，2001．

[10] 纪越峰，等．现代通信技术［M］．北京：北京邮电大学出版社，2004．

[11] 索红光，王海燕，赵清杰，等．现代通信技术概论［M］．北京：国防工业出版社，2005．

[12] 全庆一，胡健栋．卫星移动通信［M］．北京：北京邮电大学出版社，2000．

[13] 陈振国，杨鸿文，郭文彬．卫星通信系统与技术［M］．北京：北京邮电大学出版社，2003．

[14] 丹尼斯·罗迪．卫星通信［M］．3 版．张更新，刘爱军，张杭，等译．北京：人民邮电出版社，2002．

[15] Timothy Pratt, Charles Bostian, Jeremy Allnutt. Satellite Communications［M］．2nd Ed. New York：John Wiley and Sons Inc，2003．

[16] 王丽娜，王兵，周贤伟．卫星通信系统［M］．北京：国防工业出版社，2006．

[17] 刘基余．GPS 卫星导航定位原理与方法［M］．北京：科学出版社，2003．

[18] 刘经南，陈俊勇，等．广域差分 GPS 原理和方法［M］．北京：测绘出版社，1999．

[19] Stüber G L. Principles of mobile communication［M］．Boston：Kluwer Academic，2001．

[20] Rappaport T S. Wireless communications：principles and practice［M］．New Jersey：Prentice Hall，1996．

[21] El – Sayed M, Jaffe, J. A view of telecommunications network evolution［J］．IEEE Communications Magazine, 2002, 40（12）：74 – 81．

[22] Bhushan N, Li J, Malladi D, et al. Network densification：the dominant theme for wireless evolution into 5G［J］．IEEE Communications Magazine, 2014, 52（2）：82 – 89．

[23] Bates R J. GPRS：General packet radio service［M］．New York：McGraw – Hill Professional, 2001．

[24] Perkins C E, Alpert S R, Woolf B. Mobile IP：Design Principles and Practices［M］．Boston：Addison – Wesley Longman Publishing Co.，Inc, 1997．

[25] Lee W. Mobile communications engineering：theory and applications［M］，2nd ed. New York：McGraw – Hill, 1997．

[26] Sampath H, Talwar S, Tellado J, et al. A fourth – generation MIMO – OFDM broadband wireless system：design, performance, and field trial results［J］．IEEE Communications Magazine, 2002, 40（9）：143 – 149．

[27] Zhang C, Bitmead R R. Subspace system identification for training – based MIMO channel estimation［M］．Oxford：Pergamon Press, Inc. 2005．

[28] Korpi D, Anttila L, Syrjälä V, et al. Widely linear digital self – interference cancellation in direct – conversion full – duplex transceiver［J］．IEEE Journal on Selected Areas in Communications, 2014, 32（9）：1674 – 1687．

［29］黄孝建，门爱东，杨波．数字图像通信［M］．北京：人民邮电出版社，1998.

［30］朱秀昌．图像通信应用系统［M］．北京：北京邮电大学出版社，2003.

［31］毕厚杰，陈廷标，胡建彰．图像通信工程［M］．北京：人民邮电出版社，1995.

［32］余松煜，张文军，孙军．现代图像信息压缩技术［M］．北京：科学出版社，1998.

［33］谢希仁．计算机网络［M］.5版．北京：电子工业出版社，2008.